H.-W. Partenscky

Binnenverkehrs-wasserbau
Schiffshebewerke

Mit 133 Abbildungen

Springer-Verlag
Berlin Heidelberg New York Tokyo 1984

Prof. Dr.-Ing. Dr.-phys. H.-W. Partenscky

Universität Hannover
Franzius-Institut für Wasserbau und Küsteningenieurwesen
Nienburger Straße 4, 3000 Hannover

Einband: Schiffshebewerk Lüneburg / BRD.
Zeichnung von Dipl.-Ing. Breust, Wasser- und Schiffahrtsdirektion Mitte, Hannover

CIP-Kurztitelaufnahme der Deutschen Bibliothek

Partenscky, Hans-W.: Binnenverkehrswasserbau: Schiffshebewerke / H.-W. Partenscky. – Berlin; Heidelberg; New York; Tokyo: Springer, 1984.

ISBN 978-3-642-52239-0   ISBN 978-3-642-52238-3 (eBook)
DOI 10.1007/978-3-642-52238-3

Vorwort

Anfang der zwanziger Jahre, nach Ende des 1. Weltkrieges, wurde in fast allen europäischen Ländern mit dem Ausbau der vorhandenen Binnenwasserstraßen begonnen. Diese Entwicklung wurde nach 1950 in verstärktem Maße fortgesetzt und dauert bis zum heutigen Tage an. Damit gewinnt das europäische Binnenwasserstraßennetz als Verbindung der Seehäfen mit den Umschlagsplätzen des Binnenlandes und als Verkehrsweg für den zwischenstaatlichen Gütertransport in zunehmendem Maße an Bedeutung.

Bei der Planung neuer Wasserstraßen und beim Entwurf der als Abstiegsbauwerke dienenden Schleusen und Hebewerke sind im Hinblick auf die Sicherheit des Schiffsverkehrs bestimmte Grenzwerte einzuhalten und Bemessungskriterien anzuwenden, die sich zum Teil aus theoretischen Überlegungen, aber auch aus praktischen Erfahrungen an bestehenden Anlagen ergeben. Diese müssen vom planenden Ingenieur beim Entwurf eines neuen Schiffahrtskanals und seiner Abstiegsbauwerke beachtet werden. Gleichzeitig werden bei ihrer Einhaltung der erreichbaren Leistungsfähigkeit der Wasserstraße gewisse Grenzen gesetzt.

In der Fachliteratur der zwanziger Jahre wurden die derzeit gültigen Erkenntnisse für den Bau von Schiffahrtskanälen, Schleusen und Hebewerken in dem vom Springer-Verlag im Jahre 1921 herausgegebenen Buch von F. ENGELHARD "Kanal- und Schleusenbau" und dem im gleichen Verlag erschienenen klassischen Werk von O. FRANZIUS "Verkehrswasserbau" dargelegt.

In den folgenden Büchern von H. DEHNERT über "Schleusen und Hebewerke" (Springer-Verlag, 1954) und H. PRESS über "Binnenwasserstraßen und Binnenhäfen" (Verlag von Wilh. Ernst & Sohn, 1956) wurde der weiteren Entwicklung bis Mitte der fünfziger Jahre Rechnung getragen.

Der Ausbau des europäischen Binnenwasserstraßennetzes und die damit verbundene Entwicklung der Binnenschiffahrt wurde seitdem insbesondere in Frankreich, Belgien, Holland, Portugal und in der Bundesrepublik Deutschland sowie auch in einigen osteuropäischen Ländern in starkem Maße vorangetrieben. Dabei ergaben sich in betrieblicher und konstruktiver Hinsicht eine Reihe neue Erkenntnisse im Hinblick auf den Entwurf und die Bemessung der Schiffahrtskanäle und deren Abstiegsbauwerke, die es sinnvoll erscheinen lassen, eine Neubearbeitung aller Teilaspekte des Fachgebietes "Verkehrswasserbau" vorzunehmen.

Hierzu gehören u.a. die bauliche Ausführung moderner Kanalstrecken, das Fahrverhalten neuartiger Transporteinheiten, die Entwicklung neuer Füll- und Entleerungssysteme von Binnen- und Seeschleusen sowie die Konzeption von Hebewerksanlagen großer Hubhöhen.

Die vorgelegte Schriftenreihe "Verkehrswasserbau" ist in die drei Bände "Binnenwasserstraßen", "Schiffsschleusen" und "Schiffshebewerke" unterteilt. Sie soll sowohl dem planenden Ingenieur das erforderliche Rüstzeug für den Entwurf neuer Wasserstraßen an die Hand geben als auch dem Studierenden des Fachgebietes Bauingenieurwesen das Grundlagenwissen aus dem Teilgebiet des Verkehrswasserbaues vermitteln.

Besonderer Wert wurde auf die Vermittlung grundsätzlicher Erkenntnisse, die Ableitung und Begründung von Bemessungskriterien sowie auf die Darlegung der hydrodynamischen Vorgänge bei den verschiedenen Transportvorgängen gelegt. Konstruktive Details wurden am Beispiel ausgeführter Anlagen erläutert.

Der hier vorgelegte Band "Schiffshebewerke" trägt insbesondere der Entwicklung moderner und neuartiger Hebewerks-Anlagen Rechnung, die in den vergangenen 30 Jahren geplant und gebaut wurden. Dabei wurden die konstruktiven und betrieblichen Unterschiede der verschiedenen Bauformen dargelegt und ihre Vor- und Nachteile diskutiert. Besonderer Wert wurde auf die Darstellung der Bewegungsabläufe während des Transportvorganges gelegt. Darüber hinaus wurden die Grenzen der Leistungsfähigkeit bei den unterschiedlichen Hebewerksanlagen aufgezeigt.

Für die Ausarbeitung des Textes wurden mir von zahlreichen Dienststellen und Persönlichkeiten der Bundeswasserstraßenverwaltung in entgegenkommender Weise Unterlagen, Veröffentlichungen und Bildmaterial zur Verfügung gestellt, für deren Überlassung ich meinen herzlichen Dank sagen möchte. Darüber hinaus bin ich zahlreichen Wissenschaftlern

und Fachkollegen des In- und Auslandes, unter ihnen insbesondere den Herren
Prof. Ir.J. De Ries/Brüssel, Prof. J. Aubert/Paris und Prof. E. Stein/
Hannover für ihre Anregungen und fachlichen Diskussionen zu Dank ver-
pflichtet.

Vom Franzius-Institut der Universität Hannover übernahm Frau Dipl.-
Ing. M. Osterthun die Zeichenarbeiten und die Durchsicht des Textes.
Frau Ch. Merz schrieb das Manuskript des Buches, das von Frau G. Greven
mit großer Sorgfalt in die Reinschrift übertragen wurde. Ihnen allen
sage ich für ihre Hilfe auf diesem Wege meinen herzlichen Dank.

Die hier vorliegende Ausstattung wurde gewählt, um den Verkaufspreis
des Buches, insbesondere für Studenten, in Grenzen zu halten.

Dem Springer-Verlag danke ich für die Beratung und Unterstützung bei
der Erstellung des Werkes.

Hannover, im März 1984   Hans-Werner Partenscky

Inhaltsverzeichnis

3. Hebewerke mit geneigten Ebenen

3.1 Hebewerke mit Längsförderung

1 Einleitung

Schiffshebewerke dienen, wie Fluß- und Kanalschleusen, der Überwindung
von Gefällestufen in schiffbaren Wasserstraßen. Sie kommen als Abstiegsbauwerke in Schiffahrtskanälen insbesondere dann in Betracht,
wenn die Anlage und der Betrieb von Schleusen wegen zu großer Hubhöhen und des damit verbundenen Wasserverbrauchs schwierig oder ihr Bau
wegen vorhandener Untergrundverhältnisse zu kostspielig wird.

Die Wahl eines Schiffshebewerkes gegenüber einer Schleusenanlage (Ein-
zelschleuse oder Schleusentreppe) wird deshalb im wesentlichen durch
betriebliche Aspekte, die Verkehrsintensität auf der Kanalstrecke und
Wirtschaftlichkeitsüberlegungen in bezug auf die Bau- und Unterhaltungskosten bestimmt.

Gegenüber Schleusenanlagen können mit Schiffshebewerken moderner Bauart im allgemeinen *größere Hubhöhen* und wesentlich *größere Hubgeschwindigkeiten* für die über eine Gefällestufe zu transportierenden Schiffseinheiten erreicht werden. Die nachstehende Tabelle 1.1. gibt die bei
der Bergfahrt erreichten mittleren Hubgeschwindigkeiten einiger moderner Hebewerke an. Die Zusammenstellung zeigt, daß die bei Hebewerken
erreichbaren Hubgeschwindigkeiten die bei modernen Schleusen üblichen
Werte ($v_m \leqq 2,5$ m/min) zum Teil um ein Vielfaches überschreiten.

Dies wirkt sich insbesondere bei größeren Hubhöhen ($H > 25$ m) sehr positiv auf die Leistungsfähigkeit des Abstiegsbauwerkes (Schleusungszeit) und damit auf den Verkehrsfluß in den anschließenden Kanalstrek-
ken aus.

Der *Wasserverbrauch* bei Schiffshebewerken ist gegenüber Schleusenanlagen sehr gering. Er entspricht praktisch nur den Verlusten von
Spalt- und Sickerwasser an schadhaften Dichtungen. Dies führt dazu,
daß bei den Schleusungen mit Schiffshebewerken in den anschließenden
Kanalhaltungen *keine Schwall-* und *Sunkerscheinungen* auftreten.

Tabelle 1.1. Mittlere Hubgeschwindigkeiten bei modernen
             Schiffshebewerken

ART DES HEBEWERKES	N A M E	INBETRIEBNAHME	HUBHÖHE m	MITTLERE HUB-GESCHWINDIGKEIT
Senkrechte Hebewerke	Niederfinow/DDR	1934	36,0	7,2 m/min
	Rothensee/DDR	1938	18,7	7,8 m/min
	Henrichenburg-Waltrop/BRD	1962	13,8	7,8 m/min
	Lüneburg/BRD	1975	38,0	12,6 m/min
	Strépy-Thieu/Belgien	1987	73,0	10,4 m/min
Schrägaufzüge mit längsgeneigter Ebene	Ronquières/Belgien	1967	67,5	3,1 m/min
	Krasnojarsk/UdSSR	1968	101,0	4,6 m/min
Schrägaufzug mit quergeneigter Ebene	Arzviller/Frankreich	1966	44,5	11,1 m/min
Wasserkeil-Hebewerke	Montech/Frankreich	1973	14,3	2,85 m/min
	Fonserannes/Frankreich	1983	13,6	2,0 m/min

Nachteilig wirkt sich bei Schiffshebewerken die Tatsache aus, daß infolge der gewählten Trogabmessungen nur jeweils ein für die Kanalstrecke maßgebendes Regelschiff gefördert werden kann. Dies führt bei
Schleppzügen und Schubverbänden wegen der erforderlichen Entkopplung
zu einer gewissen Stauung im Verkehrsfluß, die bei Schleusen entsprechender Abmessungen nicht auftritt.

Schiffshebewerke, gleich welcher Bauart, stellen darüber hinaus wegen
ihres konstruktiven und maschinentechnischen Aufwandes gegenüber
Schiffsschleusen stets Anlagen dar, deren Betrieb und Wartung ein hö-
heres Maß an technischer Verantwortung erfordert und deren Störanfäl-
ligkeit gegenüber Schleusenanlagen höher einzuschätzen ist.

Dies ist sicherlich der Hauptgrund dafür, daß Schiffshebewerke bis
heute nur in einigen Ländern zur Ausführung gelangten, obwohl sie his-
torisch gesehen das älteste Mittel für den Transport von Schiffen
über Wasserscheiden und Geländesprünge darstellen.

Im 18. und 19. Jahrhundert wurden insbesondere in England, den U S A,
Belgien und Frankreich eine Reihe von Hebewerken mit geringen Hubhöhen (H $\leq$ 30 m) für kleinere Schiffseinheiten (Tragfähigkeit $\leq$ 360 t)
gebaut, denen seit der Jahrhundertwende weitere Anlagen in Kanada,
Belgien, Deutschland und in der UdSSR folgten. Tabelle 1.2. gibt ei-

Tabelle 1.2. Tabellarische Übersicht über die bislang gebauten
Schiffshebewerke

In Betrieb seit	Standort	Wasserstrasse	B a u a r t	Hubhöhe (m)	Trogabmessungen				Tragfähigk. der Schiffe (t)
					Länge L (m)	Breite B (m)	Wasser-tiefe T (m)	Trog-gewicht G (t)	
1788	ENGLAND: Ketley, Grafschaft Shropshire	Werkkanal des Hüttenwerkes Ketley	Zwillingshebewerk, längsgeneigte Ebene (1:25), Trockenförderung	21,3	Abmess. d. Schiffe 5,8	1,8	-	-	5
um 1790	ENGLAND: Grafschaft Shropshire	Shropshire Canal	3 Zwillingshebewerke, längsgeneige Ebenen, Trockenförderung	bis 61,3	Abmess. d. Schiffe 5,8	1,8	-	-	5
1798	ENGLAND: Dunkerton bei Bath	Sommerset Canal	Tauchschleuse, Nassförderung	13,7	Abmess. d. Schiffe 21,3	2,1	0,7	-	20
1809	ENGLAND: Tardebigge	Worcester und Birmingham Canal	Senkrechtes Hebewerk mit Gegengewichten, Nassförd.	3,6	21,8	2,4	1,4	-	40
1825 bis 1831	USA: zwischen Phillipsburg und New York	Morris Canal	23 Zwillingshebewerke, längsgeneige Ebenen (1:10 bis 1:12), Trockenförderung	11,0 bis 30,4	Abmess. d. Schiffe 24,0	3,2	-	110	70
1838	ENGLAND: Taunton	Grand-Western-Canal	Senkrechtes Zwillingshebewerk, Nassförderung	14,0	9,1	2,2	1,0	-	8
1850	ENGLAND: Glasgow-Blackhill	Monkland Canal	Zwillingshebewerk, längsgeneigte Ebene (1:10), erst Nass- dann Trockenförderung	29,3	21,3	4,4	0,6	70	35
1860 bis 1880	DEUTSCHLAND: Weichsel-niederung	Oberländischer Kanal	5 Zwillingshebewerke, längsgeneigte Ebenen (1:12), Trockenförderung	14,0 bis 25,0	14,3	5,2	-	84	50
1875	ENGLAND: Anderton	Anschluss des Trent-Mersey-Kanals an den Weaver	Senkrechtes Zwillingshebewerk mit Druckwasser, ab 1907 Doppelhebewerk mit Gegengewichten	15,4	22,8	4,8	1,4	240	100
1876	USA: Georgetown	Potomac-Fluss	Längsgeneigte Ebene mit Gegengewichten (1:12), Nassförderung, umgestellt auf halbnasse Förderung	11,6	34,1	5,1	2,4	390	135
1888	FRANKREICH: Les Fontinettes	Kanal von Neuflossée	Senkrechtes Zwillingshebewerk mit Druckwasser, Nassförderung	13,1	40,1	5,6	2,0	800	300
1888	BELGIEN: La Louvière	Canal du Centre	Senkrechtes Zwillingshebewerk mit Druckwasser, Nassförderung	15,4	43,2	5,8	2,4	1050	360
1893	FRANKREICH: Meaux	Canal de l'Ourcq	Längsgeneigte Ebene (1:25), Trockenförderung, ohne Gewichtsausgleich	12,2	24,0	3,8	-	-	70
1899	DEUTSCHLAND: Henrichenburg	Dortmund-Ems-Kanal	Senkrechtes Schwimmerhebewerk, Nassförderung	14,0 bis 16,0	68,0	8,6	2,5	2340	800
1900	ENGLAND: Foxton, Grafsch. Leicester	Junction Canal	Zwillingshebewerk, quergeneigte Ebene (1:4), Nassförderung	22,0	24,4	4,6	1,5	-	70

Tabelle 1.2. Tabellarische Übersicht über die bislang gebauten
Schiffshebewerke (Fortsetzung)

In Betrieb seit	Standort	Wasserstrasse	B a u a r t	Hub-höhe (m)	Trogabmessungen				Trag-fähigk. der Schiffe (t)
					Länge L (m)	Breite B (m)	Wasser-tiefe T (m)	Trog-gewicht G (t)	
1904	KANADA: Peterborough	Trent Canal	Senkrechtes Zwillings-hebewerk mit Druckwas-ser, Nassförderung	19,8	42,4	10,0	2,7	1714	800
1907	KANADA: Kirkfield	Trent Canal	Senkrechtes Zwillings-hebewerk mit Druckwas-ser, Nassförderung	14,8	42,4	10,0	2,7	1714	800
1917	BELGIEN: Houdeng-Aime-ries,Bracque-gnies, Thieu	Canal du Centre	3 senkrechte Zwillings-hebewerke mit Druckwas-ser, Nassförderung	16,9	41,1	5,8	2,4	1570	360
1934	DEUTSCHLAND: Niederfinow	Havel-Oder-Wasserstrasse	Senkrechtes Hebewerk mit Gegengewichten, Nassförderung	36,0	85,0	12,0	2,5	4300	1000
1938	DEUTSCHLAND: Rothensee	Weser-Elbe-Kanal	Senkrechtes Schwimmer-hebewerk, Nassförderung	18,7	85,0	12,2	2,5	4000	1000
1962	BR DEUTSCHLAND: Henrichenburg-Waltrop	Dortmund-Ems-Kanal	Senkrechtes Schwimmer-hebewerk, Nassförderung	13,7	90,0	12,0	3,0	5000	1350
1967	BELGIEN: Ronquières	Brüssel-Charleroi-Canal	Längsgeneigte Ebene (1:20), Nassförderung	67,5	91,0	12,0	3,0 bis 3,7	4500 bis 5200	1350
1968	SOWJETUNION: Krasnojarsk	Jenissej	Längsgeneigte Ebene (1:10), Nassförderung	101,0	90,0	12,0	3,3	6720	1500
1970	FRANKREICH: Arzviller	Rhein-Marne-Kanal	Quergeneigte Ebene (1:2,5), Nassförderung	44,5	42,5	5,5	3,2	894	350
1973	FRANKREICH: Montech	Garonne-Seiten-Kanal	Wasserkeil (1:33) (die Abmessungen gelten für den Wasserkeil)	14,3	125,0	6,0	max. 3,75	-	350
1973	VR CHINA: Danchiangkou-Damm	Hanjiang-Fluss/ Provinz Hubei	Senkrechtes Hebewerk mit Trockenförderung und längsgeneigter Ebene (1:7)	33,5 (+17) 33,0	32,5 24,0	10,7 10,7	- 0,9	150 400	150 150
1975	BR DEUTSCHLAND: Lüneburg	Elbe-Seiten-Kanal	Senkrechtes Doppelhebe-werk mit Gegengewichten, Nassförderung	38,0	100,0	12,0	3,5	5700	1350
1983	FRANKREICH: Fonserannes	Canal du Midi	Wasserkeil (1:20) (die Abmessungen gelten für den Wasserkeil)	13,6	88,0	6,0	4,4	-	350
1987	BELGIEN: Strèpy-Thieu	Canal du Centre	Senkrechtes Doppelhebe-werk mit Gegengewichten	73,0	112,0	12,0	3,5	7500	1350

ne Übersicht über die bislang geplanten und im Bau befindlichen Schiffshebewerke, ihre Bauart und Hubhöhe sowie über die Trogabmessungen und
die Tragfähigkeit der zu transportierenden Schiffe /1,2/.

Die Zusammenstellung zeigt, daß die in den vergangenen 50 Jahren erstellten bzw. 1983 noch im Bau befindlichen Hebewerke in zunehmendem
Maße größere Hubhöhen und größere Trogabmessungen aufweisen. Die bislang größte Hubhöhe (H = 101 m) besitzt das mit zwei längsgeneigten
Ebenen (Neigung 1:10) ausgestattete, im Jahre 1968 in Betrieb genommene Schiffshebewerk bei Krasnojarsk am Jenessej/UdSSR, während das
zur Zeit im Bau befindliche Bauwerk mit Senkrechtförderung bei Strépy-
Thieu/Belgien, dessen Inbetriebnahme für 1987 vorgesehen ist, eine
Hubhöhe von H = 73,15 m aufweist (Tab. 1.1.).

1.1 Trocken- und Naßförderung

Beim Transport der Schiffe wird zwischen der Trocken- und Naßförderung unterschieden, wobei, wie die Zusammenstellung der Tabelle 1.2.
zeigt, in den vergangenen 90 Jahren bei allen gebauten Schiffshebewerken, mit Ausnahme einiger moderner Anlagen in der Volksrepublik
China, nur noch die Naßförderung angewendet wurde.

Bei der *Trockenförderung* wird das zu transportierende Schiff auf die
Plattform eines Transportwagens aufgesetzt, entsprechend abgestützt
und verkeilt und im Trockenen auf einer in Richtung der Kanalachse
längsgeneigten Fahrbahn transportiert. Dabei können bei ungleichmäßi-
ger Beladung des Schiffes und nicht hinreichend enger Abstützung des
Schiffskörpers in ihm unzulässige Spannungen und Durchbiegungen sowohl in Längs- als auch in Querrichtung auftreten /3/.

Bei hölzernen Schiffen scheidet eine Trockenförderung wegen der örtlichen Auflagerdrücke praktisch aus, da sie von der Beplankung nur
schlecht aufgenommen werden können /4/. Bei stählernen Binnenschif-
fen ist eine Trockenförderung dagegen eher möglich, jedoch verursacht
die Trockenlegung der verschieden großen Schiffe mit unterschiedlichen Abladetiefen auch hier technische Schwierigkeiten.

Der große Nachteil der Trockenförderung gegenüber der Naßförderung
ist aber in der Sicherheit der zu transportierenden Schiffe sowie auch

in dem erheblich größeren Zeitbedarf für den Transporvorgang (Berg-
bzw. Talfahrt) zu sehen. Aus diesem Grunde kommt heute im allgemeinen nur noch die Naßförderung in Betracht.

Die einzigen Ausnahmen bilden hier die in der Volksrepublik China im
Jahre 1964 und 1973 in Betrieb genommenen Hebewerksanlagen am Lushui-
und Hanjiang-Fluß. Diese Schiffshebewerke sind jedoch nur für kleinere Schiffseinheiten von 50 t bzw. 150 t Tragfähigkeit ausgelegt. Sie
dienen zur Überbrückung der Wasserspiegelunterschiede am Lushui-Stau-
damm und Danchiangkou-Staudamm in der Provinz Hubei (s. Abschnitt 4.6).

Bei der *Naßförderung* wird das Schiff schwimmend in einem Trog (oder
Wasserkeil) senkrecht oder auf einer geneigten Ebene in Richtung der
Kanalachse (Längsförderung) oder quer zu ihr (Querförderung) transportiert. Während der Berg- und Talfahrt wird das Schiff mit Hilfe
seiner Haltetrossen an den am Trog vorhandenen Pollern festgelegt.

Die Ein- und Ausfahrzeiten der Schiffe sind in etwa vergleichbar mit
denen, die für eine normale Schiffsschleuse erforderlich sind.

Beim Einfahren in den Trog verdrängt jede Schiffseinheit eine ihrem
Bruttoschiffsgewicht (Eigengewicht plus Ladung) entsprechende Wassermenge, die beim Verlassen des Troges wieder zurückfließt. Das *Gesamtgewicht des wassergefüllten Troges* ist demnach mit oder ohne
Schiffsbelegung *stets gleich groß*, soweit es nicht durch die Zugabe
von Ballastwasser künstlich vergrößert wird.

Das Verhältnis von Nutzlast (transportierte Schiffsladung) zur bewegten Gesamtlast (Trogkonstruktion und Wasserfüllung einschließlich der
Schiffe) ist bei der Naßförderung wesentlich ungünstiger ($0,15 \leq \Phi \leq 0,35$)
als bei der Trockenförderung ($\Phi > 0,60$), so daß bei der Naßförderung
ein größerer Energiebedarf für den Transportvorgang erforderlich wird
(Abb. 1.1.).

Diese bei der Naßförderung erforderliche Antriebsleistung wird jedoch
im allgemeinen durch Gegengewichte oder einen zweiten im Takt fahrenden Trog ausgeglichen, wobei die verbleibenden Reibungswiderstände zu
Beginn und während des Transportvorganges durch Zugabe von Ballastwasser in den oberen Trog oder durch elektrische Antriebe überwunden
werden.

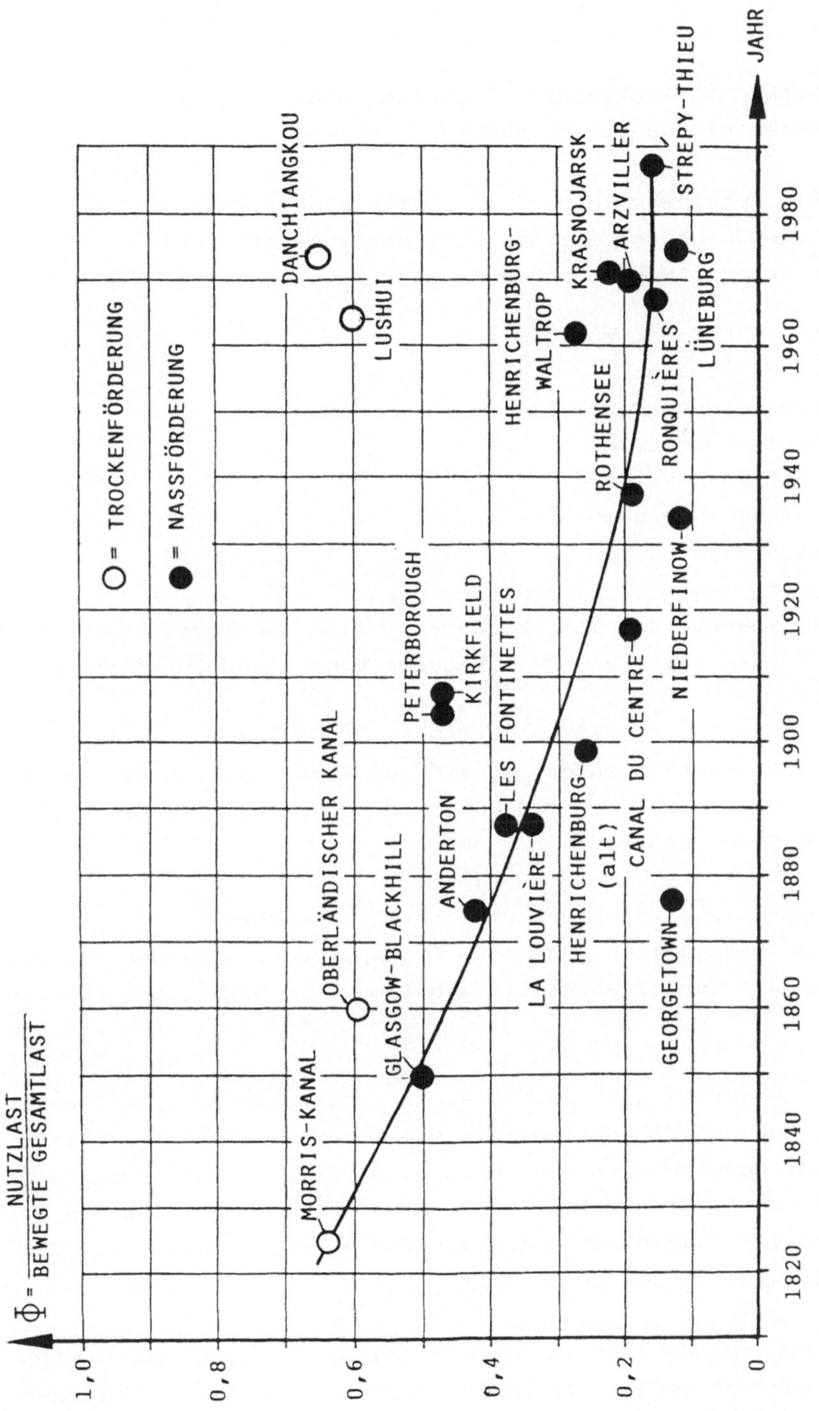

Abbildung 1.1. Verhältnis der Nutzlast zur bewegten Gesamtlast bei Schiffshebewerken mit Trocken- und Naßförderung

1.2 Arten der Schiffshebewerke

In bezug auf die Förderrichtung unterscheidet man:

- Hebewerke mit senkrechter Förderung und
- Hebewerke mit geneigten Ebenen.

Als *senkrechte* Hebewerke kommen im Prinzip sieben verschiedene Arten
in Betracht, wovon jedoch nur die zwei erstgenannten bei den Entwürfen moderner Anlagen heute noch eine praktische Bedeutung haben:

- Gegengewichts-Hebewerke
- Schwimmer-Hebewerke
- Druckwasser-Hebewerke
- Druckluft-Hebewerke
- Waagebalken-Hebewerke
- Trommel-Hebewerke
- Tauchschleusen

Bei den Schiffshebewerken mit *geneigten Ebenen* (Schrägaufzüge) ist in
bezug auf die Förderrichtung zwischen der Längs- und Querförderung zu
unterscheiden.

Bei der *Längsförderung* wird das Schiff auf einer in Richtung der Kanalachse angeordneten Transportbahn (Neigung 1:10 bis 1:50) schwimmend in einem Trog befördert.

Bei der *Querförderung* verbindet die obere und untere Kanalhaltung eine quer zu den Kanalachsen angelegte Transportbahn (Neigung 1:2 bis
1:8), auf der das Schiff ebenfalls schwimmend in einem Trog transportiert wird.

Eine Sonderform der Längsförderung stellt das *Wasserkeil-Hebewerk*
dar, bei dem das Schiff schwimmend (ohne Trog) in einer U-förmigen
Transportrinne in einem im Längsschnitt keilförmigen Wasservolumen
transportiert wird. Der Vorschub des Wasservolumens erfolgt dabei
über ein quer zur Transportrinne angeordnetes Stauschild, das von
seitlichen Transportwagen bewegt wird.

Alle drei genannten Hebewerksarten mit geneigten Ebenen kommen für
die Überwindung von Gefällestufen in Schiffahrtskanälen und Binnenwasserstraßen (Flußstaustufen) als Alternativlösungen heute in Betracht.

1.3 Auswahlkriterien für Abstiegsbauwerke

Die Wahl einer geeigneten Lösung für ein Abstiegsbauwerk mit vorgegebener Hubhöhe hängt im wesentlichen von den örtlichen Gelände- und
Untergrundverhältnissen, der Verkehrsintensität auf der Schiffahrts-
straße sowie auch von den angestrebten Schleusungszeiten für die Überwindung der Geländestufe ab. Es empfiehlt sich deshalb in jedem Falle, Alternativentwürfe aufzustellen und die bei den verschiedenen
möglichen Lösungen zu erwartenden Bau- und Unterhaltungskosten einander gegenüberzustellen.

Die Kosten nehmen mit größer werdender Hubhöhe bei Schleusenanlagen
in ungleich stärkerem Maße zu als dies bei den verschiedenen Arten der
Hebewerke der Fall ist. Ein exakter Grenzwert für die Hubhöhe H läßt
sich jedoch nicht angeben, so daß ein Kostenvergleich unter Berücksichtigung der örtlichen Verhältnisse bei jeder neuen Anlage erforderlich
ist.

Einen gewissen Anhalt über die Größenordnung der Hubhöhe, bei der ein
Hebewerk eine kostengünstigere und betrieblich optimale Lösung gegenüber einer Schleusungsanlage gleicher Verkehrsleistung darstellt, ergibt sich aus der Auftragung in Abbildung 1.2.

Demnach liegen, abgesehen von den Wasserkeil-Hebewerken von Montech
und Fonserannes in Frankreich (H = 13,5 bzw. 14,3 m), die Hubhöhen aller in den vergangenen 50 Jahren gebauten Hebewerke (Senkrechthebewer-
ke sowie Hebewerke mit Längs- bzw. Querförderung) über H = 35,0 m.
Bei allen anderen Hebewerken handelt es sich um ältere Anlagen (Tab.
1.2.) bzw. um den Ersatz eines in Funktion und Betrieb veralteten Hebewerkes (Henrichenburg-Waltrop, H = 13,8 m).

Eine große Anzahl der Schleusenanlagen mit Hubhöhen von H > 26 m befinden sich in den USA und Südamerika, wo Schiffshebewerke bislang nur
im vergangenen Jahrhundert bzw. überhaupt noch nicht gebaut wurden und
aus diesem Grunde als Alternativlösungen wohl ausschieden.

Zusammenfassend kann deshalb festgestellt werden, daß bei der Planung
eines Abstiegsbauwerkes ab Huhhöhen von etwa 25,0 m ein Schiffshebewerk als Alternativlösung für eine Schleusenanlage durchaus in Betracht
gezogen werden sollte, während bei Hubhöhen von H ≥ 35 m einem Schiffshebewerk der Vorzug zu geben ist.

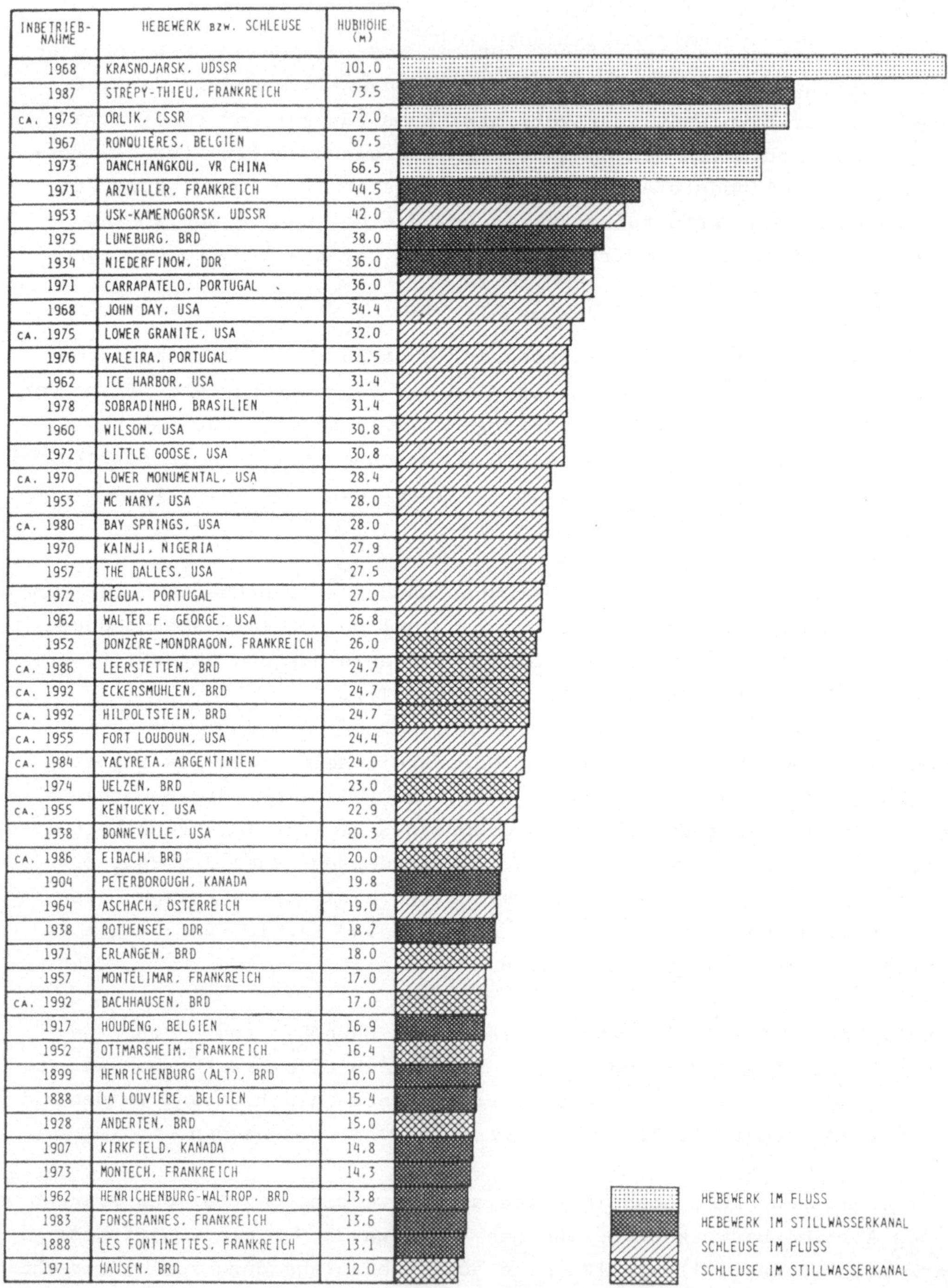

INBETRIEB-NAHME	HEBEWERK bzw. SCHLEUSE	HUBHÖHE (m)
1968	KRASNOJARSK, UDSSR	101.0
1987	STRÉPY-THIEU, FRANKREICH	73.5
CA. 1975	ORLIK, CSSR	72.0
1967	RONQUIÈRES, BELGIEN	67.5
1973	DANCHIANGKOU, VR CHINA	66.5
1971	ARZVILLER, FRANKREICH	44.5
1953	USK-KAMENOGORSK, UDSSR	42.0
1975	LÜNEBURG, BRD	38.0
1934	NIEDERFINOW, DDR	36.0
1971	CARRAPATELO, PORTUGAL	36.0
1968	JOHN DAY, USA	34.4
CA. 1975	LOWER GRANITE, USA	32.0
1976	VALEIRA, PORTUGAL	31.5
1962	ICE HARBOR, USA	31.4
1978	SOBRADINHO, BRASILIEN	31.4
1960	WILSON, USA	30.8
1972	LITTLE GOOSE, USA	30.8
CA. 1970	LOWER MONUMENTAL, USA	28.4
1953	MC NARY, USA	28.0
CA. 1980	BAY SPRINGS, USA	28.0
1970	KAINJI, NIGERIA	27.9
1957	THE DALLES, USA	27.5
1972	RÉGUA, PORTUGAL	27.0
1962	WALTER F. GEORGE, USA	26.8
1952	DONZÈRE-MONDRAGON, FRANKREICH	26.0
CA. 1986	LEERSTETTEN, BRD	24.7
CA. 1992	ECKERSMÜHLEN, BRD	24.7
CA. 1992	HILPOLTSTEIN, BRD	24.7
CA. 1955	FORT LOUDOUN, USA	24.4
CA. 1984	YACYRETA, ARGENTINIEN	24.0
1974	UELZEN, BRD	23.0
CA. 1955	KENTUCKY, USA	22.9
1938	BONNEVILLE, USA	20.3
CA. 1986	EIBACH, BRD	20.0
1904	PETERBOROUGH, KANADA	19.8
1964	ASCHACH, ÖSTERREICH	19.0
1938	ROTHENSEE, DDR	18.7
1971	ERLANGEN, BRD	18.0
1957	MONTÉLIMAR, FRANKREICH	17.0
CA. 1992	BACHHAUSEN, BRD	17.0
1917	HOUDENG, BELGIEN	16.9
1952	OTTMARSHEIM, FRANKREICH	16.4
1899	HENRICHENBURG (ALT), BRD	16.0
1888	LA LOUVIÈRE, BELGIEN	15.4
1928	ANDERTEN, BRD	15.0
1907	KIRKFIELD, KANADA	14.8
1973	MONTECH, FRANKREICH	14.3
1962	HENRICHENBURG-WALTROP, BRD	13.8
1983	FONSERANNES, FRANKREICH	13.6
1888	LES FONTINETTES, FRANKREICH	13.1
1971	HAUSEN, BRD	12.0

Abbildung 1.2. Ausgeführte Schleusen und Hebewerke mit Hubhöhen
H ≥ 12,0 m

1.4 Historische Entwicklung

Die Idee des Transportes von Schiffen über Geländesprünge und Wasserscheiden reicht bis in die Frühzeit zurück. So ließ PERIANDROS, Tyrann von Korinth, bereits um 600 v.Chr. eine 6 km lange "Schiffsrutsche" über die Landenge von Korinth bauen, über die Schiffe gezogen werden konnten und über die rd. 600 Jahre später beispielsweise der spätere römische Kaiser OCTAVIAN nach der Seeschlacht von Aktium (31 v.Chr.) seine gesamte Flotte von 250 Schiffen transportieren ließ /1,4/. Diese Anlage kann als das wohl älteste "Hebewerk" der Welt angesehen werden.

Weit in die Frühzeit hinein reichen aber auch die ersten chinesischen *Schiffsschleppen*, bei denen kleinere Schiffe auf einer festen Lehmebene oder einer hölzernen Rutschbahn von einem Fließgewässer zum anderen mit Hilfe eines Spills gezogen werden (Abb. 1.3.).

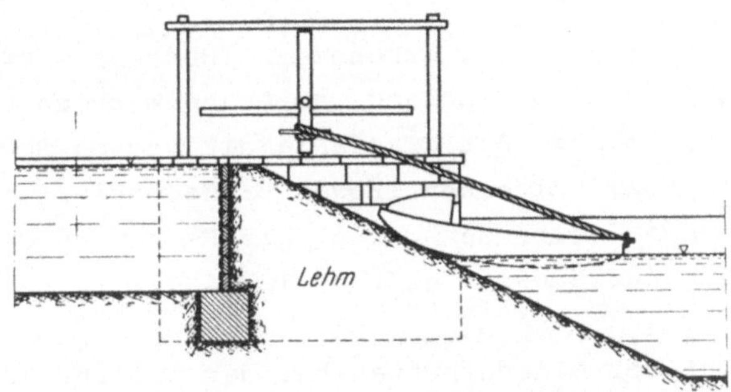

Abbildung 1.3. Prinzip eines alten Schiffshebewerkes in China /5/

Ähnliche Anlagen für Schiffe bis zu 8 t Tragfähigkeit wurden im 12.Jh. auch am Kanal von Ypern in Nordfrankreich betrieben /6/.

Das erste Schiffshebewerk der Neuzeit wurde im Jahre 1788 bei Ketley in England gebaut /7/. Es besitzt zwei *längsgeneigte Ebenen*, auf denen die Schiffe trocken mittels zweier Wagen über einen Geländesprung von 21,3 m Höhe transportiert werden (Tab. 1.2.). Drei ähnliche Zwillingshebewerke für Schiffe bis zu 5 t Tragfähigkeit wurden 1790 in England am Shropshire Canal gebaut, wobei die Hubhöhe des einen sogar 61,3 m betrug.

Im Jahre 1798 wurde von WELDEN am Sommerset Canal in England das erste *senkrechte* Hebewerk gebaut. Es bestand aus einem waagerechten Zy-

linder, der in einem wassergefüllten Schacht durch Zugabe oder Entnah-
me von Wasser schwimmend auf und ab bewegt wurde (Prinzip der Tauchschleuse). In dem Zylinder konnten Schiffe bis zu 20 t Tragfähigkeit
schwimmend transportiert werden.

Das erste dauerhafte Schiffshebewerk mit Senkrechtförderung für Schiffe bis zu 40 t Tragfähigkeit wurde 1809 in England bei Tardebigge am
Worcester-Birmingham Canal dem Verkehr übergeben. Das Gewicht eines
wassergefüllten Troges wurde dabei durch Gegengewichte, die über Ketten mit dem Trog verbunden waren, ausgeglichen /8/.

Als in den Jahren 1825 bis 1831 in den USA zwischen Phillipsburg und
New York der Morris Canal gebaut wurde, mußte ein Höhenunterschied
von insgesamt 510 m überwunden werden. Hierzu wurden 23 längsgeneigte
Ebenen mit Trockenförderung (Neigungen 1:10 bis 1:12) und 25 Schleusen benötigt. Die Förderhöhen der Zwillingshebewerke lagen dabei zwischen 11,0 und 30,4 m /1,7/.

Im Jahre 1838 wurde ein Zwillingshebewerk (Hubhöhe = 14 m) mit Senkrechtförderung bei Taunton, England, am Grand-Western Canal in Betrieb
genommen /7,9/. Die bis zu 8 t Tragfähigkeit großen Schiffe wurden dabei schwimmend in zwei hölzernen Trögen transportiert, die über 3 Gliederketten miteinander verbunden waren. Die Ketten wurden dabei über
Zahnrollen von 5 m Durchmesser geführt (Abb. 1.4.).

Um das Übergewicht der Gliederketten bei der Talfahrt auszugleichen,
wurden unter den Trögen entsprechend lange Belastungsketten angeordnet. Die Bewegung der Tröge wurde durch Übernahme von Ballastwasser
in den talfahrenden Trog eingeleitet.

Die erste *längsgeneigte Ebene* (Hubhöhe = 29,3 m, Neigung 1:10) mit
Naßförderung wurde im Jahre 1850 am Monkland Canal in England gebaut.
Sie wurde jedoch später wegen der Schwingungserscheinungen im Trog
auf Trockenförderung umgestellt /11/.

In der Weichselniederung am Oberländischen Kanal im ehemaligen Ost-
preußen wurden nach den Plänen des preußischen Baurates STEENKE in den
Jahren von 1860 bis 1880 fünf Zwillingshebewerke (Hubhöhen 14 bis
25 m) mit längsgeneigten Ebenen (Neigung 1:12) gebaut, auf denen
Schiffe bis zu 50 t Tragfähigkeit transportiert werden können. Die
Schiffe werden dabei auf Trogwagen abgesetzt (Trockenförderung), die

über Seilantriebe bewegt werden (Abb. 1.5.). Die Anlage ist bis zum heutigen Tage in Betrieb.

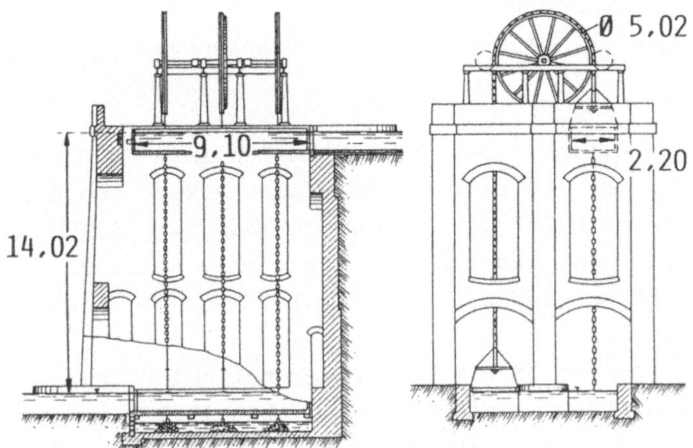

Abbildung 1.4. Doppelhebewerk bei Taunton, England /10/

Abbildung 1.5. Längsgeneigte Ebene am Oberländischen Kanal /12/

Nach den Entwürfen von CLARK wurde im Jahre 1875 bei Anderton, England, am Anschluß des Trent-Mersey Canals an den Weaver das erste *Druckwasser-Hebewerk* mit Naßförderung gebaut, das jedoch 1907 wegen Undichtigkeiten in den hydraulischen Pressen in ein Gegengewichts-Hebewerk umgebaut werden mußte /13/. Das Zwillingshebewerk war für den Transport von Schiffen bis zu 100 t Tragfähigkeit vorgesehen. Die Hubhöhe betrug 15,4 m (Tab. 1.2.).

Am Potomac River, USA, wurde im Jahre 1876 ein Schiffshebewerk (Hubhöhe = 11,6 m) mit längsgeneigter Ebene (1:12) und Naßförderung für Schiffe bis 135 t Tragfähigkeit in Betrieb genommen /13/. Wegen zu großer Belastung der Troggleise wurde es später auf halbnasse Förderung umgestellt.

Im Jahre 1880 wurden gleichzeitig in Belgien bei La Louvière am Canal du Centre und in Frankreich bei Les Fontinettes (Canal de Neuf Lossée) zwei Druckwasser-Hebewerke mit Naßförderung und Hubhöhen von 15,4 bzw. 13,1 m gebaut /14/. Sie waren bereits für Schiffsgrößen von bis zu 360 bzw. 300 t Tragfähigkeit vorgesehen (Tab. 1.2.).

Für den 14 bis 16 m hohen Abstieg im Dortmund-Ems-Kanal bei Henrichenburg schrieb die Preußische Staatsbauverwaltung im Jahre 1892 einen beschränkten Wettbewerb für ein Schiffshebewerk aus /1/. Es sollte für den Transport von Schiffen bis zu 800 t Traglast dienen. Die Trogabmessungen waren mit L = 68 m und B = 8,6 m vorgeschrieben.

Von insgesamt sieben eingereichten Entwürfen für Hebewerke verschiedener Bauart wurde dem Vorschlag von HANIEL und LUEG für ein Schwimmerhebewerk mit fünf kreisrunden, senkrechten Schwimmern der Vorzug gegeben /6/. Es besitzt eine von JEBENS vorgeschlagene Schraubenführung des Troges an den vier Trogecken, durch die eine Trennung zwischen Führung, Antrieb und Sicherung des Troges von seinem Gewichtsausgleich erreicht wird /15,16/.

Das Schiffshebewerk bei Henrichenburg wurde im Jahre 1899 in Betrieb genommen (Abb. 1.6.) und erst 1962 durch ein modernes Schwimmerhebewerk für Schiffe bis zu 1350 t Tragfähigkeit ersetzt.

Das erste Schiffshebewerk mit *Querförderung* (Neigung der Transportbahn = 1:4) und Naßförderung wurde in England bei Foxton im Jahre 1900 am Junction Canal in Betrieb genommen (Abb. 1.7.). Seine Hubhöhe beträgt 22,0 m.

Im Jahre 1904 wurde in Kanada am Trent Canal bei Peterborough ein Druckwasser-Hebewerk (H = 19,8 m) für Schiffe mit 800 t Tragfähigkeit in Betrieb genommen, dem 3 Jahre später noch ein zweites Hebewerk gleicher Bauart (H = 14,8 m) bei Kirkfield folgte /17/.

Abbildung 1.6. Schwimmerhebewerk Henrichenburg (Inbetriebnahme 1899)

Abbildung 1.7. Quergeneigte Ebene bei Foxton, England

Am Verbindungskanal zwischen Maas und Schelde, dem belgischen Canal du
Centre, wurde im Jahre 1909 nach Inbetriebnahme des Druckwasser-Hebewerkes bei La Louvière (1888) mit dem Bau von drei weiteren Hebewerken
bei Houdeng-Aimeries, Bracquegnies und Thieu begonnen. Die als Druckwasser-Hebewerke ausgebildeten Abstiegsbauwerke (Zwillingshebewerke)
besitzen eine Hubhöhe von je 16,9 m und sind für Schiffe bis zu 360 t

Tragfähigkeit vorgesehen (Abb. 1.8). Durch die Kriegseinwirkungen verzögerte sich ihr Bau, so daß sie erst 1917 in Betrieb genommen werden
konnten /18/. Die Hebewerke haben sich bis heute gut bewährt und sollen erst im Jahre 1987 durch das inzwischen im Bau befindliche Gegengewichts-Hebewerk mit zwei Trögen für Schiffe bis zu 1350 t Tragfähigkeit bei Strépy-Thieu (Hubhöhe = 73,15 m) ersetzt werden (s. Abb. 2.26).

Im Zuge der Ausbauplanung für den Hohenzollernkanal (Havel-Oder-Kanal),
durch den der seit 1746 bestehende Finow-Kanal ersetzt und damit eine
bessere Anbindung Berlins an die Oder erreicht werden sollte, wurde im
Jahre 1898 ein erster Wettbewerb für ein Abstiegsbauwerk bei Niederfinow (H $\approx$ 36 m) ausgeschrieben, der jedoch 1906 nach Verabschiedung
des Preußischen Wasserstraßengesetzes noch einmal wiederholt wurde
/1/. Unter den zehn eingereichten Entwürfen waren drei längsgeneigte
Ebenen, sechs senkrechte Hebewerke und eine Sparschleuse /10/. In einem 1912 folgenden weiteren Wettbewerb wurden u.a. auch Entwürfe für
ein Hebewerk mit Querförderung, ein senkrechtes Hebewerk mit Gegengewichtsausgleich und ein Waagebalken-Hebewerk mit Wasserdruckbremsen
(Fa. BEUCHELT) eingereicht. Abbildung 1.9. zeigt einige der zahlreichen Entwürfe für das Schiffshebewerk Niederfinow, die in den Jahren
1906 und 1927 vorgelegt wurden /1/.

Durch den ersten Weltkrieg wurde der Bau des Hebewerkes zunächst noch
verzögert und die Entwurfsarbeiten erst Anfang der zwanziger Jahre
wieder aufgenommen. In der Zwischenzeit war jedoch das 1000 tdw-Schiff
zum Regelschiff des deutschen Wasserstraßennetzes geworden. Bei den
hierfür erforderlichen Trogabmessungen schien die Anlage eines senkrechten Hebewerkes mit Gegengewichtsausgleich die größte Betriebssicherheit zu gewährleisten. Mit dem Bau eines Senkrecht-Hebewerkes bei
Niederfinow wurde deshalb 1926 begonnen und dasselbe im Jahre 1934
dem Verkehr übergeben. Abbildung 1.11 zeigt den endgültigen Entwurf
für das Gegengewichts-Hebewerk in Längs- und Querschnitt, Abbildung
1.10 die fertige Anlage im Betrieb.

Vier Jahre nach Inbetriebnahme des Gegengewichts-Hebewerkes bei Niederfinow wurde ein weiteres senkrechtes Hebewerk mit einer Hubhöhe von
18,7 m am Mittelland-Kanal bei Rothensee (Abstieg zur Elbe) dem Verkehr übergeben. Die Trogabmessungen der als *Schwimmerhebewerk* ausgeführten Anlage sind ebenfalls für ein 1000 tdw-Schiff ausgelegt (Abb.
1.12.). Abbildung 1.12. zeigt das Schiffshebewerk Rothensee am Weser-
Elbe-Kanal.

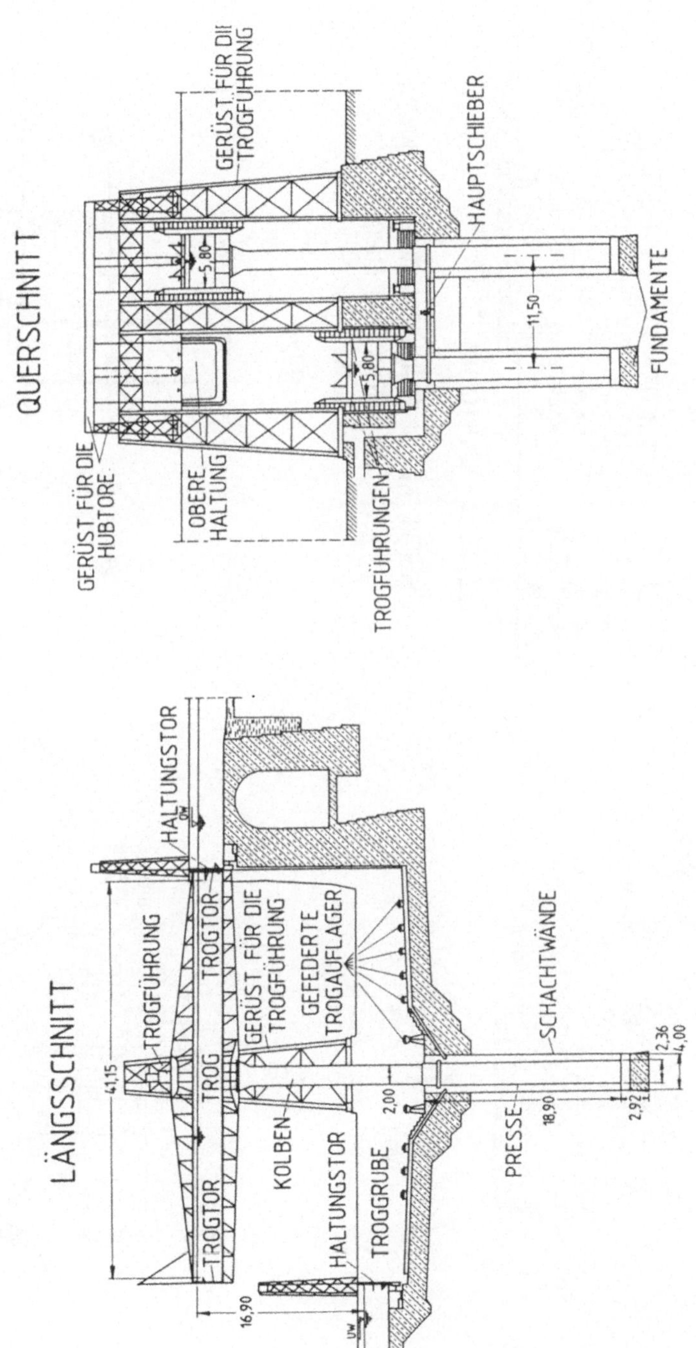

Abbildung 1.8. Druckwasser-Hebewerk Houdeng-Aimeries am belgischen Canal du Centre /1/

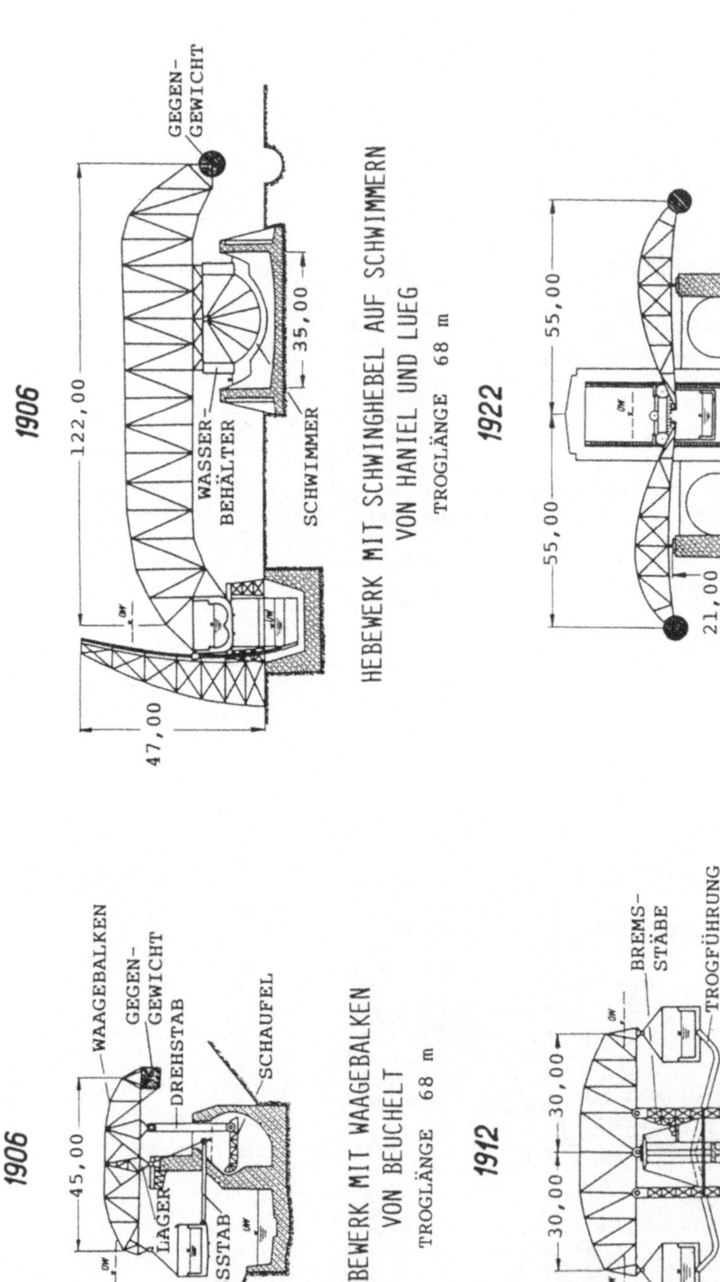

Abbildung 1.9. Entwürfe für das Schiffshebewerk Niederfinow /1/

Abbildung 1.10. Schiffshebewerk Niederfinow am Havel-Oder-Kanal
(Gegengewichts-Hebewerk)

Zahlreiche weitere Hebewerke wurden in den Nachkriegsjahren (nach 1945)
als Alternativlösungen für den Ausbau bestehender Kanalstrecken und
die Anlage neuer Schiffahrtskanäle vorgeschlagen, von denen jedoch
nur einige wenige zur Ausführung gelangten. Es sind dies die folgenden Anlagen, auf die im weiteren noch näher eingegangen wird (Tab.
1.2.):

    1962: Schwimmer-Hebewerk Henrichenburg-Waltrop / BR Deutschland
          am Dortmund-Ems-Kanal (H = 13,7 m)

    1967: Längsgeneigte Ebene (1:20) bei Ronquières / Belgien
          am Kanal Charleroi-Brüssel (H = 67,5 m)

    1968: Längsgeneigte Ebene (1:10) Krasnojarsk / UdSSR
          am Jenissej (H = 101,0 m)

    1970: Quergeneigte Ebene (1:2,5) bei Arzviller / Frankreich
          am Marne-Rhein-Kanal (H = 44,5 m)

    1973: Wasserkeil-Hebewerk (1:33) bei Montech / Frankreich
          am Garonne-Seitenkanal (H = 14,3 m)

    1975: Senkrechtes Doppelhebewerk mit Gegengewichten
          bei Lüneburg / BR Deutschland
          am Elbe-Seitenkanal (H = 38,0)

    1983: Wasserkeil-Hebewerk (1:20) bei Fonserannes / Frankreich
          am Canal du Midi (H = 13,6 m)

    1987: Senkrechtes Doppelhebewerk mit Gegengewichten
          bei Strépy-Thieu / Belgien
          am Canal du Centre (H = 73,15 m)

Alle diese vorgenannten Hebewerke, mit Ausnahme der beiden Wasserkeil-
Hebewerke und des Schwimmerhebewerkes bei Henrichenburg-Waltrop zeich-

(a)

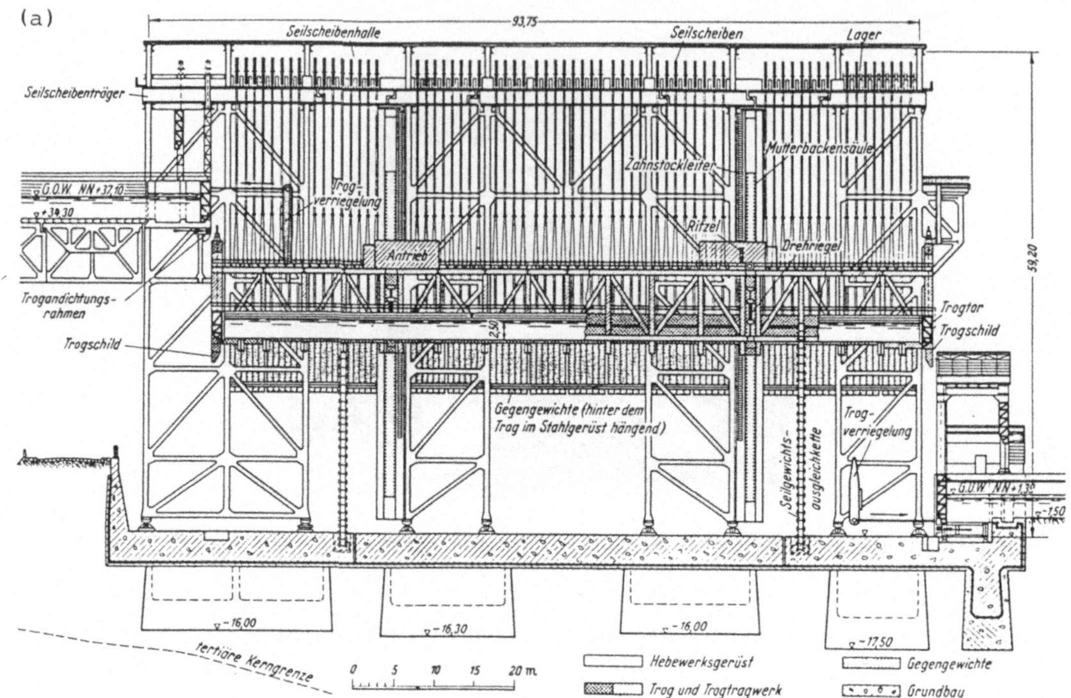

(b)

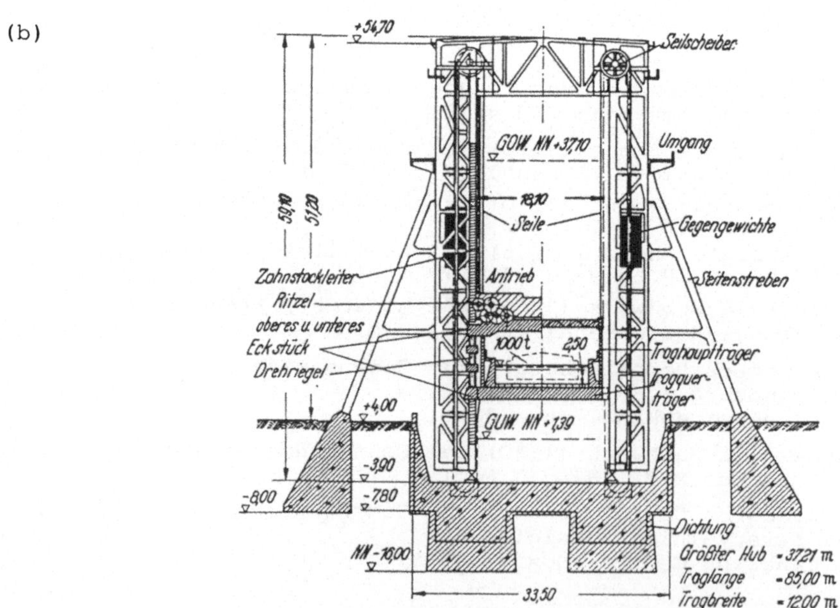

Abbildung 1.11. Schiffshebewerk Niederfinow am Havel-Oder-Kanal/DDR
im Längsschnitt (a) und Querschnitt (b) /19/

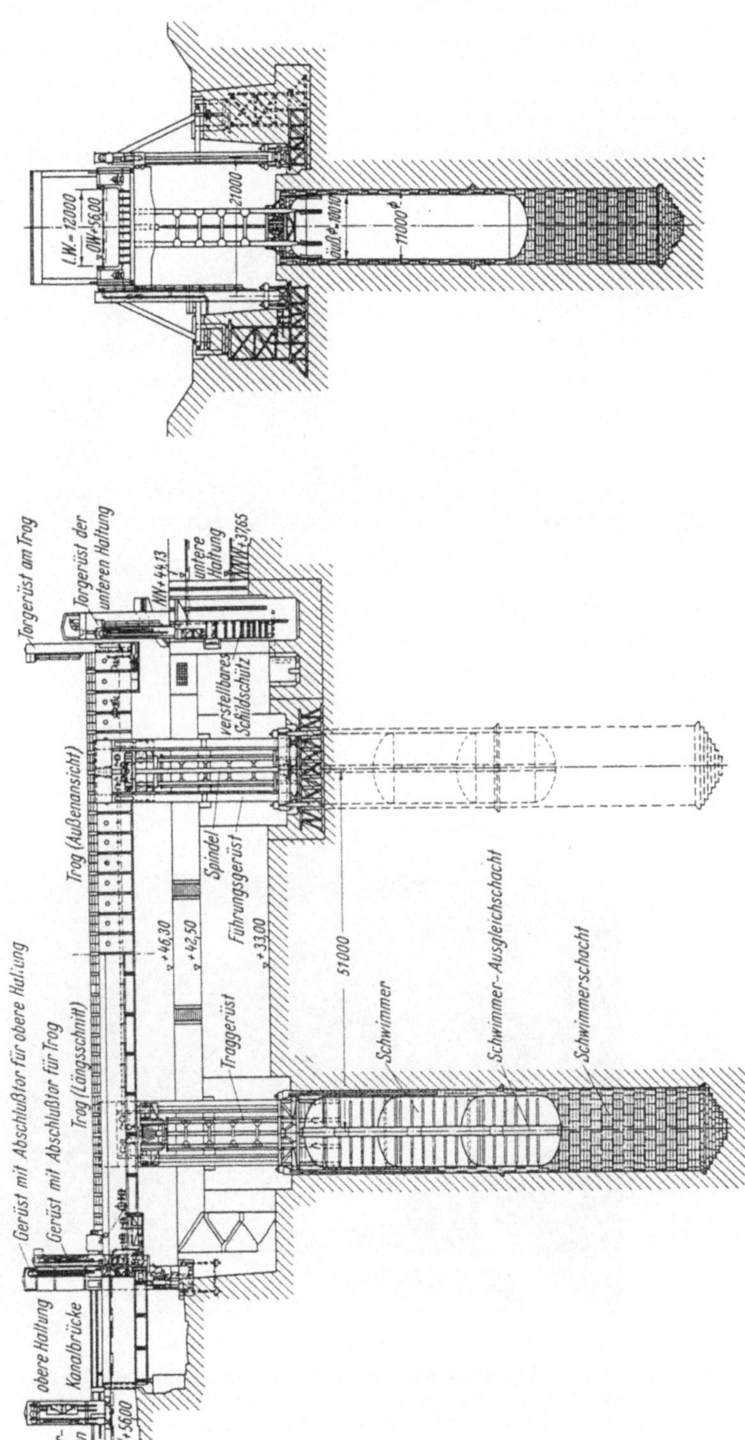

Abbildung 1.12. Schiffshebewerk Rothensee am Weser-Elbe-Kanal / DDR /19/ (Maße in mm)

nen sich gegenüber den bis dahin ausgeführten Anlagen durch erheblich
größere Hubhöhen und Trogabmessungen aus. Eine Zusammenstellung aller
bislang in Betrieb genommenen Hebewerke mit Angaben über die Art der
Förderung, die Trogabmessungen und die maximale Tragfähigkeit der zu
transportierenden Schiffe wurde in Tabelle 1.2. vorgenommen.

(a)

(b)

Abbildung 1.13. Schiffshebewerk Rothensee am Weser-Elbe-Kanal/DDR
                a) Blick auf das Unterhaupt /19/
                b) Trog während der Bergfahrt

2 Schiffshebewerke mit senkrechter Förderung

2.1 Allgemeines

Alle heute in Betrieb befindlichen senkrechten Hebewerke, mit Ausnahme der beiden Hebewerke an Flußstaustufen der Volksrepublik China, bedienen sich der *Naßförderung*, wobei das Schiff in einem wassergefüllten Trog schwimmend transportiert wird.

Da die beim Einfahren des Schiffes in den Trog verdrängte Wassermenge seinem Brutto-Schiffsgewicht entspricht, ist das Gesamtgewicht des Troges unabhängig von der Schiffsbelegung stets gleich groß. Beim Ausfahren des Schiffes aus dem Trog fließt die von ihm verdrängte Wassermenge wieder in den Trog zurück (s. S. 6).

Bei allen senkrechten Hebewerken ist der Leitgedanke, die beim Heben eines Troges aufgewendete Arbeit (abzüglich der Reibungsverluste) beim Absenken in Form von potentieller Energie wieder zur Verfügung zu haben /19/. Dies führt zur Anwendung von zwei miteinander verbundenen, im Takt fahrenden Trögen (Zwillingshebewerk) bzw. zur Anwendung von Gegengewichten oder Schwimmkörpern.

Bei den senkrechten Hebewerken unterscheidet man nach der Art des Hubes (Abb. 2.1.):

    a) Gegengewichts-Hebewerke
    b) Schwimmer-Hebewerke
    c) Druckwasser-Hebewerke
    d) Druckluft-Hebewerke
    e) Waagebalken-Hebewerke
    f) Trommel-Hebewerke
    g) Tauchschleusen

Die vier letztgenannten Arten wurden bislang nur bei Ideenwettbewerben in der Entwurfsbearbeitung vorgestellt, gelangten jedoch nie zur

Ausführung (s. Tab. 1.2.). Sie werden deshalb in Abschnitt 4 als *Sonderformen* von Schiffshebewerken behandelt, denen jedoch bei der Planung moderner Abstiegsbauwerke heute keine Bedeutung mehr zukommt. Eine
weitere, nur theoretisch erörterte Bauform,stellt das Druckluft-Hebe-
werk dar /20,21/.

2.2 Hebewerke mit Gegengewichtsausgleich

<u>2.2.1 Allgemeines</u>

Gegengewichts-Hebewerke können als Einzel- oder Doppelhebewerke gebaut werden. Eine Kopplung der Tröge ist nicht erforderlich (Zwillingshebewerk), da jeder Trog für sich über einen eigenen Antrieb gefahren werden kann, wobei der Gewichtsausgleich über Gegengewichte
erfolgt.

Diese sind mit dem Trog über Seile verbunden, die über Umlenkrollen
in den seitlich neben dem Trog angeordneten, turmartigen Führungsgerüsten (Hubtürme) laufen (Abb. 2.2.).

Der mit Wasser gefüllte Trog befindet sich mit den Gegengewichten im
labilen Gleichgewicht, so daß bereits eine relativ geringe Antriebs-
kraft ausreicht, um den Trog in Bewegung zu setzen. Der Antrieb kann
dabei entweder über Ritzel erfolgen, die in seitlich in den Hubtür-
men angebrachte Zahnstangen eingreifen, oder über in Drehbewegung
versetzte Spindeln, auf denen starr mit dem Trog verbundene Spindelmuttern laufen. Im ersten Falle sind die Antriebsmotoren am Trog, im
zweiten Falle über den in den Führungsgerüsten untergebrachten Spindeln angeordnet.

Um bei der Bewegung des Troges eine Gewichtszunahme bzw. -abnahme infolge des Gewichtes der ablaufenden Seile zu vermeiden, werden *umlau-
fende* Seile (oder Gliederketten) verwendet, d.h. der Trog wird mit den
Gegengewichten über zusätzliche Seile, die über Umlenkrollen an der
Sohle der Hubtürme geführt werden, verbunden (Abb. 2.1.A).

Die seitlich neben dem Trog angeordneten Hubgerüste müssen wegen der
Gegengewichte und Seile mehr als das *doppelte Troggewicht* aufnehmen.

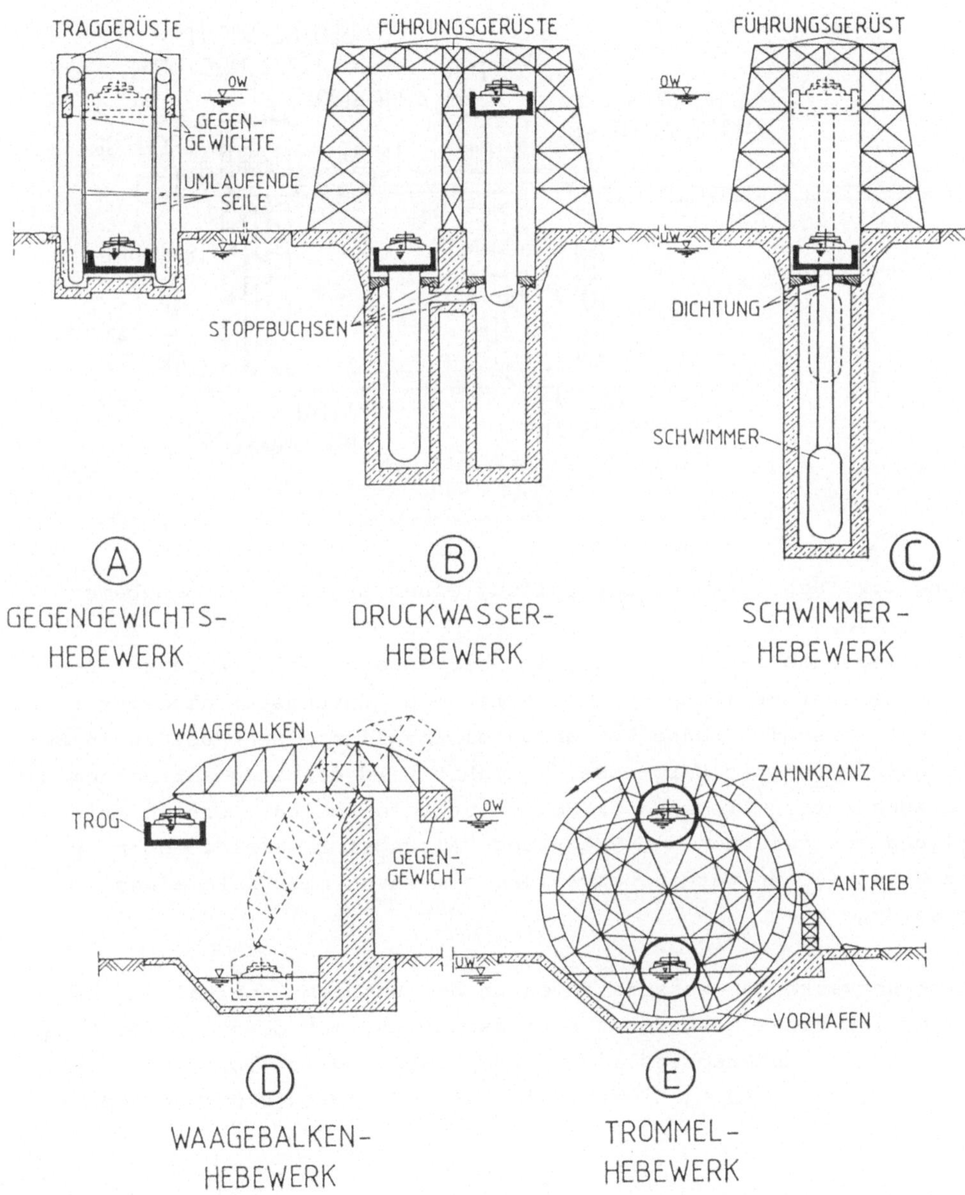

Abbildung 2.1. Alternativlösungen für senkrechte Hebewerke

Trotzdem ist bei Gegengewichts-Hebewerken nur eine Flachgründung erforderlich.

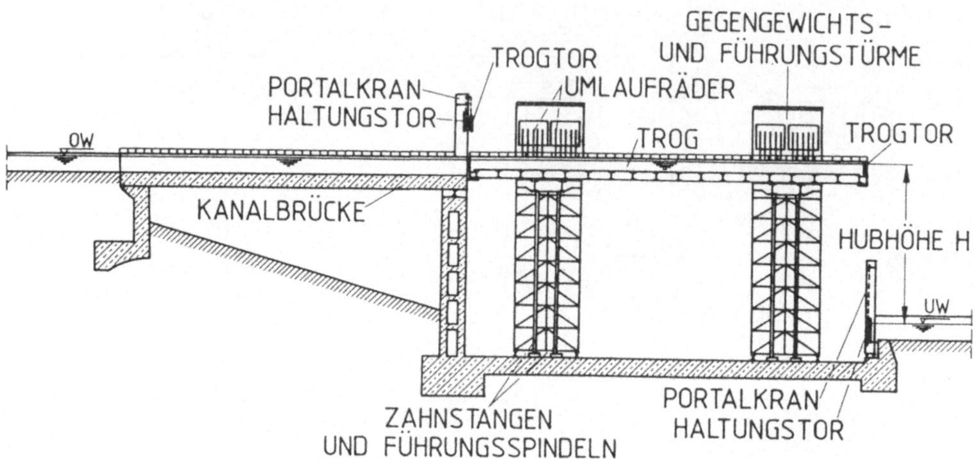

Abbildung 2.2. Schematische Darstellung eines Gegengewichts-Hebewerkes

Die anschließenden Kanalhaltungen im Oberwasser- und Unterwasser-Bereich des Hebewerkes müssen jeweils durch ein Haltungstor abgesperrt werden. Als Verschlußorgane kommen dabei im allgemeinen Hubtore in Betracht. Nach erfolgter Berg- oder Talfahrt wird der Trog mit seinem der Haltung zugekehrten Trogende am Haltungstor festgelegt. Danach erfolgt die Füllung des zwischen dem Trog- und Haltungstor verbleibenden Spaltes mit Wasser. Dann werden beide Tore gemeinsam mit Hilfe eines Portalkranes angehoben.

Bei stark schwankenden Wasserständen in der unteren Kanalhaltung bedient man sich eines besonderen Schildschützes, mit dessen Hilfe eine Anpassung an die unterschiedlichen UW-Spiegel möglich ist. Das eigentliche Haltungstor wird in diesem Falle an das Schildschütz gekoppelt (Abb. 2.3.).

Geringere Wasserspiegelunterschiede zwischen dem Trog und der anschließenden Kanalhaltung können auch durch Pumpen, die im Bereich der Haltungstore untergebracht sind, ausgeglichen werden.

Die untere Kanalhaltung schließt im allgemeinen direkt an das UW-seitige Ende des Troges an. Die obere Kanalhaltung muß dagegen, je nach
den vorhandenden Geländeverhältnissen, über eine *Kanalbrücke* an das
OW-seitige Trogende herangeführt werden (Abb. 2.2.).

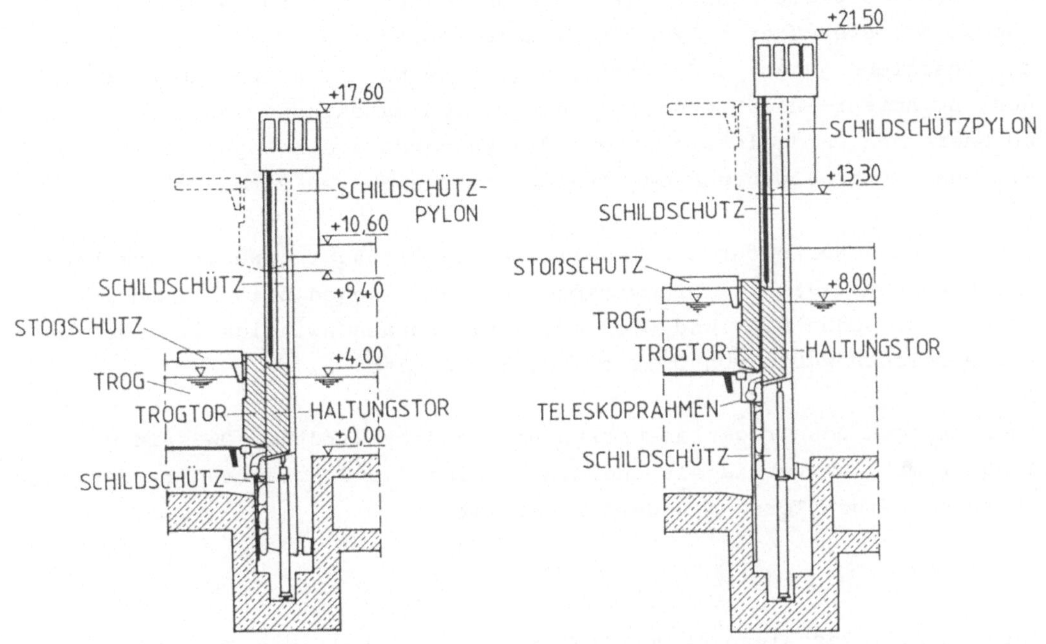

a) Schildschütz in unterer   b) Ausgefahrenes Schildschütz
   Stellung   (obere Stellung)

Abbildung 2.3. Anordnung eines Schildschützes bei schwankenden UW-
               Ständen (Schiffshebewerk Lüneburg)

Im Anschluß an das Hebewerk sind in der oberen und unteren Kanalhaltung im allgemeinen Vorhäfen angeordnet. Ihre Abmessungen richten
sich nach der Größe der wartenden Schiffe und der Verkehrsintensität
auf der Kanalstrecke.

2.2.2 Bewegungsablauf während des Transportvorganges

Bei der Bergfahrt fährt das Schiff entweder aus der unteren Haltung
unter dem angehobenen Trog- und Haltungstor in den Trog ein, oder es
wird über eine besondere Treidelanlage in den Trog hereingezogen.
Darauf erfolgt das Festlegen des Schiffes mit Hilfe seiner Haltetros-

sen an seitlich am Trog angebrachten Pollern und das Absenken der beiden Tore. Nach Entleerung des Torspaltes wird dann das Trogtor vom
Haltungstor entriegelt.

Zu Beginn des Transportvorganges muß der Trog auf eine vorgesehene
Hubgeschwindigkeit beschleunigt und an seinem Ende durch eine entsprechende Bremsverzögerung zum Stillstand gebracht werden. Dabei dürfen
die Beschleunigungs- und Verzögerungswerte nicht zu groß gewählt werden, um Anfahr- und Bremsstöße infolge von maschinentechnischen oder
mechanischen Unregelmäßigkeiten, die Wasserspiegelbewegungen im Trog
erzeugen können, während des Transportvorganges zu vermeiden.

Die üblichen Werte für die im allgemeinen *konstant* gewählte Anfahrbeschleunigung (+a) bzw. Bremverzögerung (-a) liegen bei den modernen
Anlagen zwischen 0,01 und 0,02 m/s². Die Hubgeschwindigkeiten des Troges erreichen Werte von 0,12 bis 0,24 m/s (Tab. 2.1.).

Nach Anlegen des Troges am oberen Haltungstor wird das OW-seitige
Trogtor mit ihm verriegelt und über Schieber und Umlaufkanäle der Spalt
zwischen beiden Toren mit Wasser gefüllt.

Tabelle 2.1. Beschleunigung und Hubgeschwindigkeit des Troges bei He-
              bewerken mit Senkrechtförderung

H E B E W E R K	IN BETRIEB SEIT:	BESCHLEUNIGUNG BZW. VERZÖGERUNG DES TROGES	HUBGESCHWINDIGKEIT DES TROGES
NIEDERFINOW, D D R (Gegengewichts - Hebewerk) H = 37,2 m	1934	± 0,01 m/s²	0,12 m/s
ROTHENSEE, D D R (Schwimmer-Hebewerk) H = 18,7 m	1938	± 0,01 m/s²	0,15 m/s
HENRICHENBURG-WALTROP, B R D (Schwimmer - Hebewerk) H = 13,8 m	1962	± 0,01 m/s²	0,15 m/s
LÜNEBURG, B R D (Gegengewichts - Hebewerk) H = 38,0 m	1975	± 0,013 m/s²	0,21 bis 0,24 m/s
STRÉPY-THIEU, Belgien (Gegengewichts - Hebewerk) H = 73,15 m	1987	± 0,02 m/s²	0,20 m/s

Bei einem eventuell vorhandenen Niveauunterschied zwischen dem Wasserstand in der oberen Haltung und dem Trogwasserspiegel muß der letztere durch Pumpbetrieb zunächst auf die Höhe des Kanalwasserspiegels gebracht werden, bevor beide Tore mit Hilfe eines Portalkranes angehoben werden und damit die Ausfahrt des transportierten Schiffes in die obere Haltung freigegeben wird.

Bei der Talfahrt des Schiffes wird in analoger Weise verfahren.

2.2.3 Wasserspiegelbewegungen im Trog und Trossenkräfte

Bei der Anfahrbeschleunigung bzw. Bremsverzögerung des Troges ist bei einem Hebewerk mit Senkrechtförderung (Gegengewichts-Hebewerk, Druckwasser-Hebewerk oder Schwimmer-Hebewerk) die in der Lotrechten (y-Richtung) wirkende Bewegungskomponente ohne Einfluß auf das Gleichgewicht zwischen dem im Trog enthaltenen Wasser und den transportierten Schiffen.

Beim Heben des Troges (Bergfahrt) wirkt sich in der Anfahrphase (a_y>o) die Beschleunigung des Troges lediglich so aus, als ob das spezifische Gewicht des Wassers und das des Schiffes um den Faktor ($1+a_y/g$) größer würden, während in der Anhaltephase (Bremsverzögerung a_y<o) der entsprechende Faktor ($1-a_y/g$) beträgt. Bei der Talfahrt (Absenken des Troges) sind die Verhältnisse umgekehrt.

Bei zeitlich veränderlicher Beschleunigung bzw. Bremsverzögerung $\pm\ a_y = f(t)$ verändert sich das "spezifische Gewicht" des Wassers im Trog und das der Schiffe entsprechend, so daß unabhängig vom zeitlichen Verlauf des Beschleunigungs- und Verzögerungsvorganges *zu jedem Zeitpunkt* während des Transportvorganges Gleichgewicht zwischen dem Wasser im Trog und den schwimmenden Schiffen herrscht.

Dies bedeutet, daß Wasserspiegelbewegungen im Trog sowie Relativbewegungen zwischen Schiff und Trog im Prinzip weder in horizontaler noch in vertikaler Richtung während des Transportvorganges zu erwarten sind.

Voraussetzung hierfür ist jedoch eine ungestörte Bewegung des Troges und seine *vollkommene Parallelführung* in den seitlichen Führungsgerüsten.

Ein Gleichlauf der Motoren und Antriebsorgane (Ritzel oder Spindeln) wird im allgemeinen über ein entsprechendes Getriebe gewährleistet, die Beschleunigung und Bremsverzögerung über eine Leonard-Schaltung erreicht.

Trotzdem kann es infolge eines geringen Spieles in den Antriebsmechanismen und Führungsgerüsten und bei einer unvollkommenen Parallelführung des Troges zu – wenn auch geringen - Kraftwirkungen in *horizontaler* Richtung auf den Trog kommen, als deren Folge Wasserspiegelbewegungen im Trog zu erwarten sind.

Die Wirkung dieser Wasserbewegungen auf die im Trog transportierten Schiffe ist jedoch nur gering, so daß die durch sie verursachten Trossenkräfte weit unter dem im allgemeinen bei Schiffshebewerken als zulässig angesehenen Wert von $G_S/1000$ bleiben (G_S = Bruttoschiffsgewicht). Trotzdem kann auf ein Festmachen der Schiffe an den Trogpollern während des Transportvorganges aus Sicherheitsgründen nicht verzichtet werden.

2.2.4 Kraftwirkungen auf den Trog

In der Anfahrphase während der Bergfahrt (Beschleunigung des Troges) und in der Anhaltephase während der Talfahrt (Bremsverzögerung) ergibt sich für den Druckgradienten dp/dy im Trogwasser (spez. Gew. γ) ein von den hydrostatischen Verhältnissen bei Stillstand des Troges abweichender Wert, der sich nach Gleichung (2-1) wie folgt berechnen läßt:

$$\frac{dp}{dy} = -\gamma \ (1 + a_y/g). \qquad\qquad (2\text{-}1)$$

Während der Bremsverzögerung des Troges bei der Bergfahrt und für die Trogbeschleunigung während der Talfahrt gilt entsprechend:

$$\frac{dp}{dy} = -\gamma \ (1 - a_y/g), \qquad\qquad (2\text{-}2)$$

wobei a_y = konstant oder a_y = f(t) die Beschleunigung bzw. Verzögerung in der Lotrechten darstellt.

Für die Bemessung der Trogwandungen ist der hydrostatische Druck p während des Transportvorganges maßgebend (Gl. 2-3). Die Druck-

verteilung ergibt sich dabei mit den Bezeichnungen der Abbildung 2.4.
zu:

$$p = -\gamma\, y\, (1 + a_y/g)\,. \tag{2-3}$$

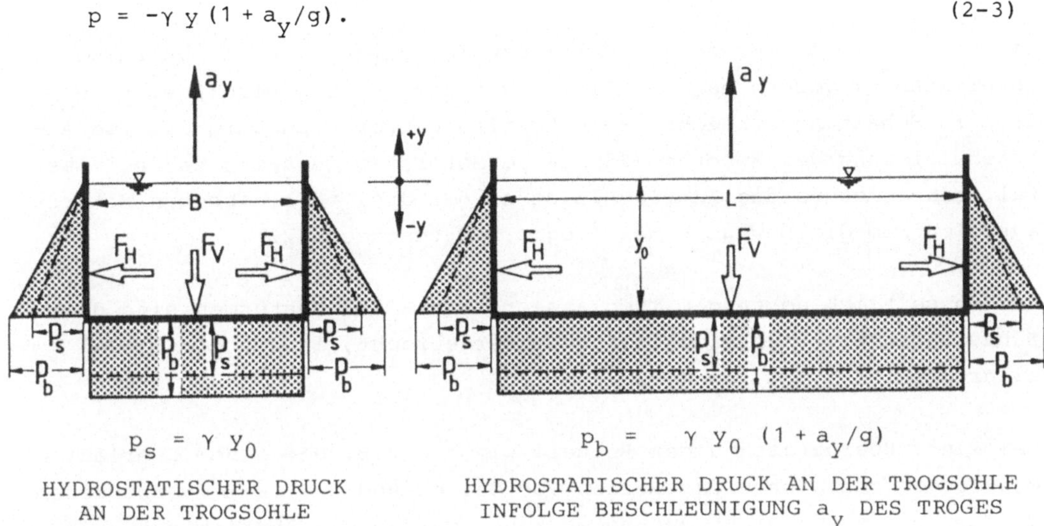

$$P_s = \gamma\, y_0 \qquad\qquad\qquad P_b = \gamma\, y_0\, (1 + a_y/g)$$

HYDROSTATISCHER DRUCK   HYDROSTATISCHER DRUCK AN DER TROGSOHLE
AN DER TROGSOHLE   INFOLGE BESCHLEUNIGUNG a_y DES TROGES

Abbildung 2.4. Hydrostatische Druckverteilungen im Trog

Die während des Transportvorganges pro laufender Meter Breite auf die
Trogwandungen wirkende maximale Kraft F_H ergibt sich damit zu (Abb.
2.4.):

$$F_H = \frac{1}{2}\,\gamma\, y_0{}^2\, (1 + a_y/g)\ , \tag{2-4}$$

und für die maximale Gesamtkraft F_V auf die Trogsohle folgt:

$$F_V = \gamma\, y_0\, B\, L\, (1 + a_y/g) = \gamma\, y_0\, B\, L + \rho\, y_0\, B\, L\, a_y\ , \tag{2-5}$$

wobei $\rho = \gamma/g$ = Dichte des Wassers.

2.2.5 Antrieb und Sicherung des Troges

Bei den moderneren Gegengewichts-Hebewerken Niederfinow (1934), Lüneburg (1975) und Strépy-Thieu (1987) erfolgt der *Antrieb* des Troges
beidseitig etwa in den Viertelpunkten der Troglänge über Ritzel und
Zahnstockleitern. Die für den Antrieb der am Trog angebrachten Ritzel
erforderlichen vier Motoren besitzen nur eine relativ geringe Antriebs-

leistung (55 bis 110 kW), da mit ihrer Hilfe nur die Bewegungswiderstände des im labilen Gleichgewicht befindlichen Systems Trog-Gegengewichte während des Transportvorganges überwunden werden müssen.

Die vier Antriebe werden zweckmäßigerweise durch eine Gleichlaufwelle untereinander verbunden, der Gleichlauf der Motoren wird über eine Leonard-Schaltung erreicht. Beim Schiffshebewerk Lüneburg ist die Antriebsleistung der Motoren (150 kW je Motor) so gewählt, daß bei Ausfall eines Motors die Antriebsleistung der drei verbleibenden Motoren ausreicht, um die Bewegung des Troges fortzusetzen /22/.

In den seitlich neben dem Trog angeordneten Führungstürmen sind die Zahnstangen bzw. Zahnstockleitern untergebracht, in die die Ritzel eingreifen.

Bei einer Überbelastung der Ritzel, wie sie z.B. bei einem Leerlaufen des Troges oder durch das Reißen von Seilen und dem damit verbundenen Verlust an Gegengewicht auftreten kann, werden die Antriebsmotoren automatisch ausgeschaltet und die Ritzel aus den Zahnstangen zurückgenommen, um Zahnabbrüche zu vermeiden.

Gleichzeitig tritt eine automatische *Sicherung* in Kraft, die den Trog im Katastrophenfall in jeder beliebigen Position zum sofortigen Stillstand bringt.

Beim Schiffshebewerk Niederfinow wird der Trog durch vier am Trog angebrachte Drehriegel gesichert, die in vier in den seitlichen Führungsgerüsten fest angeordneten Mutterbackensäulen laufen /1/. Im Normalfalle laufen die Drehriegel mit einem Spiel von 30 mm in den Mutterbackensäulen mit. Sobald es jedoch aus einem der vorgenannten Gründe zu einer Überbelastung der Ritzel (300 kN je Ritzel) kommt, geben sie federnd nach, und die Drehriegel setzen sich auf den Mutterbackensäulen fest und bringen den Trog zum Stillstand. Abbildung 2.5. zeigt das Prinzip des Trogantriebes und der Trogsicherung.

Beim Schiffshebewerk Lüneburg sind zur Sicherung des Troges vier Spindelmuttern am Trog angebracht, die sich um jeweils eine in den Führungstürmen untergebrachte feststehende Spindel drehen. Die Spindelmuttern werden dabei synchron ebenfalls von den Antriebsmotoren angetrieben. Sie besitzen gegenüber dem Gewinde der Spindeln ein Spiel von 30 mm nach oben und unten.

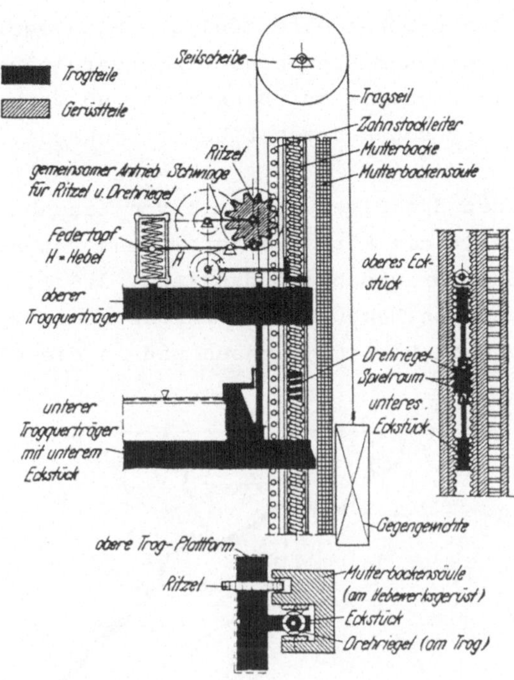

Abbildung 2.5. Prinzip des Trogantriebes und der Trogsicherung beim
Schiffshebewerk Niederfinow /19/

Bei Überbelastung der Antriebsritzel werden die Antriebsmotoren ausgeschaltet und die Ritzel federnd zurückgenommen. Dabei legen sich die
Spindelmuttern an die Spindeln an und die Trogbewegung wird unterbrochen. Die auf den Trog durch die Gegengewichte wirkenden Kräfte werden in diesem Falle von den Spindeln aufgenommen.

Die bei den Notbremsungen auf die im Trog transportierten Schiffe aus-
geübten Kräfte haben keine nennenswerten Trossenkräfte in den Haltetrossen zur Folge, da die Bremsverzögerungen nur in der Lotrechten
wirken. Damit sind Horizontalbewegungen der Schiffe relativ zum Trog
auszuschließen.

2.2.6   Das Gegengewichts-Hebewerk Lüneburg / BR Deutschland

2.2.6.1 Trasse des Elbe-Seitenkanals

Die Forderung der Häfen Hamburgs und Lübecks auf einen vollwertigen
Anschluß an das deutsche Binnenwasserstraßennetz führte nach umfang-

reichen Voruntersuchungen über eine mögliche Stauregelung der Elbe bis
Magdeburg und Untersuchungen über eine Direktverbindung zwischen Elbe
und Weser zu einer im Hinblick auf Baukosten und Verkehrsaufkommen
günstigsten Lösung, dem sogenannten Elbe-Seitenkanal.

Dieser Kanal verbindet die Elbe unterhalb von Lauenburg mit dem Mit-
tellandkanal und stellt die kürzeste Verbindung von Hamburg zum Indu-
striegebiet Salzgitter/Braunschweig dar (Abb. 2.6.). Er verkürzt die
Binnenschiffahrtswege von Hamburg zum Ruhrgebiet um 240 km und nach
Magdeburg und damit nach Berlin, Sachsen und in die CSSR um etwa
32 km /23/.

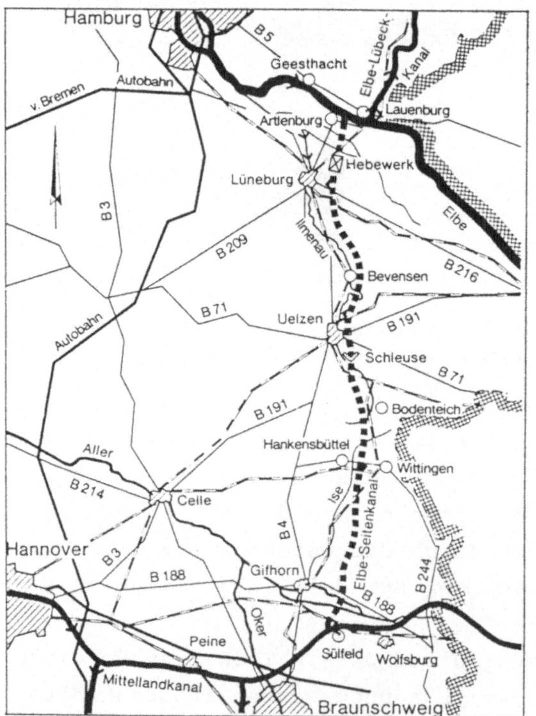

Abbildung 2.6. Lageplan des Elbe-Seitenkanals /24/

Der Elbe-Seitenkanal folgt im wesentlichen den Flußtälern der Ilmenau
(Nebenfluß der Elbe) und Ise (Nebenfluß der Aller). Er zweigt nahe der
Schleuse Sülfeld aus der Scheitelhaltung des Mittellandkanals (Wasserspiegelhöhe = NN +65,0 m) nach Norden ab und kreuzt auf einem Damm das
Allertal /23/. Aufgrund der Geländeverhältnisse ist südlich von Uelzen
ein Abstiegsbauwerk mit H = 23,0 m Hubhöhe erforderlich, nahe Lüneburg
bei Scharnebeck zur Überwindung des Geesthanges ein weiteres Abstiegsbauwerk mit H = 38,0 m Hubhöhe (Abb. 2.7.).

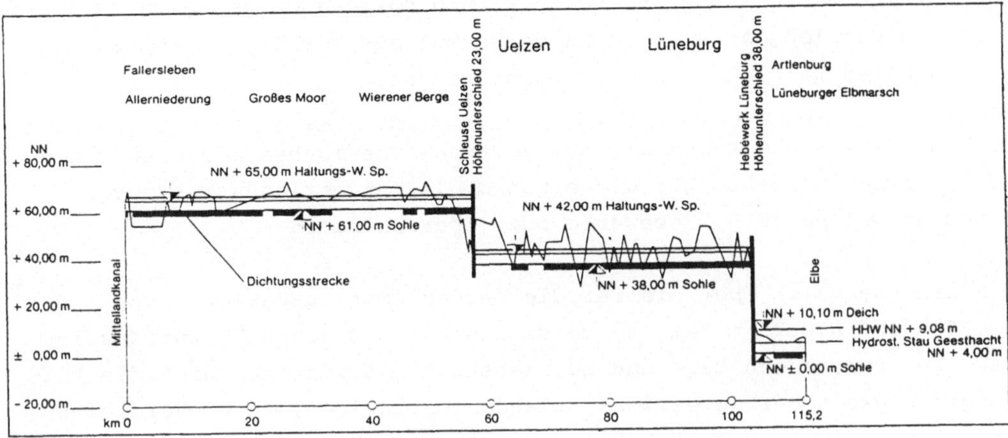

Abbildung 2.7. Längsschnitt des Elbe-Seitenkanals /24/

Die Wasserspiegelhöhe der in die Elbe bei Artlenburg mündenden Kanalstrecke wird im allgemeinen durch den OW-Spiegel der unterhalb gelegenen Elbestaustufe Geesthacht bestimmt (OW auf NN +4,00 m). Bei Hochwasser und Sturmflut in der Elbe wird das Wehr Geesthacht jedoch gelegt, wobei der für die neun Kilometer lange Kanalstrecke zwischen
Artlenburg und Lüneburg maßgebende Elbewasserstand um mehr als 5,0 m
über das Stauziel (HHW = NN +9,08 m) ansteigen kann (Abb. 2.7.).

Um ein volles Einschwingen der Elbehochwasserstände in die untere Kanalhaltung zu verhindern und eine damit verbundene Erhöhung der seitlichen Kanaldeiche zu vermeiden, wurde ein zusätzliches Sperrtor bei
Artlenburg vorgesehen, das bei Überschreitung eines Elbewasserstan-
des von NN +8,0 m geschlossen wird. Der Kanalwasserspiegel in der unteren Haltung des Elbe-Seitenkanals weist demnach Schwankungen von
maximal 4,0 m auf.

Der Kanal wurde in seinen Abmessungen für das Europatyp-Schiff der Was-
serstraßenklasse IV (1350 t Tragfähigkeit) ausgelegt. Da seit 1968
auf den nordwestdeutschen Kanälen jedoch auch Selbstfahrer bis zu
1500 t Tragfähigkeit (L = 85 m, B_S = 9,5 m, T_S = 2,5 m) zugelassen
sind und in zunehmendem Maße auch mit Schubverbänden (L_S = 70 m + 20 m = 90 m;
B_S = 9,5 m) zu rechnen ist, sollten die Abstiegsbauwerke in ihren Abmessungen (Kammergrößen bzw. Trogabmessungen) dieser Entwicklung Rechnung tragen.

Für den Wasserhaushalt des Elbe-Seitenkanals steht kein natürliches
Wasserangebot zur Verfügung, d.h. der gesamte Wasserverbrauch des Ka-

nals infolge Verdunstung und Versickerung sowie auch der Wasserverlust
durch den Betrieb der Abstiegsbauwerke muß aus der Elbe entnommen und
in die oberen Haltungen hinaufgepumpt werden.

Durch diese Vorgabe kamen als Abstiegsbauwerke insbesondere solche
Bauwerksarten in Betracht, die einen möglichst geringen Wasserverbrauch aufweisen, d.h. Hebewerke oder Sparschleusen.

Um einen Überblick über die für die beiden Abstiegsbauwerke von
H = 38 m und H = 23 m bei den verschiedenen möglichen Entwurfsvarianten zu erwartenden Bau- und Betriebskosten sowie auch über die Leistungsfähigkeit der jeweiligen Anlagen zu erhalten, wurden Vergleichsvorschläge, die sich zunächst auf das Abstiegsbauwerk bei Lüneburg
(H = 38 m) erstreckten, von insgesamt vier Bietergemeinschaften ein-
geholt. Von jeder der beteiligten Firmengruppen war dabei gegen Vergütung ein *Pflichtentwurf* für eine von ihr als zweckmäßig angesehene
Bauwerksart aufzustellen und für dessen Ausführung ein verbindliches
Kostenangebot abzugeben. Darüber hinaus konnten weitere Entwürfe und
Angebote ohne besondere Vergütung eingereicht werden /22/.

Für beide Abstiegsbauwerke wurde eine Drempeltiefe von 3,50 m, eine
nutzbare Breite von 12,0 m und eine nutzbare Kammerlänge von 185,0 m
für eine Schleuse bzw. von 100,0 m für die Troglänge eines Hebewerkes
vorgegeben. Die Drempeltiefe von 3,50 m wurde gewählt, um auch bei
überbreiten Schubleichtern (B_S = 11,40 m) bei 2,50 m Abladung noch eine ausreichende Querschnittsfläche für den Wasseraustausch bei der
Ein- und Ausfahrt der Schiffe zur Verfügung zu haben.

Aufgrund von verkehrstechnischen Untersuchungen aus dem Jahre 1961
mußte bei der Planung der Abstiegsbauwerke mit einem Jahresverkehr
von 8,4 Mio Gütertonnen bei der Bergfahrt (Nord-Süd-Richtung) und von
etwa 3,0 Mio Gütertonnen bei der Talfahrt gerechnet werden. Gemessen
an Tragfähigkeitstonnen konnte dagegen von einem ausgeglichenen Verkehr in beiden Richtungen ausgegangen werden /23/.

Bei Annahme einer Jahresleistung von 8,4 Mio Gütertonnen ergibt sich
bei 310 Betriebstagen im Jahr eine *mittlere* Tagesmenge von etwa
27000 Gütertonnen. Wegen der monatlichen und täglichen Schwankungen
infolge ungleichmäßigen und stoßweisen Gütereinganges in den Seehäfen
Hamburg und Lübeck war jedoch mit einer Leistungsspitze von etwa
43000 Gütertonnen pro Tag zu rechnen /22/.

2.2.6.2 Vergleichsvorschläge für das Abstiegsbauwerk bei Lüneburg

Von den vier Bietergemeinschaften wurden Ende 1968 für das Abstiegsbauwerk bei Lüneburg (H = 38 m) insgesamt 14 Vergleichsvorschläge eingereicht, die u.a.

neun Angebote für verschiedene Konstruktionen von Sparschleusen,

zwei Angebote für eine längsgeneigte Ebene,

ein   Angebot für eine quergeneigte Ebene,

ein   Angebot für ein Wasserkeil-Hebewerk sowie

ein   Angebot für ein senkrechtes Gegengewichts-Hebewerk

umfaßten.

Bei den Sparschleusen handelte es sich um Entwürfe mit jeweils fünf
bis sieben Sparbecken, wobei die Sparbecken entweder in Anlehnung an
die Sparschleuse Anderten am Mittelland-Kanal mit der Schleusenkammer in einem geschlossenen Bauwerk (Abb. 2.8.) bzw. in einem getrennten Speicherhaus oder seitlich neben der Schleuse als offene Sparbek-
ken angeordnet wurden.

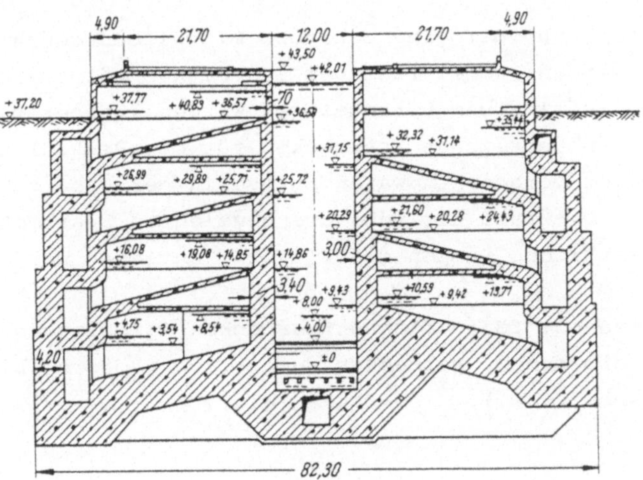

Abbildung 2.8. Entwurf für eine Sparschleuse mit sieben geschlossenen
               Sparbecken /22/

Die Ausbildung des Füll- und Entleerungssystems in der Kammersohle erfolgte in Anlehnung an das der Ice-Harbor-Schleuse/USA. Modellversuche in der Bundesanstalt für Wasserbau in Karlsruhe ergaben, daß bei
Anwendung dieses Füll- und Entleerungssystems eine mittlere Steigge-

schwindigkeit des Kammerwasserspiegels von 2,4 m/min (bei Maximalwer-
ten von 4,0 m/min) bei den Schleusenfüllungen erreicht werden kann,
wobei die Trossenkräfte nur etwa 25 % ihrer als zulässig angesehenen
Werte erreichten /25/. Abbildung 2.9. zeigt die Abmessungen des verwendeten Füll- und Entleerungssystems in der Kammersohle.

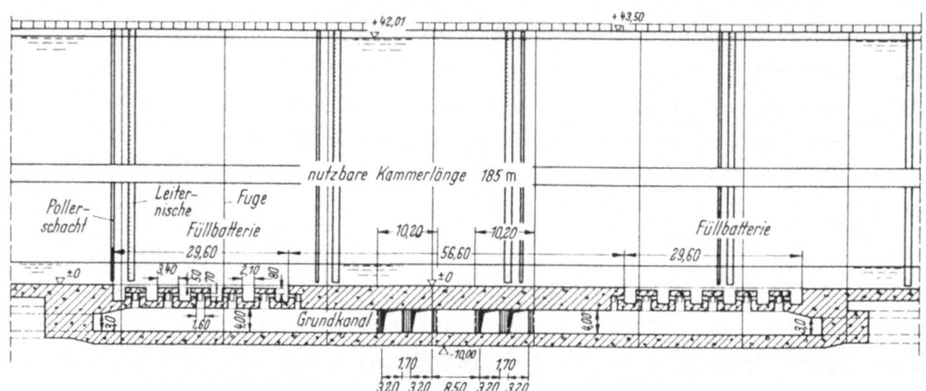

Abbildung 2.9. Ausbildung des Füll- und Entleerungssystems in der Kam-
              mersohle der Sparschleuse /22/

Für die Modellversuche war eine Schleuse mit sieben geschlossenen Sparbecken gewählt worden, wobei fünf der Sparbecken für die normale Kam-
merfüllung bzw. -entleerung herangezogen wurden (Wasserersparnis = 70 %),
während die beiden restlichen Sparbecken für die Restfüllung bzw. -ent-
leerung der Kammer vorgesehen waren. Diese in der Höhe z.T. über dem
normalen OW- bzw. UW-Stand der Schleuse angelegten Sparbecken müssen
jedoch über zusätzliche Pumpen gefüllt bzw. entleert werden (Abb.2.8.).

Bei den Entwürfen mit fünf offenen Sparbecken war ein gegenüber der
Lösung mit geschlossenen Sparbecken wesentlich größerer Platzbedarf
erforderlich (Abb. 2.10.).

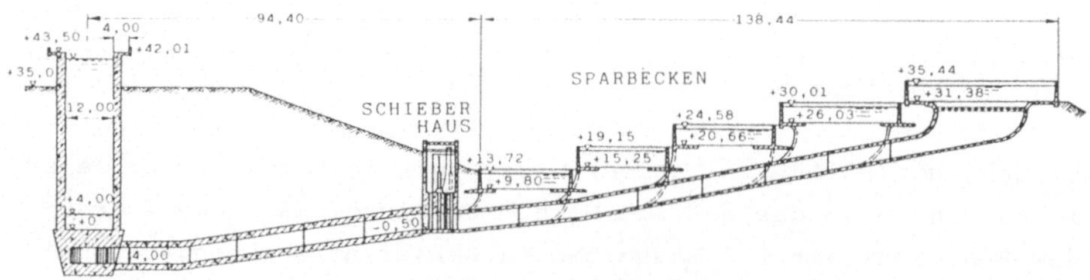

Abbildung 2.10. Querschnitt einer Schleuse mit fünf offenen Sparbecken
               /22/

Für die Kammerwände der Schleuse wurden u.a. zwei von der sonst üblichen Bauart (U-Rahmen mit biegesteifen Ecken) abweichende Lösungsvarianten vorgeschlagen. In einem Fall bestehen die Kammerwände aus 1,4 m dicken, über jeweils zwei Aussteifungsrippen gespannten 14,0 m breiten und 50,0 m hohen Tafeln mit einem Mittelfeld und zwei Kragarmen am oberen Ende (Abb. 2.11.). Die Tafeln liegen in der Sohle mit einer Kontaktfuge, die sich bei Füllung der Kammer um bis zu 2,0 cm öffnet, lose an dem mit den Füllbatterien und Zulaufkanälen versehenen Sohlenblock an. Die seitlichen Aussteifungsrippen an den Kammerwänden sind jeweils mit einem quer zur Kammer angeordneten Stahlriegel, der auf Zug und Druck beansprucht werden kann, miteinander verbunden, so daß die Gesamtkonstruktion wie ein Viergelenkrahmen wirkt /22/.

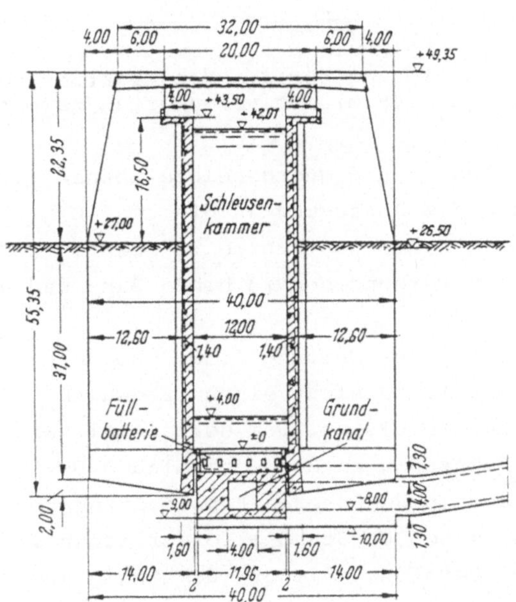

Abbildung 2.11. Alternativlösung für die Konstruktion der Schleusenkammer (H = 38 m) als Viergelenkrahmen /22/

Die zweite Lösung sieht für die Kammerwände eine 1,9 m starke Wandplatte vor, die mit einem Köcherfundament in die Sohle eingelassen ist. Die Kammerwände sind seitlich durch vorgespannte Anker gesichert. Beim Füllen und Entleeren der Kammer wird in der als Membrane wirkenden Wand mit Bewegungen von 2,0 cm gerechnet /22/. Abbildung 2.12. zeigt den Querschnitt der Schleuse mit seitlicher Verankerung der Kammerwände.

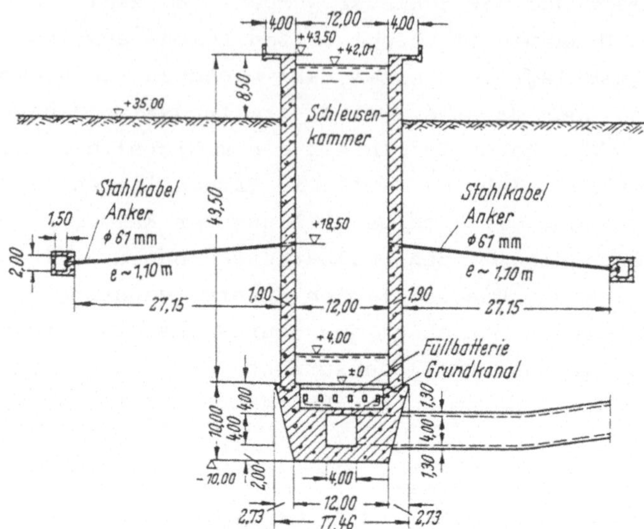

Abbildung 2.12. Alternativlösung für die Konstruktion der Schleusen-
          kammer (H = 38 m) mit verankerten Kammerwänden /22/

Bei den Entwürfen für längs- und quergeneigte Ebenen (Trogabmessungen
100 m × 12 m) bereitete die Anpassung an die um 4,0 m schwankenden UW-
Stände gewisse Schwierigkeiten und führte zu relativ komplizierten
Konstruktionen und damit verbundenen zu hohen Bau- und Betriebskosten.

Bei den *längsgeneigten Ebenen* (Neigung 1:50) wurden zwei Lösungen vorgeschlagen. Die erste Variante sieht einen Trogwagen vor, der auf einem keilförmigen Unterwagen bis zu 35 m horizontal verschoben werden
kann, um dadurch die Anpassung an die wechselnden UW-Stände zu erreichen. Da der Wasserstand in der oberen Kanalhaltung konstant ist, müssen die zur Anpassung an den UW-Stand erforderlichen Verschiebungen
des Trogwagens bei der Bergfahrt wieder rückgängig gemacht werden.

Die zweite Lösung sieht einen Teleskoptrog vor, der am unteren Haltungsabschluß auf einer der Trogbahnneigung angepaßten Laufbahn verstellbar eingehängt ist. Bei höheren UW-Ständen wird der Trog ausgefahren,
um die Strecke zwischen dem unteren Haltungsabschluß und dem auf der
Trogfahrbahn entsprechend dem UW-Stand höher angehaltenen Trog zu über-
brücken /22/.

Bei beiden Lösungen liegt die Gründungstiefe der geneigten Fahrbahnen
etwa 29,0 m unter dem normalen UW-Stand (NN +4,0 m), wodurch die Baukosten entsprechend anstiegen.

Der Entwurf für die *quergeneigte Ebene* sieht zwei Tröge (Trogabmessungen 100 m × 12 m) vor, die auf getrennten Fahrbahnen (Neigung 1:6) unabhängig voneinander betrieben oder als Koppeltrog (L = 200 m) gefahren werden können (Abb. 3.31). Der Vorteil dieser Anlage liegt darin, daß durch sie eine bessere Anpassung an die unterschiedlichen Größen der Transporteinheiten (Selbstfahrer und Schubverbände) möglich ist und größere Verbandseinheiten nicht vor dem Transportvorgang entkoppelt werden müssen.

Der Trogwagen besteht aus einem Unterwagen mit Rahmenkonstruktion, in die der Trog verstellbar eingehängt ist (Abb. 3.32.). Zur Anpassung an den jeweiligen UW-Stand wird der Trog mit ölhydraulischen Zylindern senkrecht gehoben bzw. gesenkt /22/.

Als Sonderkonstruktion wurde ein *Wasserkeil-Hebewerk* mit einer 1:50 geneigten Transportrinne angeboten. Der Vorteil dieser Lösung lag bei den vorgegebenen Randbedingungen darin, daß die unterschiedlichen Wasserspiegelhöhen in der unteren Kanalhaltung keine Schwierigkeiten bereiten. Die Länge der Transportrinne beträgt bei einer Neigung von 1:50 etwa 2100 m (Abb. 3.44.). Bei einer nutzbaren Länge des Wasserkeiles von etwa 180 m (Abladetiefe = 2,50 m) ergibt sich eine Gesamtlänge des Wasserkeiles von etwa 320 m und eine Höhe des Stauschildes von über 8,0 m (Abb. 3.43.). Als ein entscheidender Nachteil wurden beim Wasserkeil die ungenügend erprobten Dichtungen zwischen Stauschild und Transportrinne angesehen, die in den Wintermonaten bei Eisbildung erhöhten Beanspruchungen ausgesetzt sind.

Beim Entwurf für ein *senkrechtes Hebewerk mit Gegengewichtsausgleich* wurden zwei nebeneinander angeordnete Tröge (Trogabmessungen 100 m × 12 m) vorgesehen, die unabhängig voneinander betrieben werden können.

Die Tröge sind im Bereich der vier seitlich angeordneten Führungs- und Gegengewichtstürme an Seilen aufgehängt, die über Umlenkrollen laufen und mit Gegengewichten versehen sind.

Der Trogantrieb erfolgt über Ritzel, die in Zahnstangen in den Führungstürmen eingreifen und deren Antriebe über eine Gleichlaufwelle miteinander verbunden sind.

Die Anordnung von zwei miteinander koppelbaren, hintereinander angeordneten Trögen sowie auch die Anordnung eines 185 m langen Troges, der an sechs Führungstürmen aufgehängt ist, wurde in Voruntersuchungen überprüft, aber aus konstruktiven Gründen und wegen der gegenüber einer Anlage mit zwei unabhängig voneinander arbeitenden Trögen geringeren Betriebssicherheit nicht weiter verfolgt. Desgleichen schieden Schwimmer- und Druckwasser-Hebewerke wegen der aufwendigen Gründungen für die Schwimmerschächte als Alternativlösungen aus.

Die Gegenüberstellung der für die verschiedenen Vergleichsentwürfe unter Berücksichtigung der örtlichen Randbedingungen ermittelten Baukosten und der mit der jeweiligen Anlage erreichbaren Leistungsfähigkeit ergab die aus Tabelle 2.2. ersichtlichen Vergleichszahlen /22/. Dabei wurden die Baukosten und die Leistungsfähigkeit einer Schleuse (185 m × 12 m) mit geschlossenen Sparbecken als Bezugsgrößen und mit 100 % angesetzt.

Tabelle 2.2. Vergleich der Baukosten und der Leistungsfähigkeiten für verschiedene Alternativentwürfe des Abstiegsbauwerkes bei Lüneburg (H = 38 m)

ART DES ABSTIEGSBAUWERKES (H = 38,0 m)	TROG- BZW. KAMMERABMESSUNGEN	BAUKOSTEN	LEISTUNGSFÄHIGKEIT
Schleuse mit geschlossenen Sparbecken	185 m x 12 m	100 %	100 %
Schleuse mit offenen Sparbecken	185 m x 12 m	76 %	100 %
Längsgeneigte Ebene mit 2 Trögen	100 m x 12 m	96 %	144 %
Quergeneigte Ebene mit 2 Trögen	100 m x 12 m	108 %	130 %
Wasserkeil mit nutzbarer Länge von 180 m	180 m x 12 m	68 %	90 %
Gegengewichtshebewerk mit 2 Trögen	100 m x 12 m	79 %	184 %

Nicht berücksichtigt wurden in der vorstehenden Gegenüberstellung die zu erwartenden Betriebs- und Unterhaltungskosten. Diese sind beim Wasserkeil-Hebewerk wegen der hohen Stromkosten für den Antrieb des Schubwagens am höchsten, am niedrigsten bei der längsgeneigten Ebene und beim Gegengewichts-Hebewerk.

Bei den Schleusen sind die Unterhaltungskosten gegenüber den Hebewerken relativ gering, die Betriebskosten wegen des erforderlichen Pumpbetriebes aber unvergleichbar hoch.

Werden die Gesamtkosten für Bau, Betrieb und Unterhaltung der verschiedenen Bauwerksarten auf deren Jahresleistung umgelegt, so ergeben sich Vergleichswerte, die eine Beurteilung der Wirtschaftlichkeit der jeweiligen Anlage ermöglichen. Diese Vergleichswerte können jedoch nur sehr bedingt für Abstiegsbauwerke an anderer Stelle benutzt werden, da die örtlichen Randbedingungen und das örtliche Preisgefüge entscheidende Faktoren bei der Wirtschaftlichkeitsanalyse sind.

Im vorliegenden Fall wurden zunächst die *vergleichbaren* Baukosten für die unterschiedlich langen Bauwerksarten unter Berücksichtigung möglicher Einsparungen an Kanallänge und Vorhafengestaltung bestimmt und diese zu den in einem Zeitraum von 25 Jahren zu erwartenden Betriebs- und Unterhaltungskosten addiert. Die Summe dieser Kosten wurde dann durch die bei sechzehnstündigem Betrieb erreichbare Jahresleistung der jeweiligen Anlage dividiert und die sich daraus je Gütertonne ergebenden Gesamtkosten in DM/t in Abbildung 2.13. graphisch dargestellt. Dabei zeigt sich deutlich die wirtschaftliche Überlegenheit des Gegengewichts-Hebewerkes gegenüber allen anderen untersuchten Lösungen.

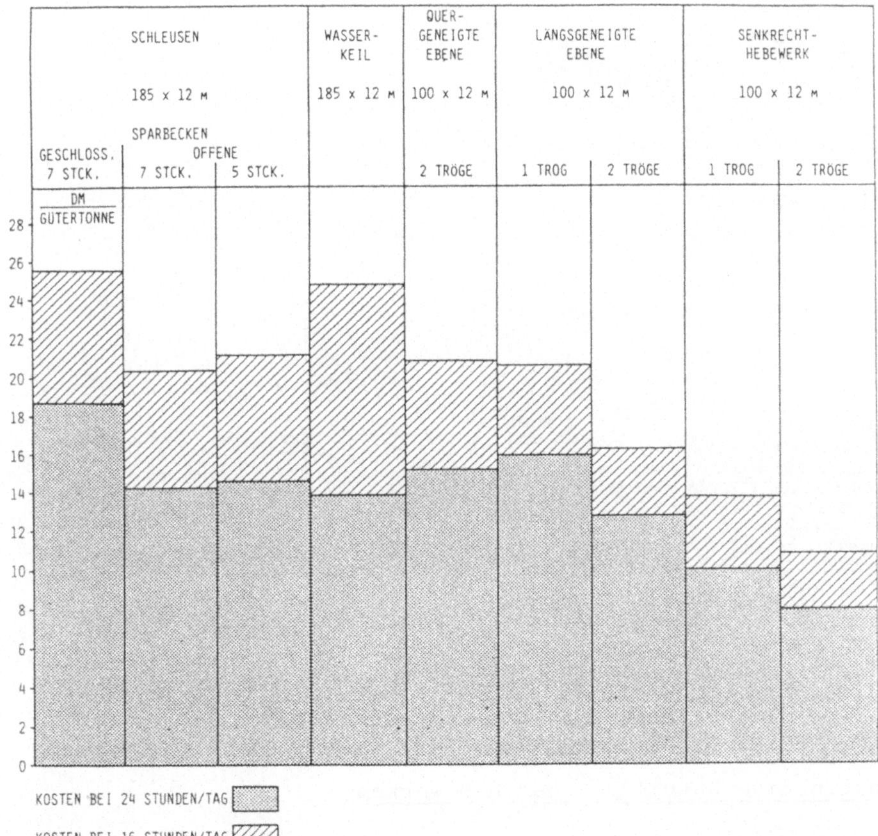

Abbildung 2.13. Kosten pro Gütertonne für die verschiedenen Bauarten /23/

Auch ein Vergleich der möglichen *Tagesverkehrsleistungen* der untersuchten Anlagen zeigt, daß der zu erwartende Tagesspitzenverkehr von
etwa 43000 Gütertonnen nur mit einem senkrechten Hebewerk mit zwei
Trögen bei vierundzwanzigstündigem Betrieb bewältigt werden kann
(Abb. 2.14.). Derselbe Verkehr wäre im Prinzip auch mit zwei parallel
angeordneten Wasserkeil-Hebewerken oder mit einer Doppelschleuse zu
bewältigen gewesen, jedoch wurden diese Lösungsvarianten wegen der
damit verbundenen hohen Bau-, Betriebs- und Unterhaltungskosten nicht
in Betracht gezogen.

Nach Abwägung aller maßgebenden Gesichtspunkte wurde die Entscheidung
getroffen, als Abstiegsbauwerk bei Lüneburg ein Gegengewichts-Hebewerk mit zwei unabhängig voneinander arbeitenden Trögen zu bauen. Der
Auftrag zum Bau des Schiffshebewerkes wurde am 30. Juli 1969 erteilt
und die Anlage nach etwa sechsjähriger Bauzeit am 5. Dezember 1975
dem Verkehr übergeben.

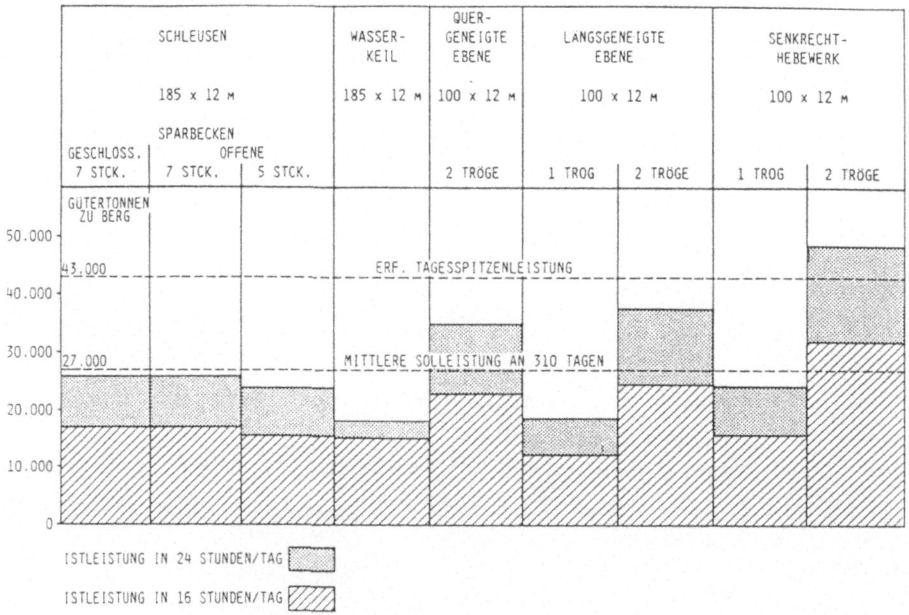

Abbildung 2.14. Erreichbare Tagesverkehrsleistung in Gütertonnen für
die verschiedenen Bauwerksarten /23/

2.2.6.3 Konstruktive Ausbildung des Hebewerkes

Der endgültige Entwurf für das Schiffshebewerk Lüneburg sieht zwei
Tröge von je 100,0 m nutzbarer Länge zwischen Stoßschutzeinrichtungen

und 12,0 m Breite zwischen den Fendern vor. Die Wassertiefe im Trog
beträgt 3,50 m ± 0,10 m, das Gesamtgewicht des mit Wasser gefüllten
Troges etwa 5700 t (Abb. 2.15.).

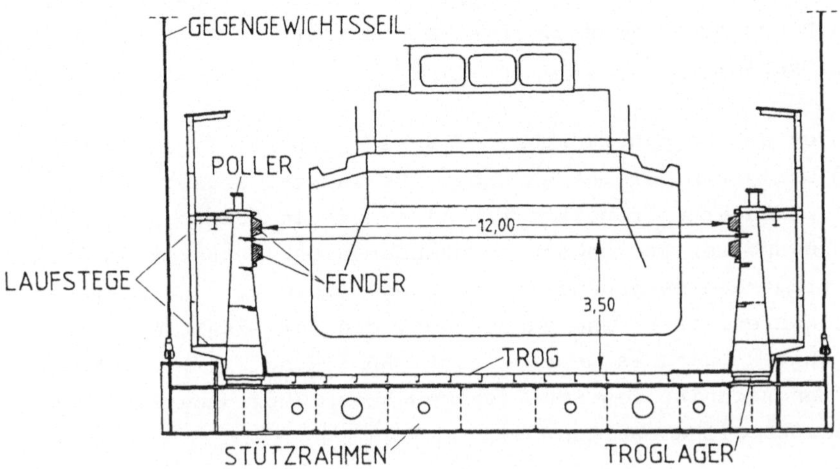

Abbildung 2.15. Querschnitt eines Troges

Das Gewicht jedes Troges wird durch insgesamt 224 Gegengewichtsschei-
ben (6,8 m × 3,4 m × 0,32 m) aus Schwerbeton (Einzelgewicht etwa
26,5 t) und acht Gegengewichten mit Stahlbrammen ausgeglichen. Die
Gegengewichte sind mit dem Trog durch 240 achtlitzige Gleichschlag-
Stahlseile (Durchmesser = 54 mm) miteinander verbunden. Diese laufen
über doppelrillige Seilscheiben mit einem Seilkranzdurchmesser von
3,40 m (Abb. 2.16.), die in den Turmköpfen der vier im Bereich der
Viertelspunkte der Troglänge angeordneten Führungs- und Gegengewichtstürme (Breite = 27,60 m) untergebracht sind.

Abbildung 2.16. Seilscheiben (∅ 3,40 m) in den seitlichen Führungs-
               türmen /24/

Zum Gewichtsausgleich für die Seile sind an den Gegengewichten unten
Ausgleichsketten angebracht, die über Umlenkeinrichtungen in den Trogwannen an die Tröge geführt werden und an deren Sohle befestigt sind
(Abb. 2.18.). Die Seile sind für siebenfache Sicherheit gegenüber der
rechnerischen Bruchlast bemessen. Ihre Lebensdauer wird auf mindestens 45 Jahre veranschlagt /24/.

Die gesamte Last aus Gegengewichten und wassergefülltem Trog (etwa
11400 t) wird bei jedem der beiden Hebewerke in acht Gegengewichtskam-
mern über eine stählerne Trägerkonstruktion auf die 0,40 m starke
Stahlbetoninnenwand der Führungstürme abgegeben. Als äußerer Abschluß
parallel zur tragenden Längswand ist bei jedem Turm eine nichttragen-
de offene Betonwabenfensterwand angeordnet, die der Gesamtlänge ein
gelungenes architektonisches Gepräge gibt. Abbildung 2.17. zeigt den
Grundriß und Längsschnitt des Schiffshebewerkes, Abbildung 2.18. den
Querschnitt des Doppelhebewerkes.

Das gesamte Bauwerk ist auf tragfähigem Sand gegründet. Die flachge-
gründeten, wasserdichten Trogwannen dienen zur Abschirmung des jeweiligen Troges in der unteren Position vor Grundwasser (Abb. 2.18.).

Der Vorhafen der oberen Haltung wird durch zwei Kanalbrücken von je
36,5 m Länge an die Tröge des Hebewerkes herangeführt (Abb. 2.17.).
Die Brücken enden an der Trogseite in einem Führungsrahmen für die
oberen Haltungstore. Diese sind als Hubtore ausgebildet, in die die
Trogtore eingeklinkt werden, bevor das Torpaket (einschließlich des
Stoßschutzes für die Trogtore) angehoben wird.

In der unteren Kanalhaltung ist als Abschlußorgan wegen der um bis zu
4,0 m schwankenden Wasserstände ein in der Höhe verstellbares Schildschütz erforderlich, das mit dem als Hubtor ausgebildeten Haltungstor
gekoppelt ist. Das Trogtor wird in das Haltungstor eingeklinkt und gemeinsam mit diesem gehoben bzw. gesenkt.

Zwischen den beiden mittleren Türmen zum Oberwasser befindet sich ein
Zentralsteuerstand, von wo alle Bewegungsvorgänge des Hebewerkes sowie
auch das Ein- und Ausfahren der Schiffe gesteuert werden.

Im Unterwasserbereich des Hebewerkes ist auf der Ostseite ein Pumpwerk mit drei Pumpen (Förderleistung je 2250 ℓ/s) angeordnet, mit dem
die Verdunstungs- und Versickerungsverluste in der oberen Haltung er-

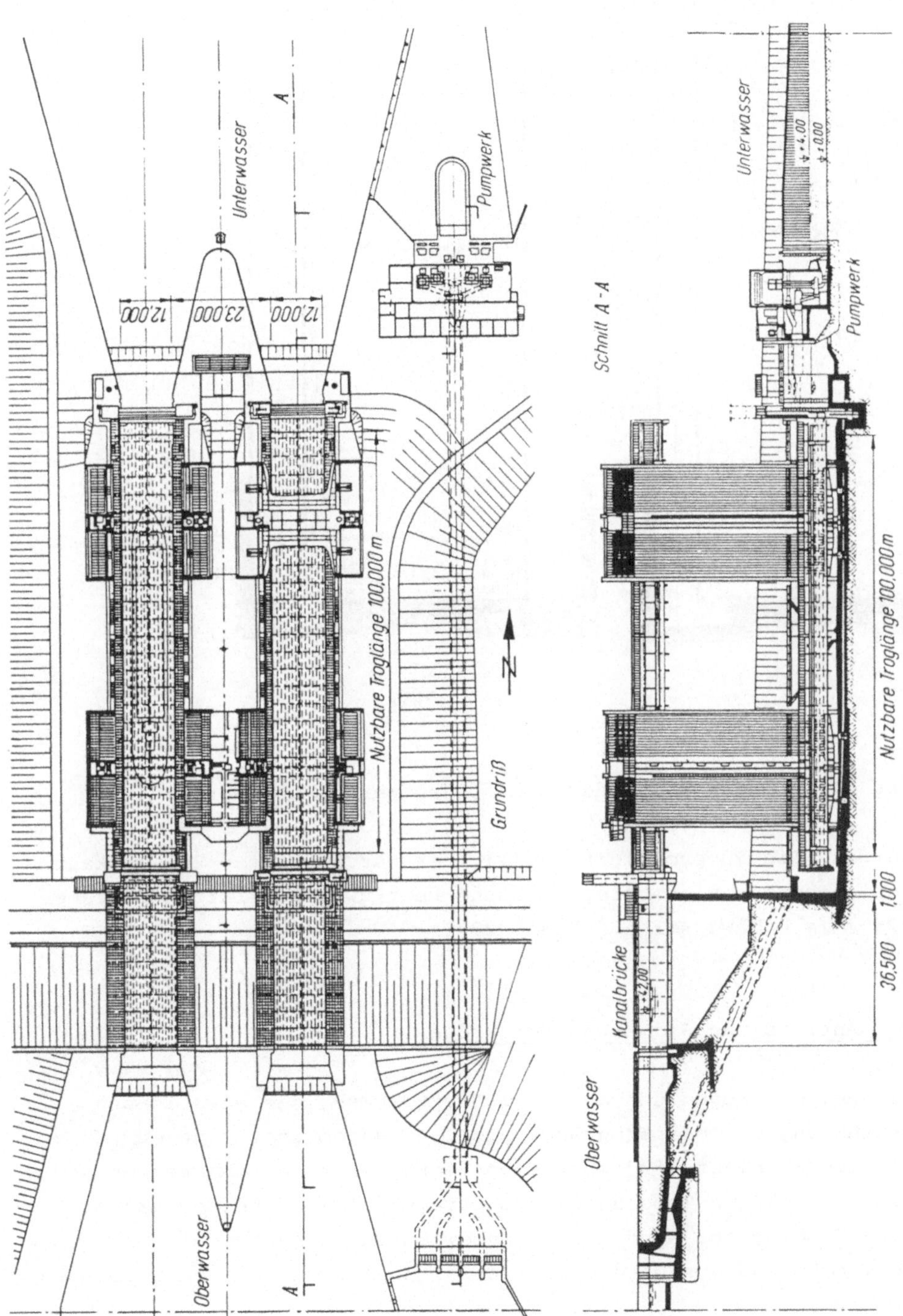

Abbildung 2.17. Längsschnitt und Grundriß des Schiffshebewerkes Lüneburg /26/

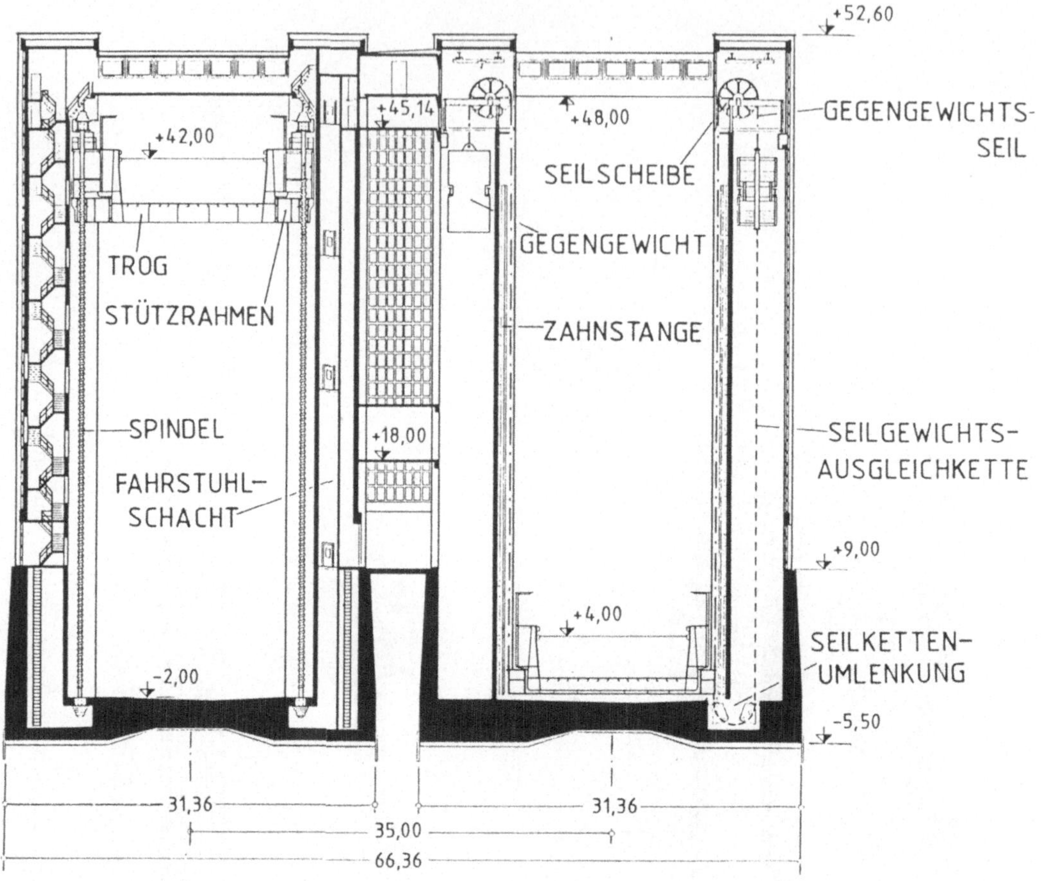

Abbildung 2.18. Querschnitt des Schiffshebewerkes Lüneburg /24/

setzt werden. Die Pumprohrleitung (lichter Durchmesser = 2,5 m) kann
aber auch in entgegengesetzter Richtung über zwei Kegelstrahlschieber
bis zu 25 m³/s Hochwasser abführen /27/.

2.2.6.4   Antrieb und Sicherung der Tröge

Jeder der beiden Tröge ruht auf zwei Stützrahmen, die etwa in den
Viertelspunkten, auf die Troglänge bezogen, angeordnet sind (Abb.2.19.).
Die jeweilige Troglast wird über vier Neotopflager auf die beiden Quer-
träger des jeweiligen Trograhmens übertragen. An den beiden Längsträ-
gern jedes Trograhmens sind die Gegengewichtsseile angeschlagen; in den
Mittelteilen befinden sich die Antriebs- und Führungselemente für den
Trog (Abb. 2.19.).

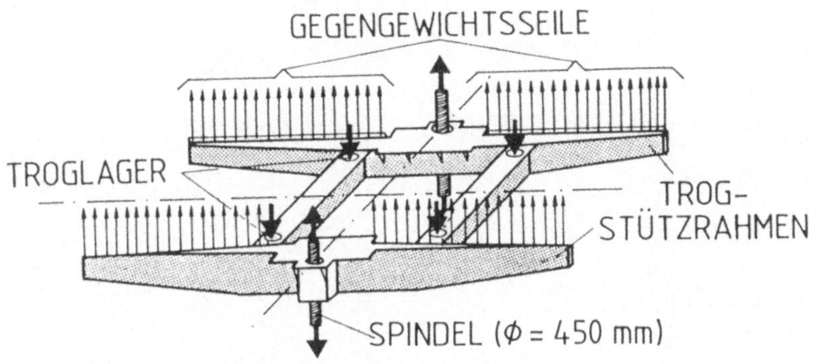

Abbildung 2.19. Konstruktion des Trogstützrahmens /29/

Die Bewegung des Troges erfolgt über vier Antriebe, die auf dem Stützrahmen unter dem Trog untergebracht sind. Wegen des vollständigen Gewichtsausgleiches jedes Troges durch die Gegengewichte müssen während
des Transportvorganges nur die Trägheits- und Reibungskräfte sowie
die Differenzkräfte aus der vorgegebenen Wasserspiegeltoleranz von
± 0,10 m überwunden werden. Der dabei auf jedes der vier Antriebsele-
mente entfallende Kraftanteil beträgt etwa 50 t ($\approx$ 500 kN). Die Gesamtkraft von etwa 200 t ($\approx$ 2000 kN) wird durch insgesamt vier Dreh-
strommotoren je 150 kW Leistung überwunden.

Durch sie werden die Ritzel angetrieben, die in die in den vier Führungstürmen untergebrachten senkrechten Zahnstangen eingreifen (Abb.
2.20.).

Jedes Ritzel hat auf seiner Achse beidseitig Führungsrollen, die sowohl den Zahneingriff des Ritzels gewährleisten als auch die Querfüh-
rung des Troges übernehmen. Die Führung des Troges in Längsrichtung
wird durch gefederte Führungsrollen erreicht, die auf Vierkantschie-
nen am oberwasserseitigen Stützrahmen neben den Zahnstangen untergebracht sind /24/.

Die vier Antriebe des Troges stehen über ein Gleichlaufwellensystem
untereinander in Verbindung. Die Antriebsmotoren ermöglichen eine stu-
fenlose Drehzahlregelung in der Anfahr- und Bremsphase des Troges. Zu
Beginn des Transportvorganges wird der Trog mit konstanter Beschleunigung (a = 0,013 m/s²) innerhalb von etwa 0,3 min auf die vorgesehene
Transportgeschwindigkeit von 14,0 m/min gebracht und am Ende des Transportvorganges mit einer gleichgroßen Verzögerung wieder bis zum Stillstand abgebremst (Abb. 2.21.).

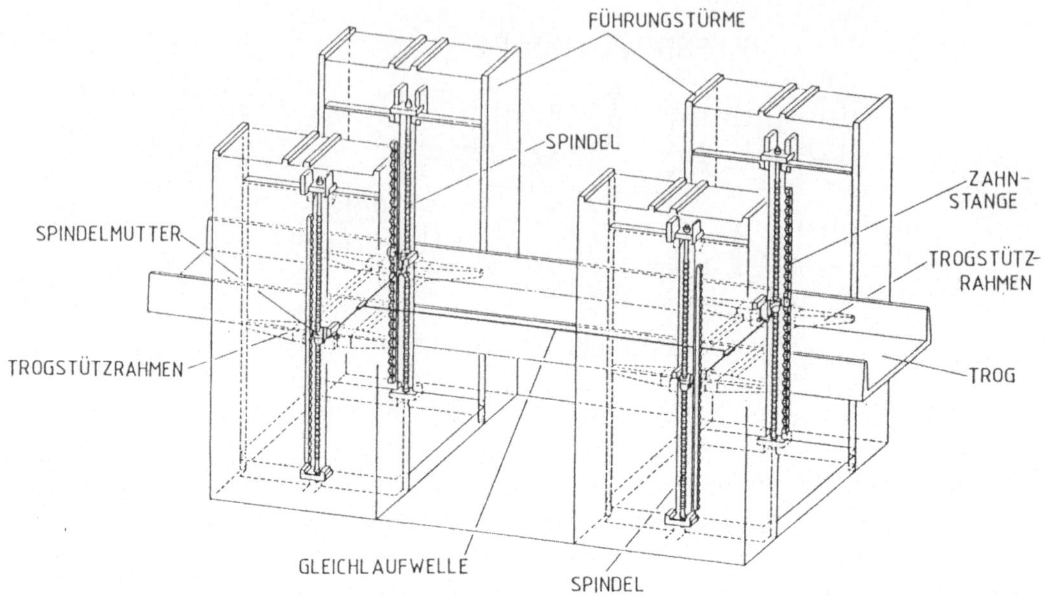

Abbildung 2.20. Prinzip des Trogantriebes /24/

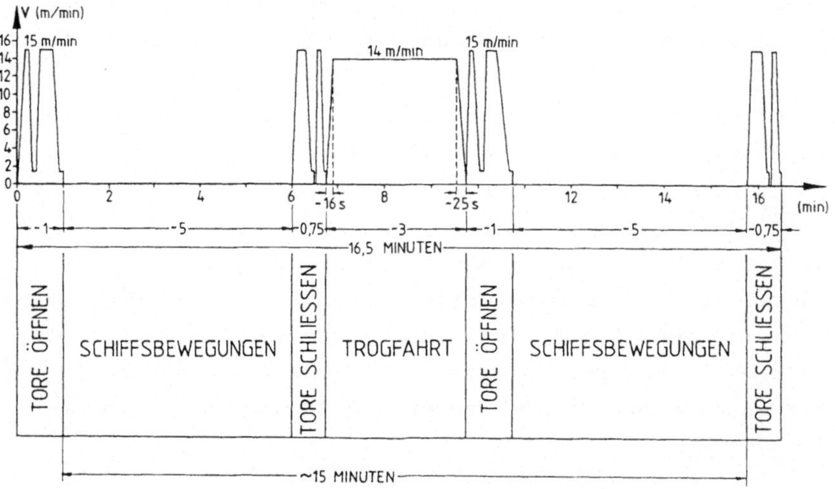

Abbildung 2.21. Bewegungsablauf während eines Transportvorganges /29/

Für die Trogbewegung zur Überwindung einer Wasserspiegeldifferenz von
38 m sind etwa 3,0 min erforderlich. Die Gesamtzeit für eine Berg-
bzw. Talschleusung, einschließlich der erforderlichen Zeiten für die
Torbewegungen und für das Ein- und Ausfahren der Schiffe, beträgt etwa 15,0 min (Abb. 2.21.).

Bei einer Überlastung der Antriebsritzel infolge Leerlaufen des Troges oder Reißen der Stahlseile tritt eine *Katastrophensicherung* in
Betrieb. Diese ist vom Trogantrieb getrennt und besteht je Trog aus
vier feststehenden Spindeln von etwa 50 m Länge (Durchmesser = 0,45 m),
die neben den Zahnstangen in den Führungstürmen untergebracht sind
(Abb. 2.20.). Auf ihnen laufen synchron mit den Trogantrieben vier
Spindelmuttern mit einem axialen Spiel von 30 mm. Bei Überlastung
der Antriebsritzel geben dieselben automatisch nach, und die Antriebsmotoren werden ausgeschaltet. Dabei legen sich die Spindelmuttern
(Drehriegel) je nach Bewegungsrichtung des Troges entweder an der
oberen oder unteren Gewindeflanke der Spindel kraftschlüssig an, und
der Trog hängt sich in den vier Spindeln fest. Da die Steigung des
Trapezgewindes der Spindeln sehr flach ist (Gangabstände = 150 mm),
wird die Spindelmutter durch Reibung selbsthemmend gehalten. Der
Drehriegel umfaßt die Spindel dabei auf sieben Gewindegängen /24/.

Dieses System der Trogsicherung hat sich seit Inbetriebnahme des Schiffshebewerkes Lüneburg (Dezember 1975) voll bewährt.

2.2.6.5 Betriebsablauf während eines Transportvorganges

Beide Hebewerke können von einem Zentralsteuerstand aus sowohl vollautomatisch als auch halbautomatisch von einem Mann betrieben werden.
Im ersten Falle wird nach dem Festmachen der Schiffe im Trog der Befehl zur Berg- oder Talfahrt eingegeben, und alle Einzelvorgänge laufen vollautomatisch ab. Im zweiten Falle werden die Einzelvorgänge
nacheinander vom Steuerstand aus eingeleitet /24/.

Für Reparatur- und Wartungsarbeiten sind in den wichtigsten Maschinenräumen Steuerstände vorhanden, von denen die einzelnen Bewegungsvorgänge auch von Ort aus gesteuert werden können.

Bei der *Bergfahrt* sind nacheinander die folgenden Betriebsphasen erforderlich: Nach Einfahrt des Schiffes und seinem Festmachen im Trog
erfolgt das Schließen des unteren Haltungstores mit angehängtem Trogtor und Stoßschutz. Darauf wird das Trogtor vom Haltungstor entriegelt und es erfolgt, soweit erforderlich, mittels Reversierpumpen eine Angleichung des Trogwasserstandes an den vorhandenen Wasserstand
der oberen Haltung (Abweichung $\leq$ 2,0 cm).

Nach erfolgter Entriegelung und seitlichem Verfahren des Dichtungsrahmens vom Schildschütz (Ablauf des Spaltwassers) werden der Trogstoßschutz und der Dichtungsrahmen am Trog verriegelt, und der Transport des Troges beginnt.

Sobald der Trog an der oberen Haltung zum Stillstand gekommen ist, wird der oberwasserseitige Dichtungsrahmen und Stoßschutz des Troges entriegelt, der Dichtungsrahmen an die obere Haltung gefahren und verriegelt. Durch Anheben des oberen Haltungstores erfolgt die Füllung des Spaltes zwischen Trog- und Haltungstor sowie das Entriegeln und Heben des Stoßschutzes vor dem oberen Haltungstor. Daraufhin wird das Trogtor mit Stoßschutz mit dem oberen Haltungstor verriegelt und das Schützpaket angehoben. Nach Setzen der Schiffahrtssignale kann die Ausfahrt des Schiffes in die obere Haltung erfolgen.

Bei der *Talfahrt* laufen die Bewegungsvorgänge in umgekehrter Reihenfolge ab, wobei der Stoßschutz vor dem oberen Haltungstor jedoch erst abgesenkt und verriegelt werden muß, bevor das Haltungstor geschlossen wird /24/.

Die normale Hub- und Senkgeschwindigkeit der Haltungstore beträgt 0,25 m/s (= 15 m/min).

Beim Heben der Haltungstore (mit angehängten Trogtoren) wird der Hubvorgang jedoch zum Zwecke der Spaltfüllung und zum Einklinken des Trogtores vorübergehend verzögert.

Desgleichen wird beim Absenken der Haltungstore der Absenkvorgang kurzzeitig für das Absetzen des Trogtores und die Korrektur des Trogwasserstandes unterbrochen. Abbildung 2.21. zeigt den Bewegungsablauf während eines Transportvorganges.

2.2.6.6 Ausbildung der Trog- und Haltungstore

Die *Haltungstore* in der oberen und unteren Kanalhaltung sowie auch die Trogtore sind als Hubtore ausgebildet.

Die Enden der Tröge sind mit teleskopartigen Dichtungsrahmen ausgerüstet. Dadurch wird erreicht, daß der Trog die Haltungsabschlüsse mit einem ausreichenden Spiel anfahren kann. Durch horizontales Ausfahren

des U-förmigen Rahmens bis an die Anschläge der jeweiligen Haltung
wird die Dichtung zwischen Haltung und Trog hergestellt. Der Dichtungsrahmen wird hydraulisch an die Haltungen angepreßt und durch zwei
Hakenriegel an den Dichtungsanschlägen der jeweiligen Haltung festge-
halten.

Der zwischen Haltungs- und Trogtor verbleibende Spalt muß vor der Freigabe des Trogquerschnittes mit Wasser gefüllt werden. Dies geschieht
durch teilweises Anheben des Haltungstores.

Im unteren Querteil des Teleskoprahmens sind drei Reversierpumpen mit
entsprechenden Schiebern und Rohrleitungen eingebaut. Sie dienen dazu, bei geschlossenem Trogtor und teilgeöffnetem Haltungstor den Trog-
wasserstand vor Beginn des Transportvorganges auf seine Solltiefe zu
bringen /24/.

Die *Trogtore* haben keinen eigenen Antrieb, sondern werden in die Haltungstore eingeklinkt und zusammen mit diesen, einschließlich ihres
Stoßschutzes, angehoben bzw. abgesenkt.

Die Trogtore sind gegen Schiffsstoß durch eine *Stoßschutzanlage* gesichert. Sie besteht aus einem Fangseil (Durchmesser = 40 mm), das im
Abstand von 3,0 m vor dem jeweiligen Trogtor in einer Höhe von 1,0 m
über dem Trogwasserspiegel quer gespannt ist und beidseitig über Umlenkrollen an Bremszylinder (Hub = 0,60 m) angeschlossen ist (Abb.
2.22.). Das Arbeitsvermögen der Stoßschutzanlage beträgt 25 tm
($\sim$ 250 kNm). Es reicht aus, um den Stoß eines mit einer Geschwindigkeit von 0,50 m/s anfahrenden Schiffes von einem maximalen Bruttoschiffsgewicht von G_S = 1800 t abzufangen.

Das *Haltungstor am Oberhaupt* ist an zwei Rollenketten aufgehängt, die
in den seitlichen Pylonen (Grundfläche = 2,8 m × 4,0 m) geführt, über
je zwei Ritzel in den Pylonenköpfen umgelenkt werden und mit Gegengewichten aus Stahlbrammen versehen sind (Abb. 2.23.).

Zum Schutz gegen Schiffsstoß sind die oberen Haltungstore mit jeweils
einer Stoßschutzanlage ausgerüstet, die aus einem im Abstand von 0,8 m
vor dem Haltungstor quergespannten Seil (Durchmesser = 52 mm) besteht.
Die Seilenden sind jeweils an einem hydraulischen Bremszylinder angeschlossen. Das Gesamtarbeitsvermögen (1000 kNm) reicht aus, um die kinetische Energie eines mit 1,0 m/s Geschwindigkeit anfahrenden Schiffes
von 1800 t Bruttoschiffsgewicht in Bremsarbeit umzusetzen.

Abbildung 2.22. Stoßschutzanlage vor einem Trogtor

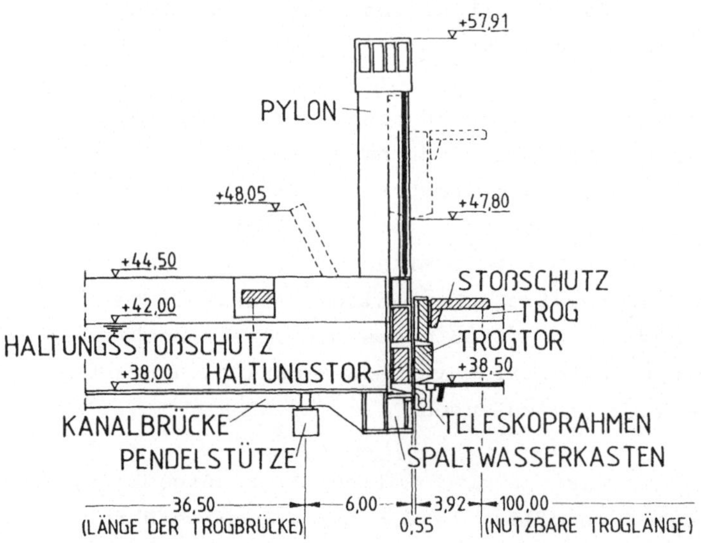

Abbildung 2.23. Oberhaupt des Hebewerkes /24/

Die Bremszylinder und Umlenkrollen sind in kastenförmigen, geschweißten Armen gelagert, die in seitlichen Nischen untergebracht sind. Zur
Freigabe der Schiffsdurchfahrt werden die Seilhalterungen um ein horizontales Drehlager hochgefahren und in der Endstellung verriegelt.

Das *Haltungstor am Unterhaupt* ist in seiner Konstruktion, seinen Dichtungen und seinem Antrieb wie das obere Haltungstor ausgebildet. Wegen

des um bis zu 4,0 m schwankenden Wasserstandes in der unteren Kanalhaltung wird das Haltungstor am Unterhaupt in einem sogenannten
Schildschütz gelagert und geführt (Abb. 2.3.). Dies besteht aus einer
unteren, etwa 5,0 m hohen einwandigen Stauwand von 20 mm Stärke und
zwei seitlichen etwa 22 m hohen, kastenförmigen Führungspylonen /23/.

Die gesamte Schildschützkonstruktion mit eingehängtem Haltungstor
wird über einen Wasserstandspegel im unteren Vorhafen gesteuert und
mit Hilfe von zwei hydraulischen Tauchkolbenzylindern (Durchmesser
= 420 mm), die in einem Abstand von jeweils 0,5 m von der Mittelachse
angeordnet sind, gehoben oder gesenkt /27,24/. Die Dichtung zwischen
Unterhaupt und Schildschütz erfolgt über eine winkelförmige Schleif-
dichtung, die am Unterhaupt befestigt ist und an der UW-seitigen Stauwand des Schildschützes schleift.

Wegen der Wichtigkeit des Schildschützes für den Hochwasserschutz des
Schiffshebewerkes wurden die Antriebszylinder so bemessen, daß bei
Ausfall eines Zylinders das Schildschütz vom verbleibenden Zylinder
allein bewegt werden kann.

Das UW-seitige Ende des Troges ist wie das OW-seitige Ende mit einem
verfahrbaren Teleskoprahmen ausgerüstet, durch den die Dichtung zwischen Trog und Unterhaupt hergestellt wird. Das Trogtor wird in das
untere Haltungstor eingeklinkt und gemeinsam mit diesem angehoben
bzw. abgesenkt.

2.2.6.7 Ausbildung der Vorhäfen

Das Schiffshebewerk besitzt in der oberen und unteren Haltung jeweils
zwei Vorhäfen von je 90 m Breite, die durch ein Mittelleitwerk voneinander getrennt sind. Die Vorhafenlänge beträgt 350 m, zuzüglich etwa
175 m für Notliegeplätze.

In 175 m Abstand von der Spitze des zwischen den Hebewerken angeordneten Trennpfeilers beginnt das 174 m lange Mittelleitwerk. Es dient
Schubverbänden als Startplatz für den Transportvorgang, wobei der vor-
dere Leichter mit einem vorgehaltenen Bugsierboot in den einen Trog,
der hintere Leichter mit dem Schubboot in den anderen Trog befördert
wird. Für die Selbstfahrer sind die Liege- und Startplätze an den
seitlichen Spundwandufern der Vorhäfen vorgesehen /23/.

Abbildung 2.24. zeigt die untere Einfahrt des Schiffshebewerkes mit den Vorhafenanlagen und dem Einlauf für das Pumpwerk, Abbildung 2.25. eine Seitenansicht der Gesamtanlage.

Abbildung 2.24. Unterhaupt des Schiffshebewerkes Lüneburg mit Einlauf zum Pumpwerk

Abbildung 2.25. Gesamtansicht des Schiffshebewerkes Lüneburg

Das östliche Einfahrtleitwerk im unteren Vorhafen ist als Einlauf zu
einem Pumpwerk ausgebildet, das mit einer maximalen Pumpenleistung
von 6,75 m³/s (drei Pumpen) in der Lage ist, in den Nachtstunden die
Wasserverluste am Hebewerk sowie die Verdunstungs- und Versickerungsverluste in der oberen Haltung zu ersetzen. Die Pumpenstation befindet sich am Unterhaupt des östlichen Hebewerkes, das Auslaufbauwerk
seitlich neben seiner oberwasserseitigen Einfahrt (Abb. 2.17.). Die
Druckrohrleitung des Pumpwerkes (Durchmesser = 2,50 m) kann auch zur
Hochwasserentlastung der oberen Kanalhaltungen herangezogen werden.

2.2.7   Das Gegengewichts-Hebewerk von Strépy-Thieu/Belgien

2.2.7.1 Ausbau des belgischen Canal du Centre

Der belgische Canal du Centre stellt als Verbindungskanal zwischen
Maas und Schelde ein wichtiges Bindeglied zwischen dem Industriege-
biet Nordfrankreichs und dem inzwischen für 1350 tdw-Schiffe ausge-
bauten Schiffahrtskanal zwischen Charleroi und Brüssel dar (Abb. 3.13.).
Mit seinem Ausbau wurde im Jahre 1836 begonnen (Teilstrecke zwischen
Seneffe und Houdeng-Goegnies). In den folgenden etwa 80 Jahren wurde der Canal du Centre abschnittsweise weitergebaut und im August
1917 endgültig für die Schiffe von bis zu 300 t Tragfähigkeit zwischen Mons und La Louvière freigegeben.

Die Linienführung des Kanals machte die Überwindung einer Höhendifferenz von insgesamt etwa 90 m erforderlich, die durch vier Druckwasser-Hebewerke (Zwillingshebewerke mit Hubhöhen von 15,4 und 16,9 m)
und drei Schleusen bewältigt wird /30/.

Mit dem Ausbau des Canal du Centre für Schiffe bis zu 1350 t Tragfähigkeit wurde 1971 begonnen. Zunächst wurde die Teilstrecke Nimy-
Obourg (einschließlich der Schleuse von Obourg-Wartons), daran anschließend (1977) der Kanalabschnitt zwischen Obourg und Havré (einschließlich der Schleuse bei Havré) ausgebaut. Die anschließende Kanalstrecke zwischen Havré und La Louvière wurde durch eine parallel
angeordnete, neue Kanalstrecke ersetzt (Abb. 3.13.), in deren Verlauf
eine Wasserspiegeldifferenz von 73,15 m durch ein oder mehrere Abstiegsbauwerke überwunden werden muß (Abb. 2.26.).

In eingehenden Voruntersuchungen wurden die Bau- und Betriebskosten
und die Leistungsfähigkeit verschiedener Alternativlösungen ermittelt

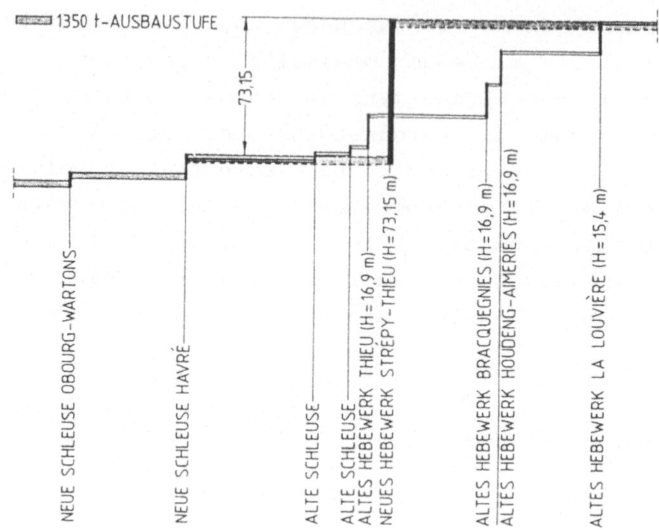

Abbildung 2.26. Längsschnitt der Ausbaustrecke des Canal du Centre/
          Belgien /30/

und einander gegenübergestellt. Im einzelnen wurden eine Schleusentreppe, Schrägaufzüge mit verschiedenen Neigungen, ein Wasserkeil-
hebewerk sowie senkrechte Hebewerke verschiedener Hubhöhen (zwei Hebewerke mit je 36,5 m Hubhöhe sowie ein Hebewerk mit 73,15 m Hubhöhe)
untersucht. Wegen der höheren Leistungsfähigkeit, des minimalen Was-
serverbrauches und des besseren Lastabtrages in die vorhandenen Untergrundverhältnisse fiel die Entscheidung 1978 zugunsten eines einzelnen Gegengewichts-Hebewerkes mit einer Hubhöhe von 73,15 m, das
als Doppelhebewerk mit zwei unabhängig voneinander arbeitenden Trögen
ausgestattet ist.

Durch das neue Hebewerk werden die am alten Kanalabschnitt zwischen
Havré und La Louvière gelegenen vier Druckwasserhebewerke von La Louvière (H = 15,4 m), Houdeng-Aimeries, Bracquegnies und Thieu (Hubhöhe
je 16,9 m) ersetzt (Abb. 2.26. und 3.13.). Das Schiffshebewerk von
Stréphy-Thieu stellt mit einer Hubhöhe von 73,15 m das bislang *höch-
ste senkrechte Hebewerk* der Welt dar. Mit seinem Bau wurde Ende 1978
begonnen, die Inbetriebnahme ist für das Jahr 1987 in Aussicht gestellt.

2.2.7.2 Konstruktive Ausbildung des Hebewerkes

Das Schiffshebewerk von Strépy-Thieu weist die für ein Gegengewichts-
Hebewerk typische Flachgründung auf. Die wasserdicht ausgebildeten

Trogwannen nehmen die Tröge in der unteren Betriebsstellung auf (Abb. 2.27.).

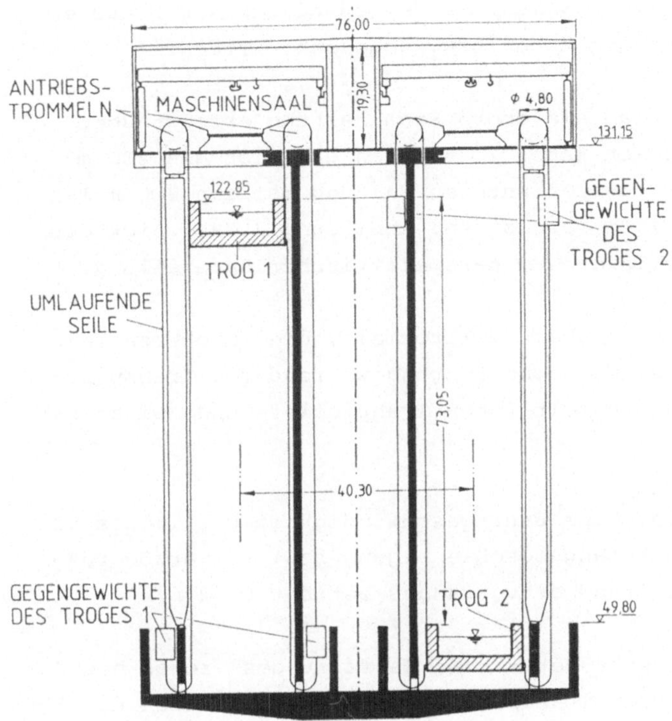

Abbildung 2.27. Schnitt durch das Schiffshebewerk Strépy-Thieu am Canal du Centre/Belgien

In einem etwa 21,0 m hohen Kopfteil (Grundrißmaße: 131,0 × 76,0 m) sind der Maschinensaal und die Umlenkrollen für die Gegengewichtsseile sowie die Steuerzentrale und eine Aussichtsgalerie für Besucher untergebracht. Der Lastabtrag aus Trog- und Gegengewichtslast auf den Gründungskörper erfolgt im Mittelteil des Schiffshebewerkes über Betonwände, an den Außenseiten über eine Reihe von Betonpfeilern.

Jeder der beiden Tröge ist über 128 Seile mit insgesamt acht Gegengewichten (vier auf jeder Trogseite) verbunden (Abb. 2.28.), wobei zusätzliche, über Umlaufrollen in den Trogwannen geführte Seilverbindungen zwischen dem jeweiligen Trog und seinen Gegengewichten für einen Ausgleich des Seilgewichtes sorgen (Abb. 2.27.).

Das maximale Gewicht eines mit Wasser gefüllten Troges (max. Wassertiefe = 4,15 m) beträgt etwa 7500 t. Die nutzbaren Trogabmessungen

wurden mit 112,0 m Troglänge und 12,0 m Trogbreite so gewählt, daß
Selbstfahrer bis zu 2000 tdw und Schubzüge bis zu einer Gesamtlänge
von 110 m ungeteilt befördert werden können /30/. Als Trogverschlüsse
sind Hubtore vorgesehen, die zusammen mit den ebenfalls als Hubtore
ausgebildeten Haltungstoren angehoben bzw. abgesenkt werden.

Der Anschluß des Hebewerkes an die obere Kanalhaltung erfolgt über
zwei, 200 m lange Kanalbrücken (Abb. 2.28.), an die sich ein 200 m
langer Vorhafen anschließt. In der unteren Haltung ist ein 300 m langer Wartehafen für die Schiffe vorgesehen. Abbildung 2.29. zeigt das
Schiffshebewerk von Strépy-Thieu in perspektivischer Darstellung.

Der Antrieb des Troges erfolgt über Seiltrommeln, die im oberen Maschinensaal untergebracht sind, seine Führung während des Transportvorganges über Spindeln in den seitlichen Tragpfeilern und Zwischen-
wänden.

Für den Bewegungsvorgang ist eine Fahrtgeschwindigkeit des Troges von
12,0 m/min vorgesehen. Die Anfangsbeschleunigung bzw. Endverzögerung
zu Beginn bzw. am Ende des Transportvorganges beträgt 0,02 m/s².

Die erforderliche Zeit für eine Berg- bzw. Talfahrt des Troges beträgt
etwa 7,0 min. Für den gesamten Transportvorgang einschließlich der für
das Ein- und Ausfahren der Schiffe und die Torbewegungen zu berücksich-
tigenden Zeiten werden 40 min veranschlagt.

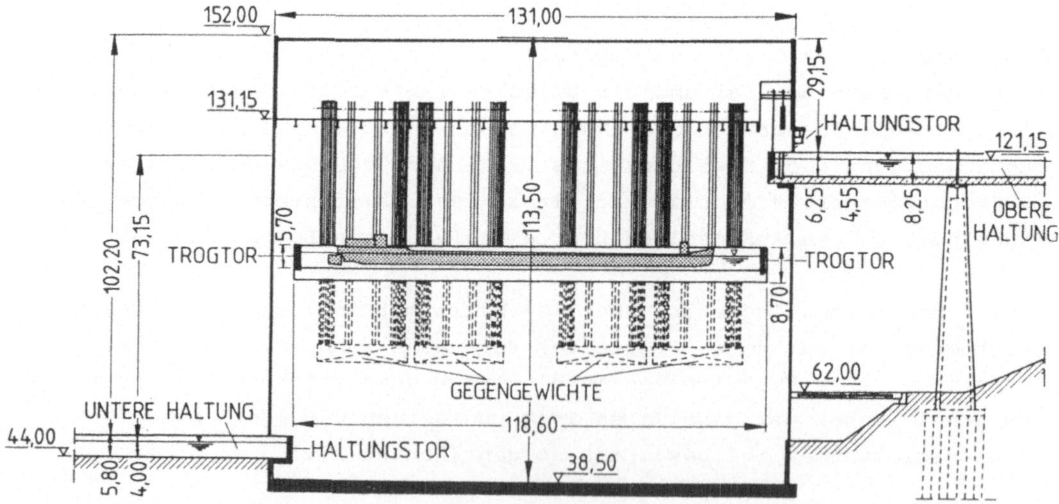

Abbildung 2.28. Längsschnitt des Schiffshebewerkes Strépy-Thieu/
Belgien /30/

Abbildung 2.29. Perspektivische Ansicht des Schiffshebewerkes von
Strépy-Thieu /30/

2.3 Schwimmerhebewerke

2.3.1 Allgemeines

Schwimmerhebewerke sind senkrecht fördernde Abstiegsbauwerke, bei denen die Gesamtlast des mit Wasser gefüllten Troges über Traggerüste
auf Schwimmer übertragen wird. Der Gewichtsausgleich erfolgt durch den
Auftrieb der Schwimmer, die sich in wassergefüllten Schwimmerschächten
bewegen. Diese können sowohl neben, über als auch unter dem Trog angeordnet werden.

Die Führung des Troges während des Transportvorganges erfolgt in ähnlicher Weise wie bei den Gegengewichts-Hebewerken in seitlichen Führungstürmen, der Antrieb über ein Zahnstangengetriebe. Wegen des Gewichtsausgleiches durch den Auftrieb der Schwimmer ist nur eine geringe Antriebsleistung der Motoren zur Überwindung der Gesamtreibung während der Trogbewegung erforderlich.

Die Schwimmer können sowohl als geschlossene zylindrische Stahlbehäl-
ter mit und ohne Ausgleichsrohr als auch als Taucherglocke ausgebildet werden /32/. Geschlossene Schwimmer sind mit Luft gefüllt und mei-
stens in Zellen unterteilt. Durch einen entsprechenden Innendruck
wird der von außen auf den Schwimmer wirkende Wasserdruck ausgeglichen.

Schwimmerhebewerke können als Einzel- oder Doppelhebewerke betrieben
werden, wobei im letzten Falle die Tröge unabhängig voneinander arbeiten können. Insgesamt wurden bislang drei Schwimmerhebewerke mit
Hubhöhen zwischen 13,70 und 18,70 m gebaut (Henrichenburg, Rothensee
und Henrichenburg-Waltrop), die alle mit senkrechten Schwimmern unter
dem Trog ausgestattet sind (Tab. 1.2.).

2.3.2 Anordnung der Schwimmer neben dem Trog

Bei *seitlicher* Anordnung der Schwimmer beiderseits oder einseitig neben dem Trog (Bauarten von FAURE und WREDEN) kann die erforderliche
Gründungstiefe für die Schwimmerschächte je nach Untergrund und Hubhöhe des Hebewerkes entsprechend gering gehalten werden /33,34/. Wegen der Schwierigkeit, Trog und Schwimmer durch die Schachtwände un-
mittelbar miteinander zu verbinden, sehen die meisten Entwürfe dieser
Art Hubgerüste über den Schwimmern vor, an denen der Trog aufgehängt
ist. Dadurch wird das Gesamtbauwerk jedoch entsprechend hoch (Abb.
2.30).

Bei *direkter Verbindung* zwischen dem Trog und den seitlich angeordneten Schwimmern über Haken- oder Querträger kann auf die Hubgerüste
verzichtet werden. Die Verbindungsglieder zwischen Trog und Schwimmern müssen dabei allerdings während des Transportvorganges in senkrechten Schlitzen in den Schwimmerschachtwandungen auf- und abbewegt
werden, wobei die verschleißfreie und sichere Dichtung dieser Wand-
schlitze problematisch ist. Entsprechende Entwürfe hierzu wurden von
HOLTHOFF /34/ aufgestellt und am Modell getestet, gelangten aber bislang nicht zur Ausführung.

Beim Antrieb unterscheidet man den hydraulischen und mechanischen
Trogantrieb. Beim *hydraulischen* Antrieb tauchen die Schwimmer nicht
vollständig in das in den Schwimmerschächten vorhandene Wasser ein,
sondern *schwimmen* auf dem Schachtwasserspiegel. Durch die Zufuhr von

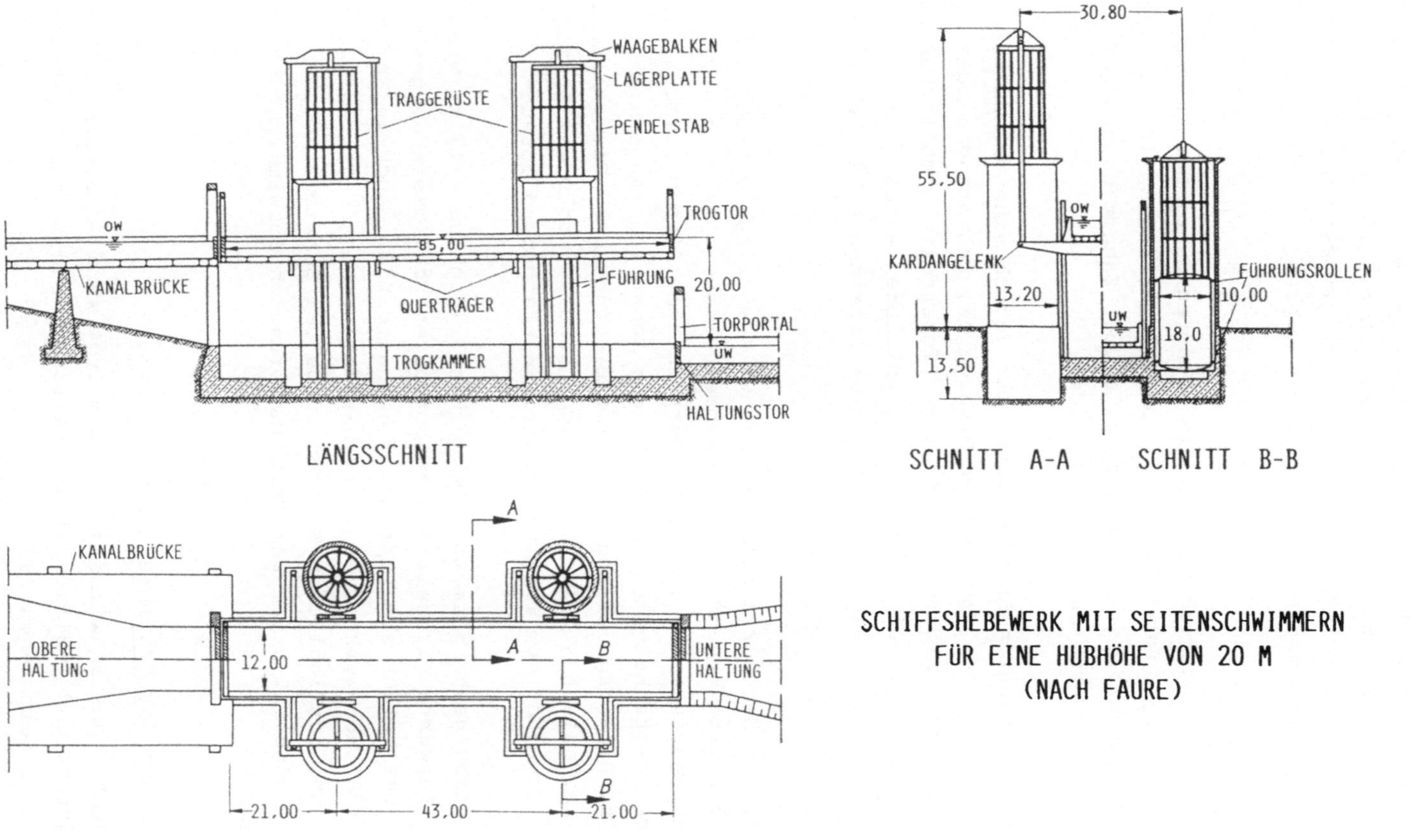

Abbildung 2.30. Schiffshebewerk mit Seitenschwimmern für eine Hubhöhe von 20 m (nach FAURE)

Wasser aus der oberen Haltung in die Schwimmschächte steigt der Wasserspiegel in ihnen an, und der Trog wird über die Schwimmer angehoben (Bergfahrt). Bei der Talfahrt wird das Wasser aus den Schwimmerschächten in die untere Haltung abgeführt. Diese Lösung ist zwar me-
chanisch einfach, hat aber insbesondere bei größeren Hubhöhen einen
nicht unerheblichen Wasserverlust von der oberen in die untere Haltung zur Folge.

Beim *mechanischen* Antrieb tauchen die gesamten Schwimmer in das
Schachtwasser ein, so daß ihr voller Auftrieb wirksam wird. Der Antrieb des Troges erfolgt in diesem Falle über Zahnstangen und Ritzel,
die von Elektromotoren angetrieben werden.

Bei beiden vorgenannten Antriebsarten ist jedoch eine mechanische Führung und Sicherung des Troges über Drehriegel, Zahnstangen oder Spindeln erforderlich, um eine ausreichende Sicherheit in möglichen Katastrophenfällen (Leerlaufen des Troges, Vollaufen eines oder mehrerer
Schwimmer, Leerlaufen eines oder mehrerer Schwimmerschächte) zu gewährleisten.

Der Vorteil der Hebewerke mit Seitenschwimmern liegt gegenüber denen
mit unter dem Trog angeordneten Schwimmern insbesondere in der geringeren Gründungstiefe für die Schwimmerschächte. Diesem Vorteil stehen
aber einige konstruktive und betriebliche Nachteile (außermittiger
Lastangriff, Dichtung der Schachtschlitze) gegenüber. Die zahlreichen,
teilweise kardanischen Gelenke und Lager sind außerdem bei Anordnung
der Schwimmer unter dem Trog konstruktiv einfacher zu lösen.

Für den Abstieg Heuberg am Main-Donau-Kanal (Hubhöhe = 47 m) wurden
zahlreiche Entwürfe mit seitlich angeordneten Schwimmern aufgestellt,
von denen aber keiner zur Ausführung gelangte /34/. Auch an anderen
Stellen wurden Hebewerke dieser Art bislang nicht gebaut. Aus konstruktiven und betrieblichen Gründen wurde bei Schwimmerhebewerken
stets der Lösung mit *unter* dem Trog angeordneten Schwimmern der Vorzug gegeben.

2.3.3 Anordnung der Schwimmer über dem Trog

Die Anordnung eines Schwimmers *über* dem Trog wurde erstmals 1906 von
JEBENS erörtert und 1924 als Alternativlösung für das Schiffshebewerk
Niederfinow vorgeschlagen /35/.

Der Schwimmer befindet sich in diesem Falle in einem senkrecht über
dem Trog angeordneten Schwimmerschacht, der nach unten über Stopfbuchsen abgedichtet ist (Abb. 2.31.). Da wegen der schwierigen Parallelführung nur *ein* Schwimmer verwendet wird, muß er, um den Gewichtsausgleich gegenüber der Troglast zu erreichen, entsprechend
groß bemessen werden. Daraus ergibt sich für den Schwimmerbehälter
ein großer Durchmesser und eine entsprechend große Behälterhöhe.

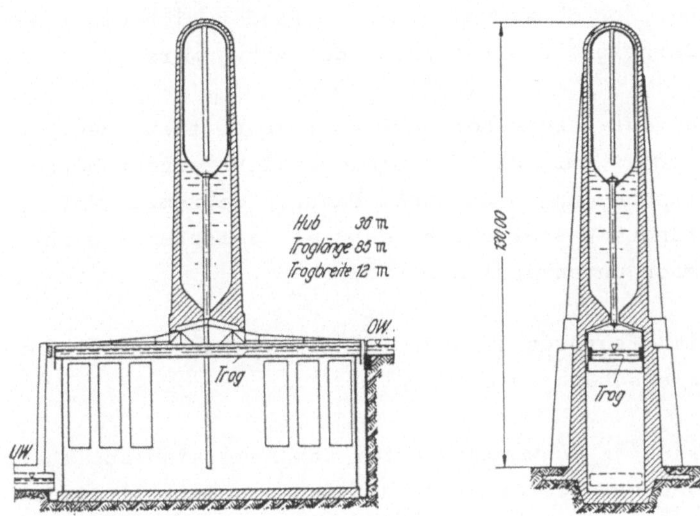

Abbildung 2.31. Schwimmerhebewerk mit über dem Trog angeordneten
Schwimmer /19/

Da bei diesem Schwimmerhebewerk eine ausreichende Sicherheit gegenüber den möglichen Katastrophenfällen (Leerlaufen des Troges oder
Schwimmerbehälters bzw. Vollaufen des Schwimmers) nur schwer zu erreichen ist und darüber hinaus auch konstruktive Gesichtspunkte
(Dichtung des Schwimmerschachtes, turmartiger Schwimmerbehälter) gegen diese Lösung sprechen, wurde ein Schwimmerhebewerk dieser Bauart
bislang nicht ernsthaft in Erwägung gezogen.

2.3.4 Anordnung der Schwimmer unter dem Trog

Bei den Hebewerken mit *unter* dem Trog angeordneten Schwimmern können
dieselben als waagerechte oder senkrechte Schwimmer ausgebildet werden.

Waagerechte Schwimmer erfordern Schwimmerschächte von etwa gleicher
Breite und Länge, aber erheblich größerer Tiefe, als für eine Schleu-

senkammer gleicher Hubhöhe erforderlich ist /1/. Bei kreisförmigem
Schwimmergrundriß kann der Schwimmerschacht gegen Grundwasser- und
Erddruck statisch einfacher bemessen werden. Einen Entwurf für ein
derartiges Hebewerk mit H = 18,0 m Hubhöhe nach dem Vorschlag von
BOETTCHER /36,37/ zeigt Abbildung 2.32.

Hierbei wird der Trog auf einem kreisförmigen Schwimmer aufgeständert
und an vier Führungstürmen über Ritzel und Zahnstangen geführt und angetrieben. Seitlich neben dem Schwimmerschacht befindet sich ein fla-
ches Becken für Bau, Überholung und Reparatur des Schwimmers /1/.

Im Falle des Trogleerlaufens taucht der Schwimmer so weit aus dem
Wasser des Schwimmerschachtes auf, bis das Gleichgewicht erneut hergestellt ist. Seine Aufwärtsbewegung wird dabei dadurch gebremst, daß
das vom Schwimmer verdrängte Wasser durch den Spalt zwischen Schacht-
wandung und Schwimmer nach unten abfließen muß.

Bei Vollaufen des Schwimmers setzt sich der Schwimmer auf Gummipuffer
an der Sohle des Schwimmerschachtes ab.

Bei Anordnung von *senkrechten* Schwimmern unter dem Trog sind aus statischen Gründen und wegen der besseren Führung und Lastverteilung des
Troges im allgemeinen mindestens *zwei* Schwimmer erforderlich, mit denen der Trog über Traggerüste verbunden ist. Wie bei dem waagerechten
Schwimmer ist auch hier eine der Hubhöhe entsprechende, tiefe Grün-
dung für die Schwimmerschächte erforderlich (Abb. 2.1., c). Schwimmerhebewerke mit senkrechten Schwimmern unter dem Trog kommen deshalb
im allgemeinen nur bei geringen Hubhöhen (H < 20 m) in Betracht.

Alle bislang ausgeführten Schwimmerhebewerke wurden *mit senkrechten
Schwimmern unter dem Trog* gebaut. Es sind dies die Schiffshebewerke
(Tab. 1.2.):

> 1899: Henrichenburg (fünf Schwimmer, H = 14,0 m) am Dortmund-Ems-
>   Kanal (Abb. 1.6.),
> 1938: Rothensee (zwei Schwimmer, H = 18,7 m) bei Magdeburg am
>   Weser-Elbe-Kanal (Abb. 1.12.),
> 1962: Henrichenburg-Waltrop (zwei Schwimmer, H = 13,7 m) am
>   Dortmund-Ems-Kanal (Abb. 2.44.)

Die Konstruktion dieser Anlagen, ihr Antrieb und die für die Katastrophenfälle vorgesehenen Sicherungsmaßnahmen werden in den Abschnit-
ten 2.3.8 bis 2.3.10 näher beschrieben.

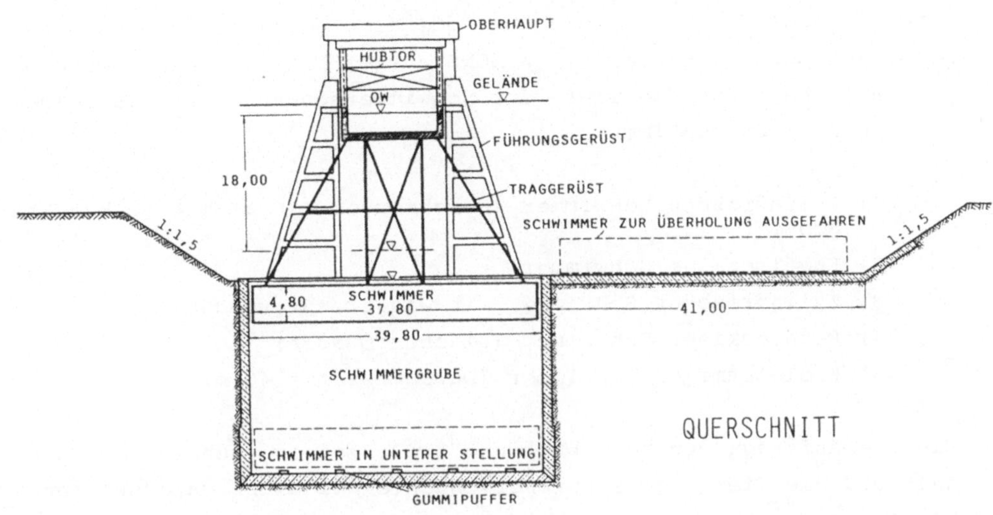

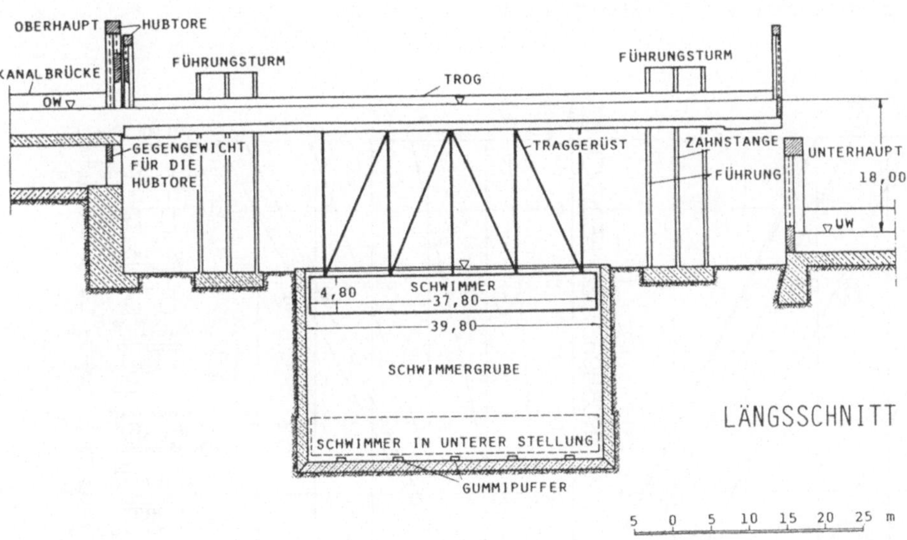

Abbildung 2.32. Schiffshebewerk mit waagerechtem, kreisförmigem Schwimmer

2.3.5 Abmessungen der Schwimmerschächte

Vergleichende Untersuchungen über die erforderlichen Abmessungen der Schwimmerschächte wurden von SIMONS ausgeführt /1/. Dabei wurden u.a. der Rauminhalt und die Tiefe der Schwimmerschächte für die folgenden Schwimmerformen bestimmt:

1) Zylindrische Schwimmer (Durchmesser = 10 m) mit senkrechter Achse
2) Kugelförmige Schwimmer
3) Zylindrischer Schwimmer mit waagerechter Achse
4) Rechteckiger Schwimmer (flacher Quader)
5) Kreisförmiger Schwimmer (Durchmesser = 40 m)

Wie die Auftragungen der Abbildung 2.33. zeigen, nehmen der Rauminhalt und die Tiefe der Schwimmerschächte bei allen untersuchten Varianten mit größer werdender Hubhöhe zu. Die Schwimmerschächte für Hebewerke mit zwei senkrechten Schwimmern benötigen für eine vorgegebene Hubhöhe den geringsten umbauten Raum, aber die größte Tiefe. Die flachsten Gründungen ergeben sich bei waagerechten Schwimmern, jedoch ist der Rauminhalt der Schwimmerschächte hier weitaus größer als bei senkrechten Schwimmern (Abb. 2.33.).

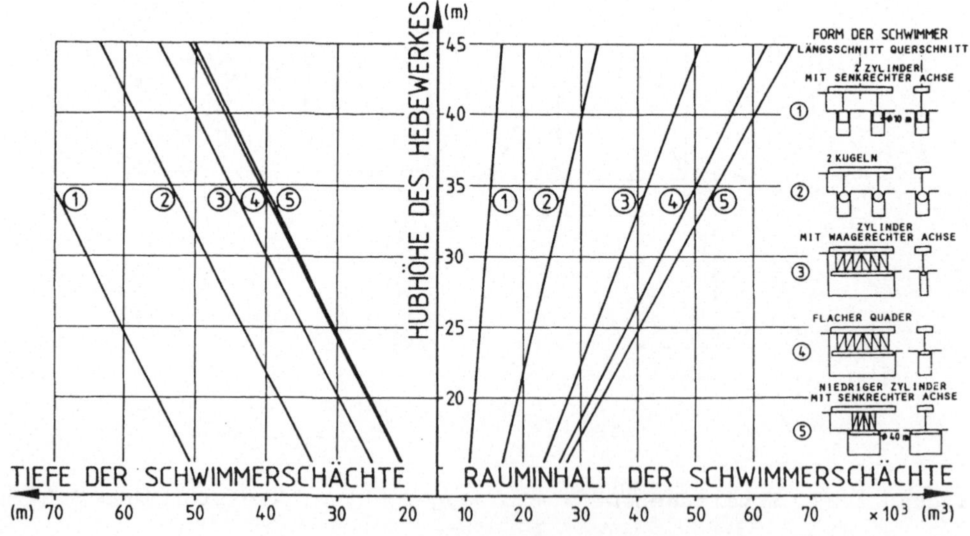

Abbildung 2.33. Rauminhalt und Tiefe der Schwimmerschächte bei verschiedenen Schwimmerformen /1/

Die Schachtabmessungen für die verschiedenen Schwimmerformen unterscheiden sich in Tiefe und Rauminhalt stark voneinander (Abb. 2.33.).
Wenngleich die damit verbundenen Baukosten nicht nur von dem Schacht-
volumen (umbauter Raum) abhängen, sondern u.a. auch von der Art der
Bauausführung (Gefrierverfahren usw.) und in starkem Maße von den
örtlichen Untergrundverhältnissen beeinflußt werden, so geben die
Darstellungen der Abbildung 2.33. doch einen ersten Anhalt über den
unterschiedlichen baulichen Aufwand für die verschiedenen Schwimmerschächte.

Bei Hebewerken mit senkrechten zylindrischen Schwimmern nimmt bei vorgegebener Hubhöhe die Gründungstiefe der Schwimmerschächte mit zunehmender Schwimmerzahl ab, der Gesamtrauminhalt der Schwimmerschächte
dagegen zu (Abb. 2.34.).

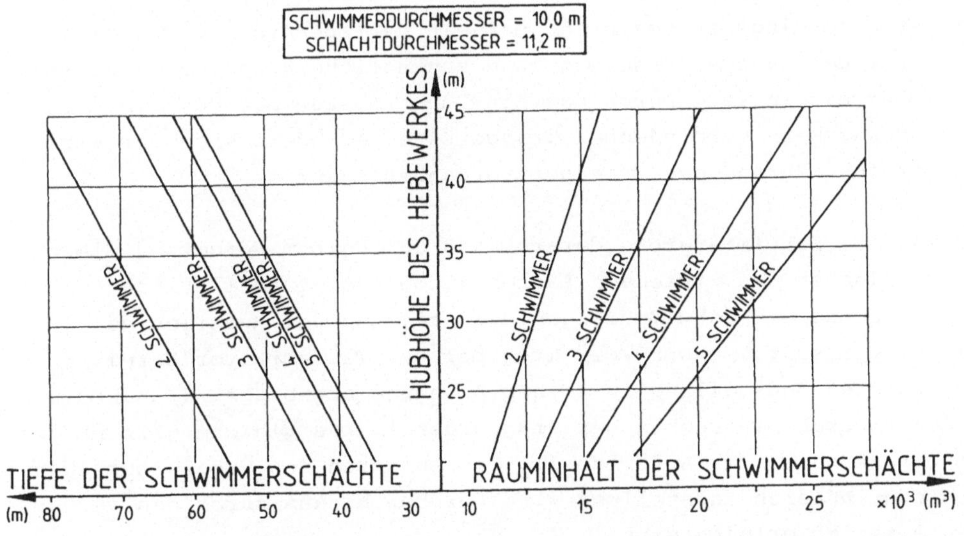

Abbildung 2.34. Rauminhalt und Tiefe der Schwimmerschächte bei senk-
               rechten zylindrischen Schwimmern /1/

Der Schwimmerdurchmesser wurde dabei in Anlehnung an die ausgeführten
Hebewerke Rothensee und Henrichenburg-Waltrop mit 10,0 m, der Schacht-
durchmesser mit 11,2 m zugrunde gelegt.

Für die Ermittlung der erforderlichen Schwimmerlänge ist bei vorgegebenem Durchmesser auch das Eigengewicht des Schwimmers von Bedeutung,
da es durch eine entsprechende Wasserverdrängung, d.h. durch zusätzliche Schwimmerlänge ausgeglichen werden muß.

Die im Einzelfall wirtschaftlichste Schwimmeranzahl wird im wesentlichen von statischen Gesichtspunkten, den vorhandenen Untergrundverhältnissen und von den gewählten Bauverfahren abhängen. Für die beiden zuletzt ausgeführten Schwimmerhebewerke von Rothensee (1938) und
Henrichenburg-Waltrop (1962) ergab sich mit zwei senkrechten Schwimmern die wirtschaftlich und betrieblich beste Lösung.

2.3.6 Gewichtsausgleich während des Transportvorganges

Bei allen Schwimmerhebewerken erfolgt im Prinzip der Gewichtsausgleich
der Troglast und der Schwimmereigengewichte (einschließlich der Traggerüste) durch den Auftrieb der Schwimmer, so daß für die Bewegung des
Troges nur eine geringe Antriebsleistung erforderlich wird.

Dabei ist allerdings zu beachten, daß ein *vollständiger* Gewichtsausgleich über den ganzen Förderweg ohne zusätzliche *Ausgleichsmaßnahmen*
nicht zu erreichen ist. Durch das Ein- und Austauchen der den Trog
mit den Schwimmern verbindenden Traggerüste verändert sich der wirksame Auftrieb während des Transportvorganges ständig.

Wählt man die Schwimmergröße derart, daß auf halbem Förderweg Gleichgewicht zwischen den wirkenden Lasten (Troglast einschließlich der
Traggerüste und der Schwimmereigengewichte) und dem Auftrieb der
Schwimmer herrscht, so wird der Trog bei der Talfahrt vor Erreichen
seiner unteren Endstellung in seiner Bewegung abgebremst (Zunahme des
Auftriebes durch Eintauchen der Traggerüste). Das gleiche gilt für die
Bergfahrt (Abnahme des Auftriebes). Das Anfahren des Troges aus seiner
oberen oder unteren Endstellung wird darüber hinaus durch den verän-
derten Auftrieb erleichtert.

Diese Lösung wurde beim Schiffshebewerk Henrichenburg angewendet. Sie
setzt jedoch eine ausreichende Verriegelung des Troges in seiner jeweiligen Endstellung voraus, um unkontrollierte Bewegungen des Troges
zu verhindern.

Eine Möglichkeit, den durch das Eintauchen der Traggerüste bei der
Talfahrt zunehmenden Auftrieb teilweise zu kompensieren, besteht in
der Übernahme von *Ballastwasser* in den Trog in seiner oberen Endstellung.

Von dieser Möglichkeit wird beim Schiffshebewerk Henrichenburg Gebrauch gemacht. Vor Beginn der Talfahrt wird der Trog hier mit 18 m³ Ballastwasser gefüllt (Wasserspiegelanhebung = 3 cm), um einen Anteil des durch die Traggerüste verursachten zusätzlichen Auftriebes (insgesamt etwa 39 t ≅ 390 kN) auszugleichen. Die verbleibende Kraftdifferenz wird von den Antriebsmotoren während des Transportvorganges übernommen /19/. Vor Beginn der Bergfahrt wird das Ballastwasser in die untere Haltung abgegeben.

Eine zweite Möglichkeit, den Gewichtsausgleich während des Transportvorganges zu erreichen, besteht darin, die Schwimmer (oder Teile von ihnen) innen mit nach unten offenen *Ausgleichsrohren* zu versehen. Diese Rohre werden mit Luft bzw. Druckluft gefüllt und sind nach oben luftdicht verschlossen.

Beim Absenken des Schwimmers im wassergefüllten Schwimmerschacht wird aufgrund des mit der Tiefe zunehmenden Wasserdruckes das eingeschlossene Luftvolumen im Ausgleichsrohr komprimiert, wodurch der Auftrieb des Schwimmers bei entsprechender Bemessung des Ausgleichsrohres im gleichen Maße abnimmt, wie der Gesamtauftrieb infolge des Eintauchens der Traggerüste zunimmt (Abb. 2.35.).

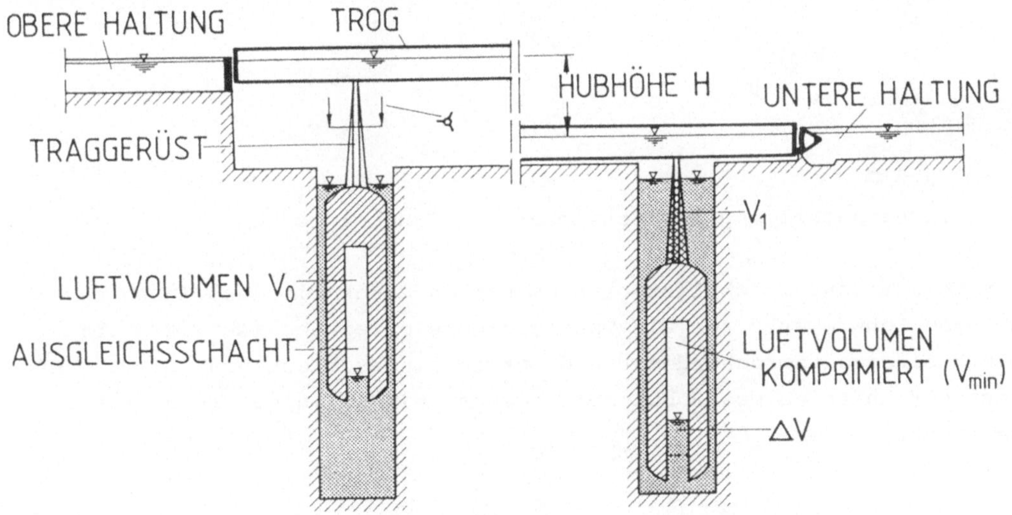

Abbildung 2.35. Prinzip des Gewichtsausgleiches mit luftgefülltem Ausgleichsrohr

Durch Veränderung des Luftdruckes in den Ausgleichsrohren über Kompressoren kann darüber hinaus die Volumenabnahme beim Absenkvorgang zusätzlich gesteuert werden.

Bei den Schiffshebewerken Rothensee /31/ und Henrichenburg-Waltrop /38/ wurde das vorstehend beschriebene Prinzip des Gewichtsausgleiches über luftgefüllte Ausgleichsrohre in den Schwimmern angewendet.

Eine dritte Möglichkeit des Gewichsausgleiches ergibt sich bei Ausführung der Schwimmer als *Taucherglocke*. Dabei können die Schwimmer sowohl zellenförmig in mehrere Taucherglocken unterteilt (Abb. 2.36.a) als auch teilweise geschlossen mit nur einer Taucherglocke in der unteren Zelle (Abb. 2.36.b) ausgebildet werden /32/.

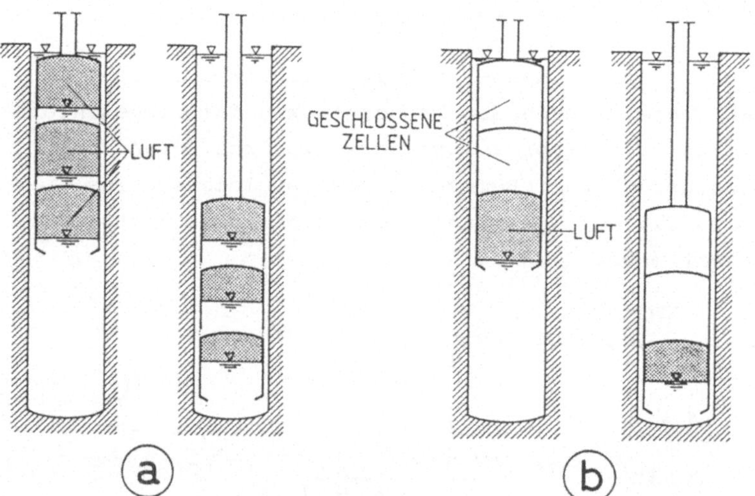

Abb. 2.36. Ausbildung der Schwimmer als Taucherglocke

Ein Gewichtsausgleich läßt sich am besten durch die Ausbildung des unteren Schwimmerteiles als Taucherglocke erreichen (Abb. 2.36.b). Durch einen entsprechenden Überdruck im eingeschlossenen Luftvolumen kann der Auftrieb des Schwimmers darüber hinaus in gewissen Grenzen verändert werden.

2.3.7 Kraftwirkungen auf die Schwimmer

Bei geschlossenen, aus Stahlblech gebauten Schwimmern, sind aus konstruktiven Gründen, aber auch, um im Falle einer Undichtigkeit (Volllaufen nur eines Schwimmerteiles) eine zusätzliche Sicherheit zu haben, die Schwimmkörper meist in *Zellen* unterteilt.

Die Schwimmerwände werden durch die wirkenden Kräfte aus Innen- und
Wasserdruck entweder auf Zug oder auf Druck beansprucht. Zusätzlich
wirken Normalkräfte aus der wirksamen Troglast in den Schwimmerwandungen.

Die Luft in den Schwimmerzellen wird durch einen Kompressor auf einen gewissen Überdruck gebracht, so daß beim normalen Transportvorgang der Innendruck in den Schwimmerzellen stets größer als der von
außen auf die Zellenwände wirkende Wasserdruck ist. Wegen des mit der
Tiefe steigenden Wasserdruckes von außen muß der Überdruck in den
Schwimmerzellen so bemessen werden, daß er von oben nach unten stu-
fenweise zunimmt. Die Schwimmerwände werden damit im normalen Betrieb
in allen Positionen stets auf *Zug* beansprucht (Abb. 2.37.).

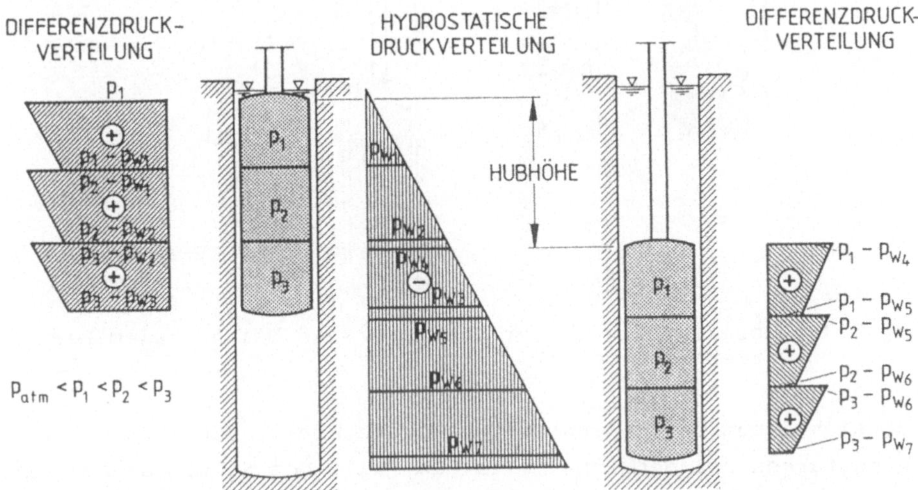

Abbildung 2.37. Druckverteilung an den Schwimmerwänden bei normalem
                Betrieb

Die lotrechten Lasten aus dem Troggewicht verursachen in den Schwimmerwänden Normalkräfte, die im normalen Betrieb, je nach Stellung des
Schwimmers im Schwimmerschacht, zwischen Druck- und Zugbeanspruchung
wechseln können (Abb. 2.38.).

Für die Bemessung der Wandstärke der Schwimmer müssen neben den Belastungen im normalen Transportvorgang auch solche in möglichen Katastrophenfällen berücksichtigt werden. Dabei sind die folgenden Fälle
denkbar:

    a) Vollaufen einer Schwimmerzelle infolge von Undichtigkeiten,
    b) Leerlaufen des Schwimmerschachtes,

c) Absinken des Luftdruckes in einer Zelle auf Atmosphärendruck,

d) Leerlaufen des Troges.

Im Fall a) wirkt auf die betroffene Zellenwand keine zusätzliche Belastung, da hydrostatischer Druckausgleich herrscht. Im Fall b) dagegen wirkt auf die Schwimmerwand der volle Innendruck ohne den ausgleichenden Wasserdruck, während im Fall c) nur der äußere Wasserdruck wirkt. Bei Leerlaufen des Troges (Fall d) werden die Normalkräfte in den Schwimmerwänden wegen der teilweise fehlenden Trogbelastung stark verändert.

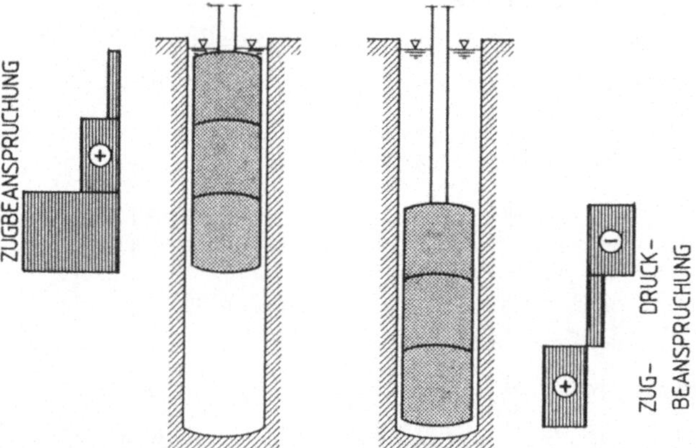

Abbildung 2.38. Normalkräfte in der Schwimmerwand bei normalem Betriebszustand /32/

Die Berücksichtigung der genannten Katastrophenfälle führt zu erheblichen Wandstärken bei den Schwimmern. Im Falle des Schwimmerhebewerkes Rothensee beträgt die Wandstärke der Schwimmer z.B. 25 mm /19/, beim neuen Hebewerk Henrichenburg-Waltrop zwischen 18 und 22 mm /38/.

2.3.8 Das Schwimmerhebewerk Henrichenburg am Dortmund-Ems-Kanal/ BR Deutschland

Das im Jahre 1899 in Betrieb genommene Hebewerk Henrichenburg ist das älteste Schwimmerhebewerk der Welt. Es überwindet mit einer Hubhöhe von 14,0 m (bei extremen Wasserständen bis 16,0 m) den Abstieg vom Dortmunder Hafen zum Dortmund-Ems-Kanal (Abb. 1.6.).

Das als Einzelhebewerk gebaute Abstiegsbauwerk besitzt fünf senkrecht angeordnete, geschlossene Schwimmer (Durchmesser = 8,8 m, Höhe = 13,0 m), deren Innenraum mit Luft gefüllt ist (4 bar Innendruck). Das

Eigengewicht jedes Schwimmers beträgt 152 t. Die Schwimmerschächte
besitzen einen Innendurchmesser von 9,20 m und eine Tiefe von 29,50 m.

Der Trog ist für den Transport von Schiffen bis zu 800 t Tragfähigkeit ausgelegt. Er besitzt eine nutzbare Länge von 68,0 m und eine
nutzbare Breite von 8,6 m. Die Wassertiefe im Trog beträgt 2,5 m
(Abb. 2.39.).

Das Gesamtgewicht des mit Wasser gefüllten Troges wird auf eine brük-
kenartige Fachwerkkonstruktion übertragen und von dieser über Traggerüste auf die fünf Schwimmer abgegeben. Die Gesamtlast, die durch
den Auftrieb der Schwimmer ausgeglichen werden muß, setzt sich wie
folgt zusammen /1/:

Gewicht des Wassers im Trog	= 1540 t	($\sim$ 15400 kN)
Leergewicht des Troges (einschließlich der Tragkonstruktion)	= 800 t	($\sim$ 8000 kN)
Gewicht der fünf Schwimmer	= 760 t	($\sim$ 7600 kN)
Bewegte Gesamtlast	= 3100 t	($\sim$ 31000 kN)

Die Bewegung und Parallelführung des Troges erfolgt auf jeder Seite
über zwei elektrisch angetriebene, senkrechte Spindeln (Außendurchmesser = 280 mm), auf denen fest mit dem Trog verbundene bronzene
Muttern von 800 mm Höhe laufen. Der Antrieb der über ein Gleichlauf-
getriebe miteinander verbundenen Spindeln erfolgt über einen Gleich-
strommotor von 105 kW.

Spindeln und Muttern sind so bemessen, daß sie die Gesamtlast des
wassergefüllten Troges im Falle des Vollaufens der Schwimmer sowie
auch die bei Leerlaufen des Troges verbleibende Auftriebskraft der
fünf Schwimmer (1560 t ≙ 15600 kN) aufnehmen können /19/.

Der Trog bewegt sich zwischen beidseitig als Gitterwerk angeordneten
Führungsgerüsten, die über ein Portal miteinander verbunden sind
(Abb. 2.39.). An den Führungsgerüsten sind die Spindeln untergebracht.

An den Stirnflächen des Troges und als Haltungsabschlüsse sind Hubtore angeordnet. Nach erfolgter Berg- bzw. Talfahrt wird das Trogtor
mit dem Haltungstor gekoppelt, und beide Tore werden gemeinsam gehoben.

Vor Beginn des Transportvorganges werden beide Tore wieder abgesenkt
und entkoppelt. Die Dichtung zwischen Trog und Haltung wird durch ei-

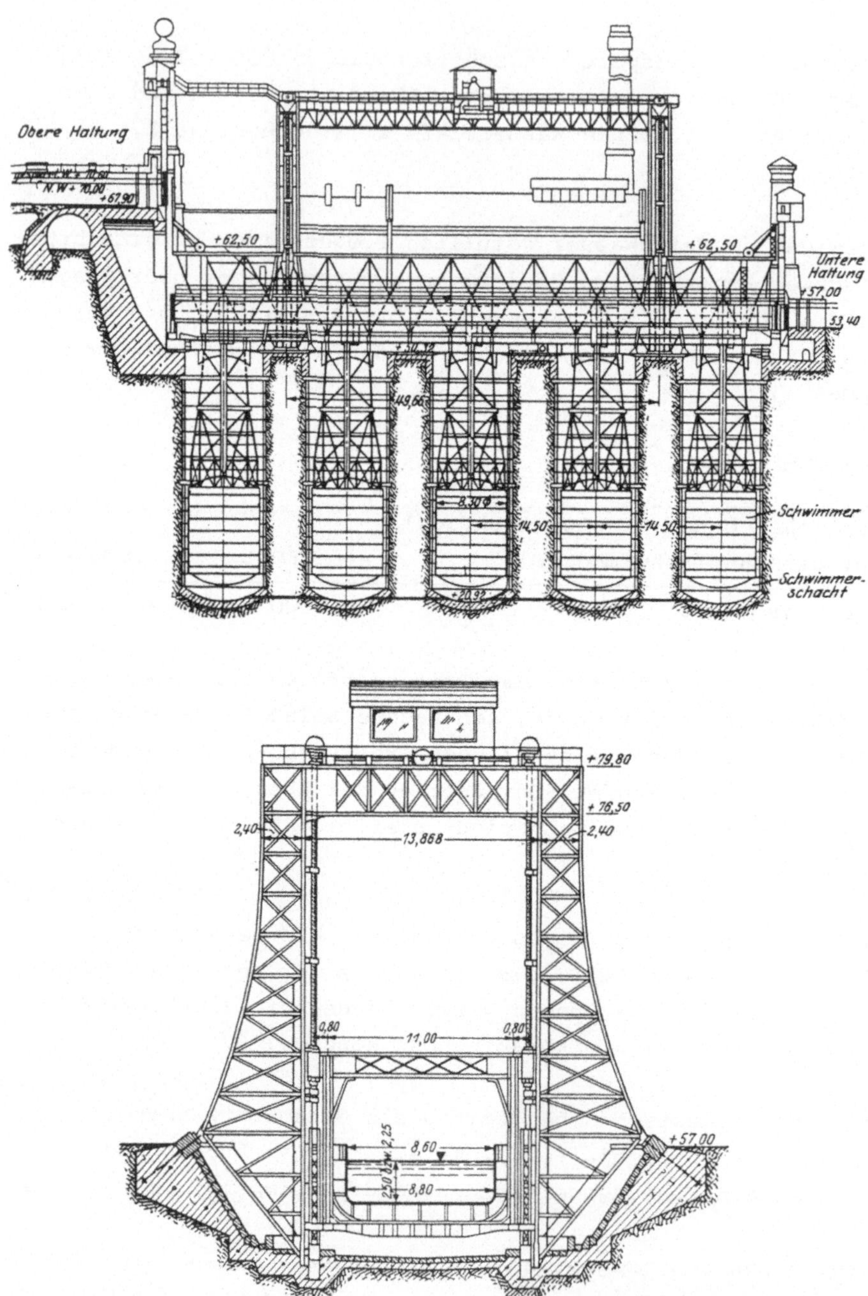

Abbildung 2.39. Schwimmerhebewerk Henrichenburg (Inbetriebnahme 1899)
/19/

nen U-förmigen Dichtungsrahmen hergestellt, der zur Anpassung an unterschiedliche Haltungswasserstände um bis zu 1,5 m angehoben bzw. abgesenkt werden kann.

Die mittlere Hub- bzw. Senkgeschwindigkeit des Troges während des Transportvorganges beträgt 6,0 m/min, die erforderliche Gesamtzeit für eine Berg- oder Talfahrt einschließlich des Ein- und Ausfahrens der Schiffe etwa 15 min.

Durch das Ein- und Austauchen der Traggerüste zwischen Schwimmer und Trog wird der wirksame Auftrieb um bis zu 39 t (∿390 kN) verändert. Durch die Übernahme von Ballastwasser vor Beginn der Talfahrt wird die Differenzkraft um 18 t (∿180 kN) vermindert. Die restlichen 21 t (∿ 210 kN) werden von der Motorenleistung ausgeglichen.

Da eine Selbstsperrung der Spindeln bei möglichen Katastrophenfällen (Leerlaufen des Troges, Vollaufen der Schwimmer) nicht zu erreichen war, wurde der Versuch unternommen, den Trog durch eine elektromagnetische Bremse auf der Welle des Antriebsmotors zum Stillstand zu bringen.

Obwohl diese Maßnahme nicht in allen aufgetretenen Betriebsfällen den gewünschten Erfolg hatte, hat sich das Schiffshebewerk Henrichenburg in den 63 Jahren seines Betriebes gut bewährt. Im Jahre 1962 wurde es durch das neue Doppelhebewerk Henrichenburg-Waltrop, das ebenfalls als Schwimmerhebewerk ausgebildet wurde (Abb. 2.44.), ersetzt.

2.3.9 Das Schwimmerhebewerk Rothensee / DDR

Das Schiffshebewerk Rothensee liegt bei Magdeburg / DDR am östlichen Ende des Weser-Elbe-Kanals, durch den als Fortsetzung des Mittelland-Kanals (BR Deutschland) die Verbindung zwischen Rhein und Elbe hergestellt wird. Es bildet das Abstiegsbauwerk zur Elbe und überwindet bei mittlerer Elbewasserführung etwa 16,0 m Hubhöhe /31/. Bei extremer Niedrigwasserführung in der Elbe kann die Hubhöhe jedoch bis zu 18,7 m betragen.

Das Schiffshebewerk Rothensee wurde als Schwimmerhebewerk gebaut und 1938 in Betrieb genommen. Es besitzt zwei Schwimmer von 10,0 m Durchmesser und 36,0 m Höhe, die mit kalottenförmigen Zwischenböden in je-

weils drei Zellen unterteilt sind (Abb. 1.12.). Diese Unterteilung der
Schwimmer erfolgte aus statischen Gründen, aber auch, um bei Leckwer-
den eines Schwimmers dem Risiko einer übergroßen Gleichgewichtsstörung
vorzubeugen. Der Innendruck in den luftgefüllten Schwimmerzellen beträgt 3,9 bar in den beiden oberen, 5,3 bar in den mittleren und 6,7 bar
in den beiden unteren Zellen.

Die Schwimmer bewegen sich in 70,0 m tiefen, wassergefüllten Schwimmerschächten von 11,0 m Innendurchmesser. Der Gesamtauftrieb beider
Schwimmer beträgt 5400 t ($\sim$ 54000 kN). Er reicht aus, um das Gewicht
des wassergefüllten Troges (4000 t), einschließlich Trogbrücke, Trag-
gerüsten und Schwimmereigengewicht auszugleichen, so daß für die Trogbewegung von den Antriebsorganen nur Massenträgheit und Reibung zu
überwinden sind.

In Achsmitte jedes Schwimmers ist ein nach unten offenes, luftgefüll-
tes Ausgleichsrohr (Innendurchmesser = 1,15 m) angeordnet, um die
durch das Ein- und Austauchen der Traggerüste verursachten Auftriebs-
änderungen auszugleichen.

Die Trogabmessungen (L = 85 m, B = 12,0 und Regelwassertiefe = 2,50 m)
sind für die Aufnahme von Schiffen bis zu 1000 t Tragfähigkeit ausgelegt. Die Trogwanne liegt auf den Querträgern einer beidseitig aus-
kragenden Balkenbrücke (Trogbrücke), deren zwei Hauptträger über die
Querträger miteinander verbunden sind. An den Stirnseiten des Troges
befinden sich die Hubgerüste für die als Hubtore (mit Gegengewichten)
ausgebildeten Trogverschlüsse sowie die Antriebsorgane für die Trogverriegelung und Spaltdichtung (Abb. 1.12.).

Der Trog ist über zwei Traggerüste von 22,5 m Höhe mit den Schwimmern
verbunden, wobei der Lastabtrag über jeweils vier Stiele, versteift
durch vier waagerechte Rahmen, auf ein mit dem jeweiligen Schwimmer
verbundenes Trägerkreuz erfolgt /31/.

Neben jedem Schwimmerschacht sind jeweils zwei Gerüste angeordnet,
in denen sich die Führungsbahnen für die Parallelführung des Troges
befinden. Auf ihnen laufen die Führungsrollen, durch die gleichzeitig alle während des Transportvorganges längs und quer zur Trogachse
auftretenden Horizontalkräfte auf die Führungsgerüste übertragen werden.

Der Antrieb des Troges erfolgt über vier paarweise an den Troglängs-
seiten im Bereich der Führungsgerüste angeordnete Schraubenspindeln,
auf denen sich vier an den Troggerüstköpfen befestigte Antriebsmuttern drehen. Die mit einem viergängigen Flachgewinde versehenen
Stahlspindeln besitzen eine Länge von 27,30 m und einen Außendurchmesser von 420 mm. Die 1,95 m hohen Antriebsmuttern sind aus Stahl
gefertigt und mit einem Bronzeinnenfutter versehen.

Der Antrieb der Muttern erfolgt über acht Gleichstrommotoren von je
44 kW Leistung. Ihr Gleichlauf wird über eine Ringwellenleitung gewährleistet. Die Antriebsleistung der Motoren wird über Kegelrad-
und Stirnradgetriebe auf die vier Spindelmuttern übertragen.

Der Spindelantrieb ist beim Schiffshebewerk Rothensee selbstsperrend.
Bei Wasserstandsabweichungen von ± 0,07 m vom Soll-Wasserstand im
Trog - dies entspricht einer Gewichtsabweichung von ± 71,4 t ($\sim$714 kN) -
wird der Steuerstromkreis automatisch unterbrochen, so daß die Trogfahrt nicht eingeleitet werden kann bzw. unterbrochen wird.

Im Falle eines Stromausfalles und in Notsituationen (Leerlaufen des
Troges bzw. Vollaufen von zwei Schwimmerzellen) kann die Trogbewegung in jeder beliebigen Stellung zum sofortigen Stillstand gebracht
werden. Dabei setzen sich die Muttern auf die Spindelgewinde auf.
Die im Katastrophenfall frei werdenden lotrechten Kräfte werden über
die Spindeln auf die Führungsgerüste übertragen und von diesen in
die Fundamente abgeleitet. Um ein zu plötzliches Aufsetzen der Muttern auf den Spindeln in Notsituationen zu vermeiden, wird über eine Schwungscheibe in Verbindung mit einem Leonard-Umformer ein über
vier Sekunden dauernder Auslauf gewährleistet /19/.

Um ein Ausschleifen der Muttern durch Flugsandablagerungen in den
Spindeln zu vermeiden, wurden über und unter den Muttern Reinigungs-
vorrichtungen angeordnet, durch welche die Spindelgewinde von Schmutz-
und Sandablagerungen während des Bewegungsvorganges gesäubert werden,
bevor die Muttern über sie laufen.

Am Oberhaupt des Hebewerkes wird die Verbindung zwischen dem 600 m
langen oberen Vorhafen (Wasserspiegelbreite = 73 m) und dem Trog
durch eine etwa 18 m lange Kanalbrücke hergestellt (Abb. 1.12.). Die
obere Haltung des Kanals wird durch ein als Hubtor ausgebildetes Si-

cherheitstor (mit Stoßbalken) abgeschlossen, damit bei Schäden an der
Kanalbrücke oder dem oberen Haltungstor der Zufluß aus der Kanalhaltung sofort unterbrochen werden kann /31/. Das obere Haltungstor ist
ebenfalls als Hubtor ausgebildet. Trog- und Haltungstor werden über
Seilantriebe mit Gegengewichten gemeinsam angehoben bzw. abgesenkt.

Das Unterhaupt des Hebewerkes ist mit einem lotrecht verstellbaren,
zweiteiligen Schildschütz ausgestattet, durch das eine Anpassung an
die um bis zu 7,50 m wechselnden Unterwasserstände der Elbe ermöglicht wird. Das Schildschütz liegt an der Betonstirnfläche des Unter-
hauptes an. An seinem oberen Rand ist eine Öffnung von 2,50 m Tiefe
für die Durchfahrt der Schiffe eingeschnitten, die durch ein Hubtor
verschlossen wird. Bei wechselnden Elbewasserständen wird das Schildschütz höhenmäßig in Stufen von 1,14 m verfahren. Ein zusätzlich zwischen unterem Vorhafen und Schildschütz angeordnetes Stemmtor erleichtert das Verstellen des Schildschützes. Nach Schließen des Stemmtores
wird das zwischen beiden Toren vorhandene Wasser abgepumpt und damit
das Schildschütz vom Wasserdruck entlastet. Nach dem Verfahren des
Schildschützes wird das Wasser über Umlaufkanäle wieder zugegeben.

Wie am Oberhaupt wird das untere Haltungstor zusammen mit dem Trogtor
gehoben bzw. abgesenkt. Die Dichtung zwischen dem Trog und dem jeweiligen Haltungsanschluß erfolgt über einen am Trog angebrachten, U-förmigen Dichtungsrahmen. Nach Verriegelung des Troges mit dem Stirn-
schild der Haltung wird der auf Rollen bewegliche Spaltdichtungsrah-
men durch 14 Spindeltriebe an die Stirnfläche der Haltung gepreßt und
damit die Verbindung zwischen Trog und Haltung hergestellt (Abb. 2.40.).

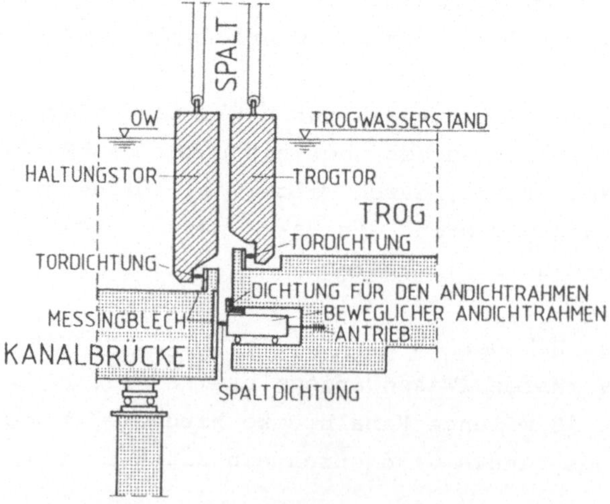

Abbildung 2.40. Prinzip der Spaltdichtung zwischen Haltung und Trog

Das Wasser zum Füllen des 0,12 m breiten Spaltes zwischen Trog- und
Haltungstor wird aus der jeweiligen Haltung entnommen und über Stich-
leitungen dem Spalt zugeführt. Nach erfolgtem Druckausgleich werden
beide Tore gemeinsam gehoben und in der oberen Stellung verriegelt.
Vor Beginn einer Berg- bzw. Talfahrt wird das Spaltwasser über die
Füllungen wieder abgeführt.

Zu Beginn eines Transportvorganges wird der Trog mit einer Beschleunigung von 0,01 m/s² auf seine normale Hub- bzw. Senkgeschwindigkeit
von 0,15 m/s gebracht. Etwa 0,8 m vor Erreichen des Haltungswasser-
spiegels wird die Verzögerung der Trogbewegung eingeleitet. Für den
reinen Transportvorgang werden demnach bei einer Hubhöhe von 18,7 m
etwa 2,4 min benötigt, d.h. die mittlere Hub- bzw. Senkgeschwindigkeit des Troges bei der Berg- oder Talfahrt beträgt etwa 7,8 m/min.

Das Hereinziehen von nicht selbstfahrenden Schiffen in den Trog erfolgt über Spillanlagen. Beim Verlassen des Troges werden die Schiffe mit Verholwinden auf die nötige Geschwindigkeit gebracht, um ohne
weiteren Antrieb bis in den jeweiligen Vorhafen zu gelangen /31/.
Die Gesamtzeit für eine Berg- oder Talfahrt, einschließlich des Ein-
und Ausfahrens der Schiffe, beträgt zwischen 15 und 20 min, je nach
Art der zu transportierenden Schiffe.

2.3.10 Das Schwimmerhebewerk Henrichenburg-Waltrop am Dortmund-Ems-Kanal

2.3.10.1 Vorarbeiten und Planung

Der Ausbau des westdeutschen Kanalnetzes (1914 Fertigstellung des
Rhein-Herne- und Datteln-Hamm-Kanals; 1931 Inbetriebnahme des Wesel-
Datteln-Kanals) wirkte sich in starkem Maße auch auf die Verkehrsbe-
lastung des 1899 in Betrieb genommenen Dortmund-Ems-Kanals aus, so
daß bereits 1939 mit dem Ausbau dieses Kanals für Schiffe größerer
Tragfähigkeit begonnen wurde. Diese Arbeiten wurden nach 1945 wieder
aufgenommen, wobei die Abmessungen des Europatyp-Schiffes (L_S = 80 m,
B_S = 9,5 m, T_S = 2,50 m) für den weiteren Ausbau des Kanals zugrunde
gelegt wurden (Abb. 2.41).

Mit der Vergrößerung der zulässigen Schiffsabmessungen reichten die
für das 1000 tdw-Regelschiff ausgelegten Trogabmessungen des im Jahre
1899 in Betrieb genommenen Schwimmerhebewerkes Henrichenburg (Abb. 2.39.)

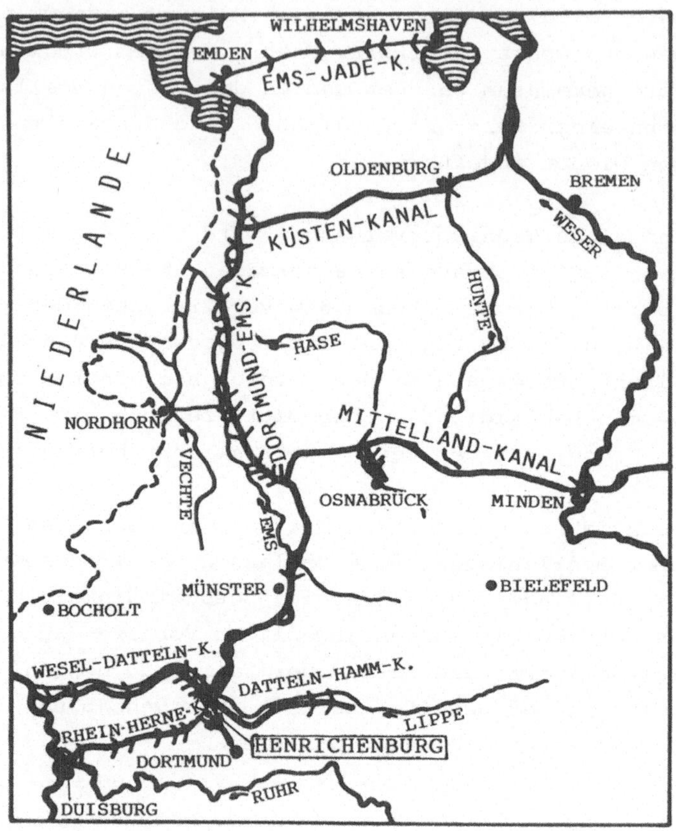

Abbildung 2.41. Westdeutsches Kanalnetz mit Anschluß des Dortmunder
                Hafens /42/

für den zukünftigen Verkehr nicht mehr aus. Da gleichzeitig auch die
parallel angeordnete Sparschleuse (Inbetriebnahme 1917) das inzwischen stark angestiegene Verkehrsaufkommen zwischen Dortmund-Ems-Kanal und Dortmunder Hafen nur etwa zur Hälfte bewältigen konnte, wurde der Bau eines neuen Abstiegsbauwerkes bei Henrichenburg-Waltrop
dringend erforderlich.

Nach eingehenden Voruntersuchungen über die konstruktiven und betrieblichen Vor- und Nachteile verschiedener Hebewerksarten wurden schließlich ein Schwimmerhebewerk mit zwei senkrechten Schwimmern und eine
Sparschleuse als Vergleichsentwürfe ausgeschrieben.

Die Entscheidung fiel zugunsten eines Schwimmerhebewerkes mit zwei
Schwimmern aus, das sich trotz höherer Baukosten unter Berücksichti-

gung der örtlich vorgegebenen Verhältnisse und im Hinblick auf seine
Leistungsfähigkeit und laufenden Betriebskosten gegenüber einer Sparschleuse als überlegen erwies /39/.

Das neue Hebewerk wurde nördlich neben den beiden bestehenden Abstiegsbauwerken angeordnet (Abb. 2.42.). Mit seinem Bau wurde im Dezember
1958 begonnen und die Anlage im August 1962 dem Verkehr übergeben.

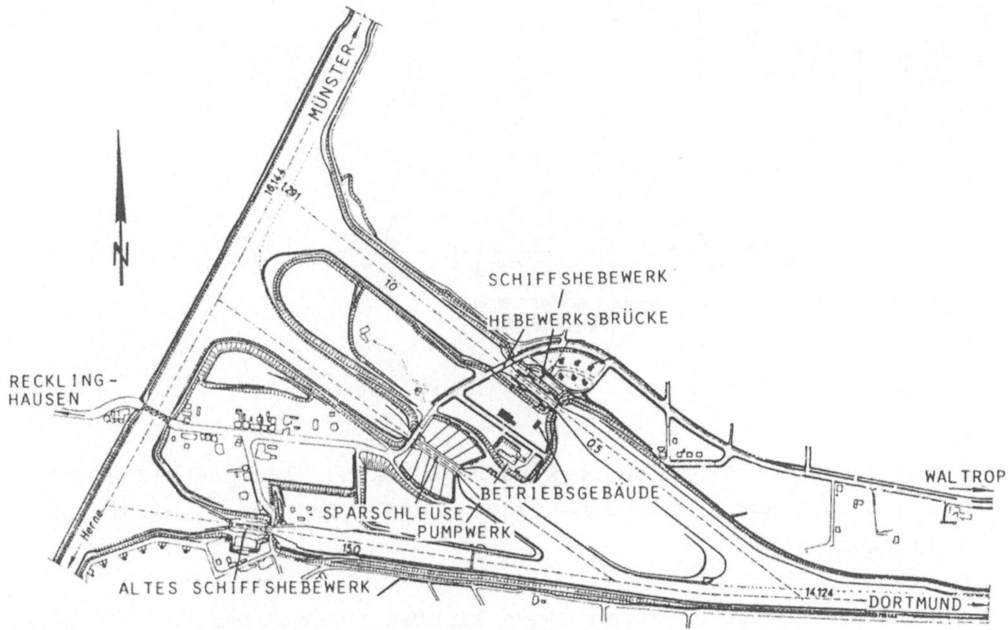

Abbildung 2.42. Lage der Abstiegsbauwerke am Dortmund-Ems-Kanal bei
Henrichenburg-Waltrop /39/

2.3.10.2 Konstruktive Ausbildung des Hebewerkes

Das Schiffshebewerk Henrichenburg wurde als Einzelhebewerk gebaut. Es
überwindet bei normalen Wasserständen in der oberen und unteren Haltung eine Hubhöhe von 13,75 m, in Extremfällen bis zu 14,50 m. Es besitzt zwei Schwimmer von 10,00 m Durchmesser und 35,28 m Höhe, die
jeweils in zwei Zellen unterteilt sind (Abb. 2.44.). Beide Schwimmerzellen sind zum Ausgleich des Wasserdruckes von außen mit Druckluft
gefüllt, wobei der Innendruck in der oberen Zelle jedes Schwimmers
4,0 bar und in der unteren Zelle 5,0 bar beträgt. Die Blechstärke der
Schwimmerwandungen ist mit 15 bis 22 mm Stärke so bemessen, daß sie
im Notfall den größten äußeren Wasserdruck (Schwimmer in unterster

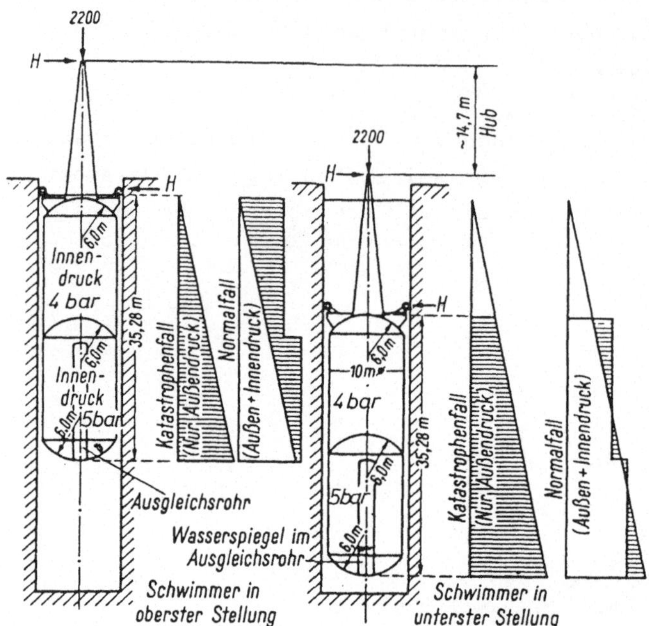

Abbildung 2.43. Belastungen der Schwimmerwandungen /42/

Stellung) ohne inneren Gegendruck aufnehmen kann /38/. Abbildung 2.43.
zeigt die Belastung der Schwimmerwandungen für den normalen Betrieb
und Katastrophenfall.

Die Schwimmerschächte besitzen einen lichten Durchmesser von 11,32 m
und eine Tiefe von etwa 52,50 m (Abb. 2.44.). Ihre Wandungen bestehen aus einem äußeren Mauerwerksring von 0,54 m Stärke und einem inneren Stahlbetonzylinder von 0,45 m Wandstärke. Zwischen beiden Aus-
kleidungen wurde eine mit Zement verpreßte Kiesschicht von 0,25 m
Dicke angeordnet (Abb. 2.45.). Der Innenzylinder aus Stahlbeton wurde dabei so bemessen, daß er das 1,3-fache des wirksamen Wasserdruk-
kes allein aufnehmen kann /41/.

Der Trog besitzt eine Gesamtlänge von 93,0 m bei einer nutzbaren Länge von 90,0 m und einer nutzbaren Breite von 12,0 m. Die Regelwassertiefe beträgt 3,0 m ± 0,1 m (Abb. 2.46.). Die Stirnseiten des Troges
werden durch Segmenttore, die mit Schwimmkästen zum Gewichtsausgleich
versehen sind, abgeschlossen.

Das Haupttragsystem des Troges stellt einen Balken auf zwei Stützen
dar (Stützweite = 53,0 m), wobei die beiderseitigen Kragarme eine

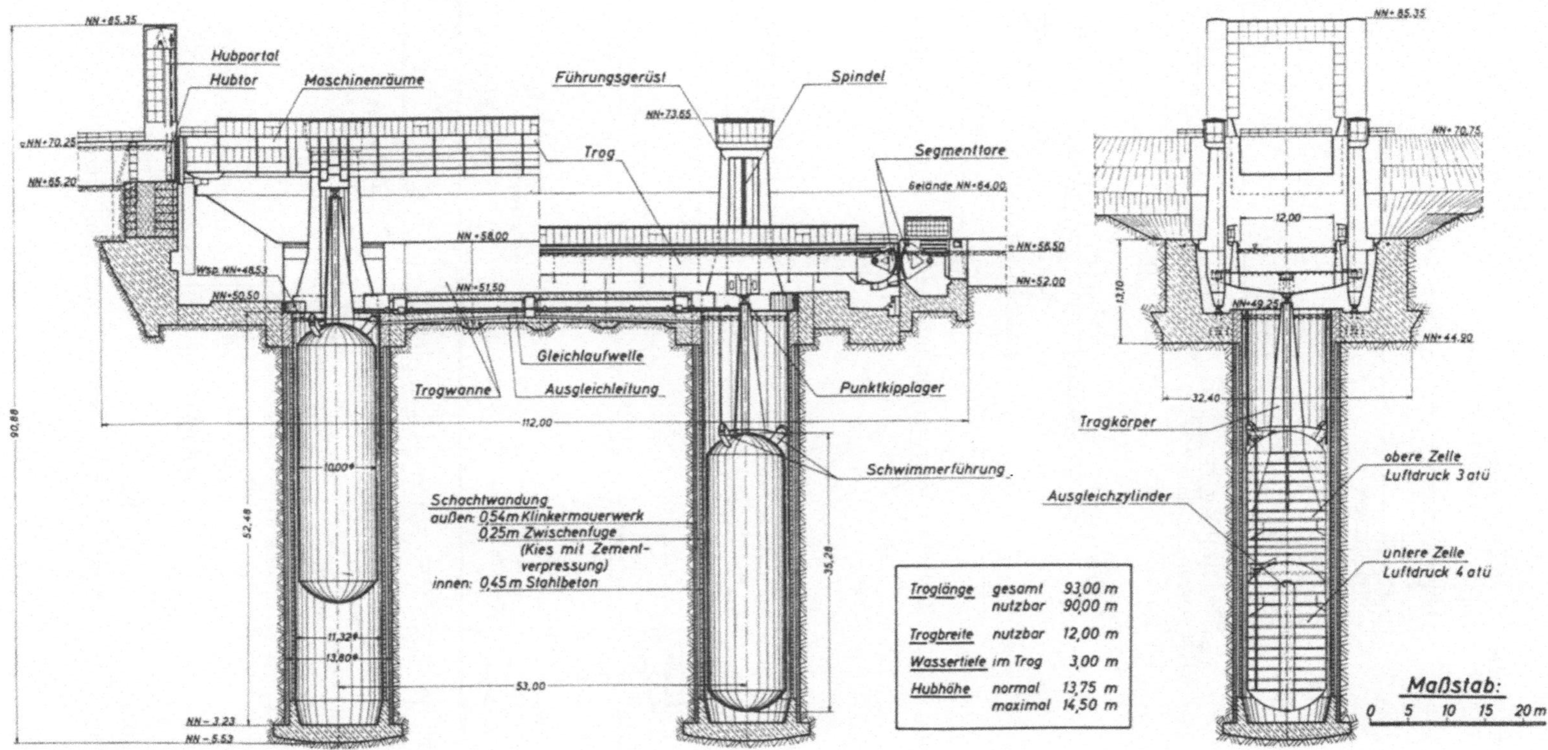

Abbildung 2.44. Schiffshebewerk Henrichenburg-Waltrop /39/

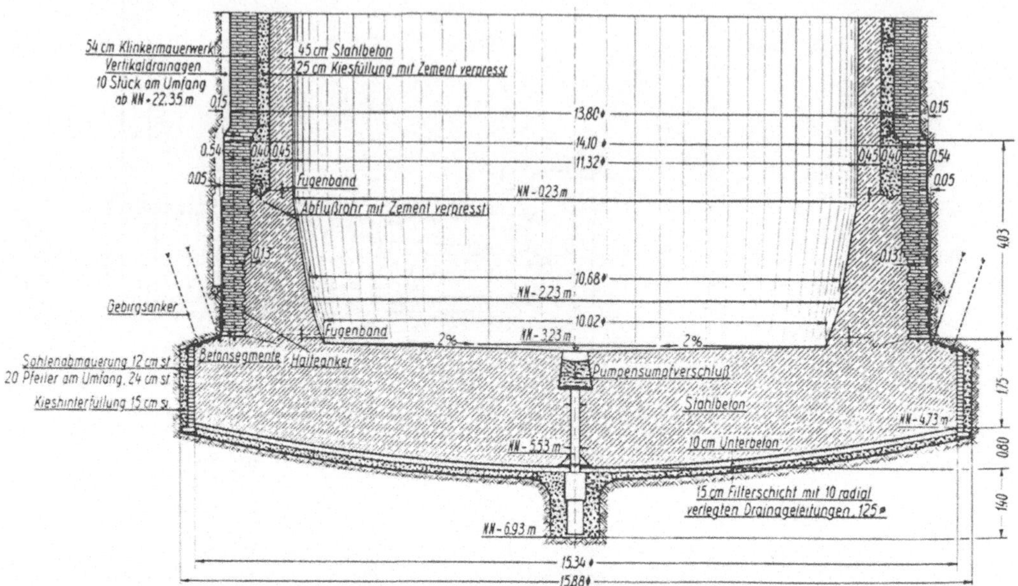

Abbildung 2.45. Schnitt durch den unteren Teil eines Schwimmerschachtes / 41 /

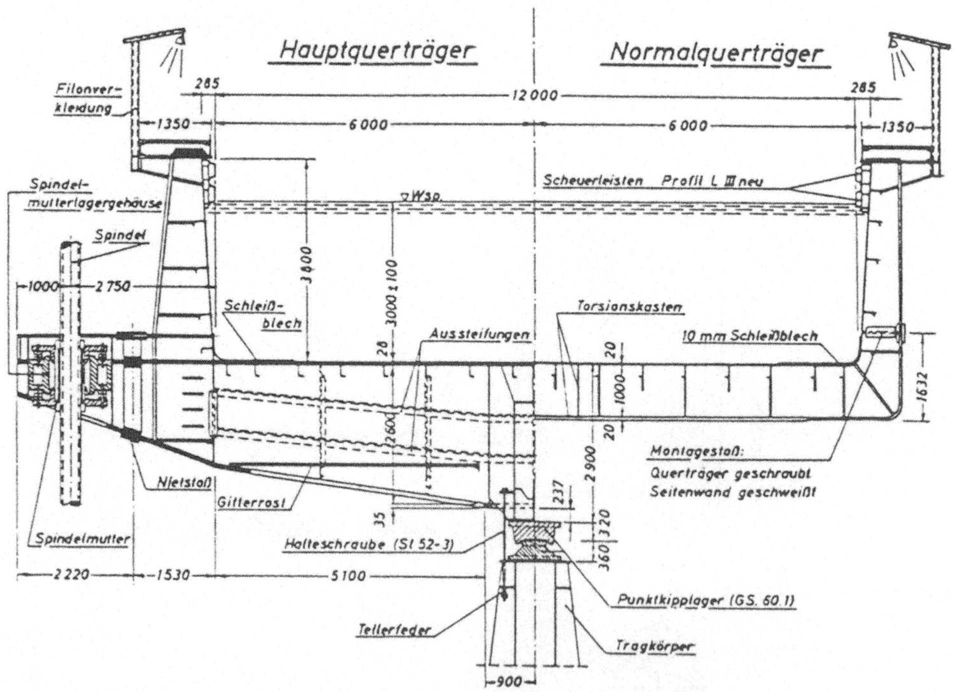

Abbildung 2.46. Ausbildung des Trogquerschnittes /41/

Länge von je 20,0 m besitzen. Die beiden Hauptlängsträger bilden gleichzeitig die Trogseitenwände. Als Untergurt der Hauptträger wird ein
Teil des Trogbodens in Anspruch genommen, der wie auch die Trogseitenwände in Abständen von 4,0 m durch Längssteifen und Querrahmen ausge-
steift ist /41/.

In der Achse der Schwimmer sind die beiden Hauptquerträger angeordnet,
in deren Mitte sich jeweils ein Troglager befindet, mit dem sich der
Trog auf die Traggerüste abstützt (Abb. 2.46.).

Das Gewicht des mit Wasser gefüllten Troges beträgt 4400 t ($\sim$ 44000 kN),
das Wassergewicht etwa 3500 t ($\sim$ 35000 kN), und das Gesamtgewicht aller
bewegten Teile entspricht mit etwa 5000 t ($\sim$ 50000 kN) dem Gesamtauftrieb beider Schwimmer, so daß für die Bewegung des Troges nur vier
Antriebsmotoren von je 105 kW Leistung erforderlich sind.

Der bei der Abwärtsbewegung der Schwimmer durch das Eintauchen der
Traggerüste auftretende zusätzliche Auftrieb wird bei jedem der beiden Schwimmer durch die Kompression von Luft in einem Ausgleichszylin-
der (Abb. 2.43.) von 1,88 m Durchmesser (Länge = 16,0 m) ausgeglichen.

Die Troglast wird über Traggerüste auf die Schwimmer übertragen. Die
Traggerüste bestehen aus jeweils einem geschweißten Rohr von 0,78 m
Durchmesser (Wandstärke = 20 mm), an das seitlich dreiecksförmige Aus-
steifungen angeschweißt sind /38/. Am oberen Ende jedes Traggerüstes
befindet sich das Troglager (Abb. 2.46.).

2.3.10.3 Antrieb und Sicherung des Troges

Zu beiden Seiten des Troges sind in der Achse der Hauptquerträger je
zwei Führungsgerüste angeordnet, in deren Kopfteil sich die Maschi-
nenräume für die Antriebsmotoren befinden (Abb. 2.47.).

In den seitlichen Führungsgerüsten sind die vier senkrechten Antriebs-
spindeln (Außendurchmesser = 372 mm) für die Trogbewegung untergebracht. Die aus Stahl CK 45 mit 5 % Nickelzusatz gefertigten Spindeln
besitzen eine Länge von etwa 20,0 m. Sie sind in den oberen und unteren Querriegeln der Führungsgerüste auf axialen Pendelrollenlagern so
gelagert, daß sie nur Zugkräfte aufnehmen können (Abb. 2.47. und
2.48.).

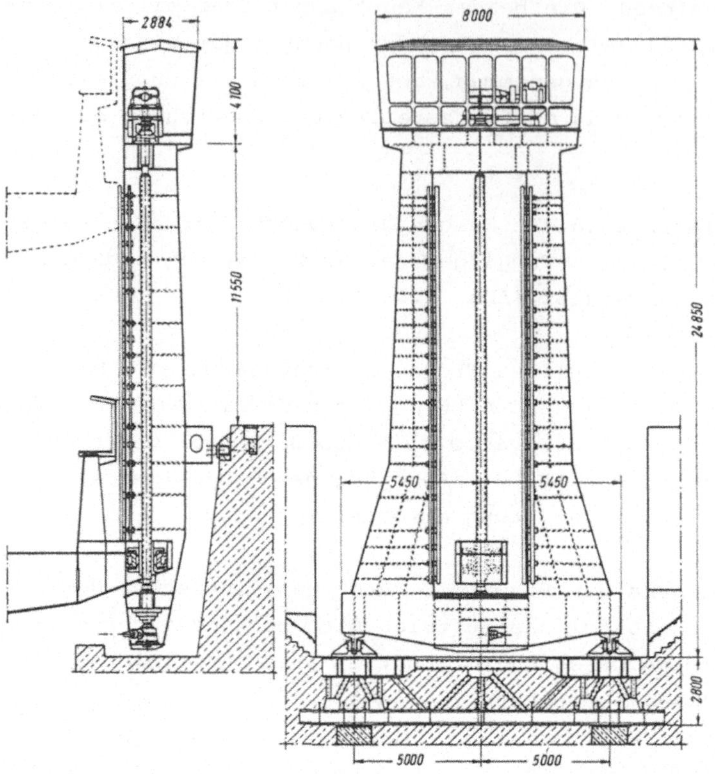

Abbildung 2.47. Führungsgerüste des Schiffshebewerkes Henrichenburg-
Waltrop /42/   (Maße in mm)

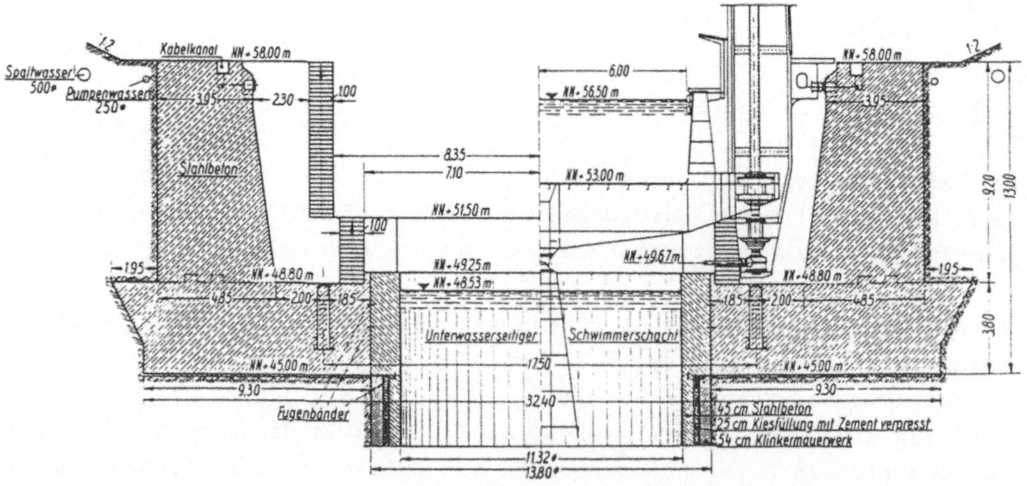

Abbildung 2.48. Schnitt durch die Trogwanne im Bereich der Führungsgerüste /41/

Auf den Spindeln laufen die mit den beiden Hauptquerträgern des Troges verbundenen Spindelmuttern mit einem Innenfutter (Höhe = 830 mm)
aus Gußzinnbronze (Abb. 2.49.).

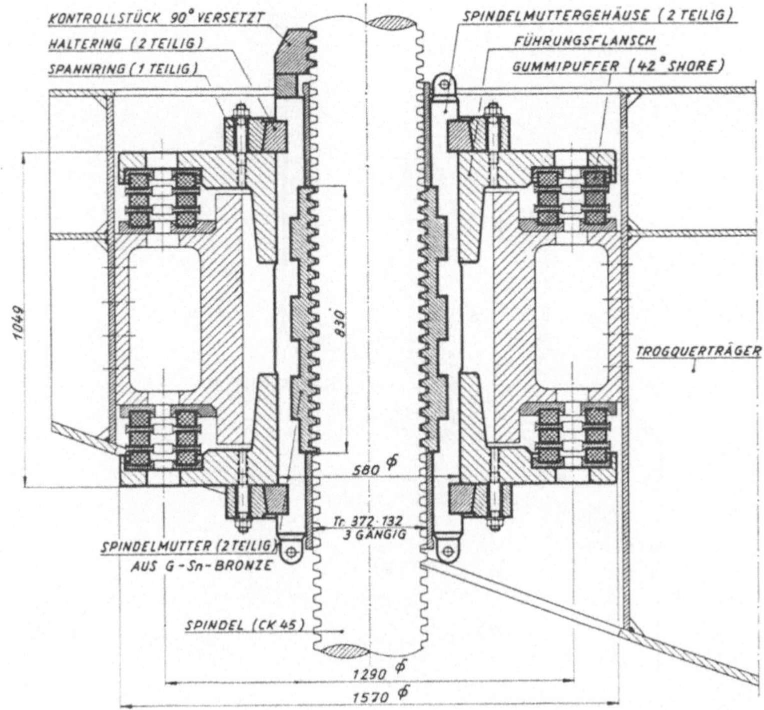

Abbildung 2.49. Schnitt durch eine Spindelmutter /42/ (Maße in mm)

Auf die Spindelmuttern wirken vertikale und horizontale Kräfte sowie
Drehmomente aus Reibung zwischen Spindel und Mutter. Der Lagermutterträger ist aus Stahlguß hergestellt. In ihm ist das Bronzefutter ein-
gebettet. Der Lagermutterträger ist von Führungsflanschen umgeben,
die über Gummipuffer mit der Stahlkonstruktion der Hauptträgerenden
des Troges verbunden sind /42/.

Der Gleichlauf der Spindeln wird über eine die vier Spindeln verbindende Gleichlaufwelle und ein Kegelradgetriebe erreicht. Abbildung
2.50. zeigt das Prinzip des Trogantriebes.

Die Trogantriebe sind so bemessen, daß sie Gewichtsabweichungen vom
Trogsollgewicht infolge von Wasserspiegelschwankungen bis zu ±0,10m
(= ± 110 t ∿ ± 1100 kN) ausgleichen können. Betragen die Abweichun-
gen vom Sollwasserstand im Trog mehr als 0,10 m, so erfolgt der Ausgleich über Pumpen, die in den Haltungstoren untergebracht sind.

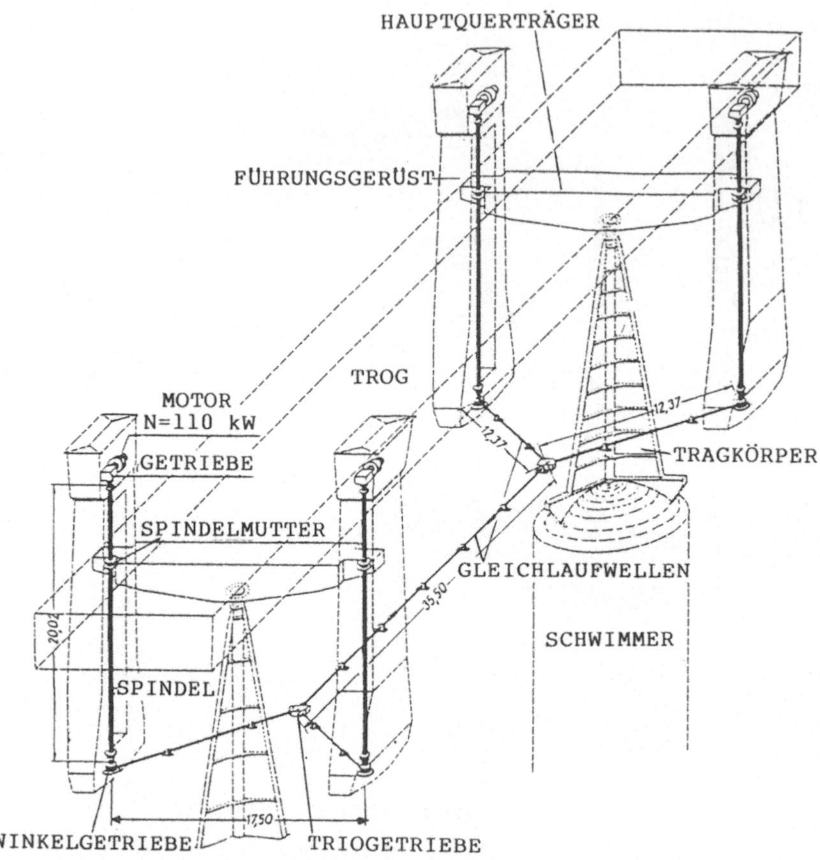

Abbildung 2.50. Prinzip des Trogantriebes /41/

Die Drehzahl der Spindeln im normalen Betrieb beträgt 68 Umdrehungen/
min, wobei jede Spindel eine Vertikalkraft von bis zu 39 t ($\sim$ 390 kN)
aufnimmt.

In *Katastrophenfällen* (Leerlaufen des Troges oder Auftriebsverlust
der Schwimmer) können die auf jede Spindel wirkenden Vertikalkräfte
jedoch bis zu 1260 t ($\sim$ 12600 kN) erreichen /41/. Diese Kräfte werden
von den Spindeln in die seitlichen Führungsgerüste übertragen und von
diesen in die Fundamente abgeführt (Abb. 2.47.). Diese sind so bemessen, daß sie durch ihr Eigengewicht die beim Leerlaufen des Troges
auftretenden Auftriebskräfte der Schwimmer voll aufnehmen können.

In den vorgenannten Katastrophenfällen und bei Stromausfall treten
automatisch mechanische Doppelbackenbremsen in Aktion, durch die die

Drehbewegung der Spindeln innerhalb von 10 s zum Stillstand gebracht
wird. Die Trogbewegung wird damit unterbrochen, wobei der Bremsweg
des Troges 0,375 m beträgt.

2.3.10.4 Führung des Troges während des Transportvorganges

Bei der Trogfahrt wird der Trog in Längs- und Querrichtung durch Führungsrollen, die am Troghauptquerträger befestigt sind und auf Laufschienen in den seitlichen Führungsgerüsten laufen, geführt. Die Führungsrollen haben einen Durchmesser von 400 mm und laufen in Pendelrollenlagern.

Die Längsführung des Troges wird von gefederten Laufrollen übernommen,
die am oberwasserseitigen Trogquerträger angeordnet sind (Abb. 2.51.).
Dadurch wird dem Trog die Möglichkeit gegeben, sich infolge von Tem-
peraturschwankungen in Längsrichtung frei auszudehnen.

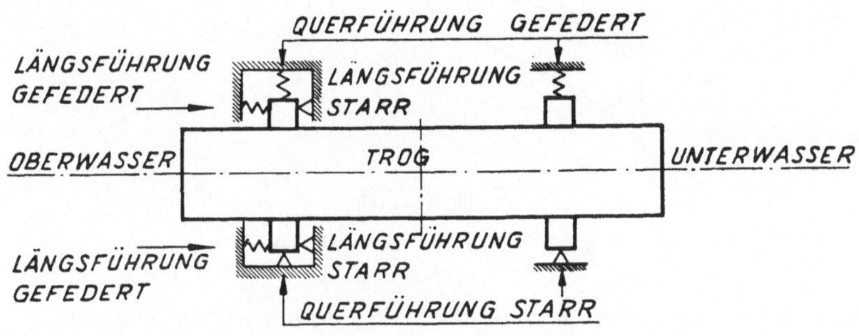

Abbildung 2.51. Prinzip der Trogführung /42/

In Querrichtung wird der Trog mit je vier fest gelagerten und gegen-
überliegend mit vier gefederten Laufrollen geführt (Abb. 2.51.).

Die Federung der Laufrollen in Längs- und Querrichtung ist auf 5 mm
begrenzt. Damit wird eine sehr genaue Trogführung erreicht, die zur
Entlastung der Spindeln notwendig ist.

2.3.10.5 Konstruktive Ausbildung der Trog- und Haltungstore

Der Trog sollte aus architektonischen Gründen möglichst keine Aufbauten erhalten. Aus diesem Grunde wurden als *Trogtore* Segmenttore gewählt. Diese wurden als Zugsegmente ausgebildet, die sich beim Öffnen

um eine horizontale Achse abwärts drehen und sich in der Endstellung
in Aussparungen im Trogboden legen. Bei vollständig geöffnetem Tor
schließt die Rückseite des Torkörpers bündig mit dem Trogboden ab /42/.
Zu Reparaturzwecken kann das Tor nach oben gedreht werden, so daß der
Torkörper aus dem Wasser herauskommt.

Im unteren Teil jedes Trogtores ist ein Schwimmkasten angeordnet, dessen Auftrieb das Torgewicht ausgleicht. Das Trogtor ist mit den beiderseits in den Trogwänden befindlichen Segmentarmen biege- und tor-
sionssteif verbunden (Abb. 2.52.). Die Lagerung der Torachse, die ihrerseits mit den Segmentarmen fest verbunden ist, erfolgt in Rosetten
an den Trogwänden.

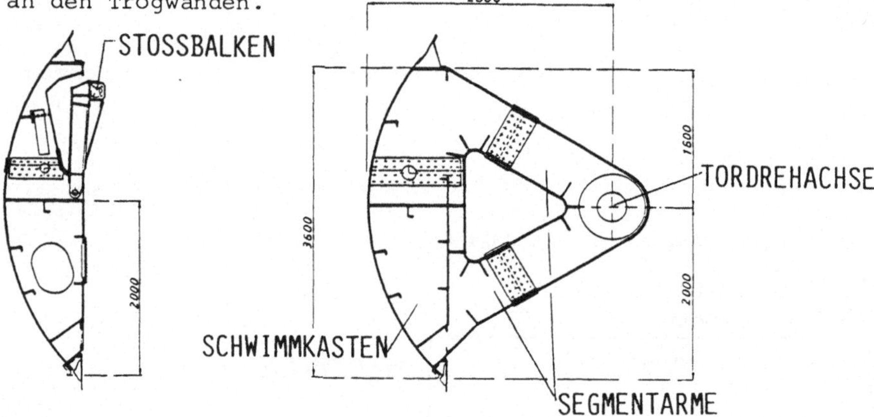

Abbildung 2.52. Bauweise eines Trogtores /42/ (Maße in mm)

Im oberen Teil jedes Trogtores ist zum Schutz gegen Schiffsstöße ein
Stoßbalken angeordnet, der sich über Pufferfedern auf der Torkonstruk-
tion abstützt. Der Stoßbalken liegt in der Schließstellung des Tores
um 0,25 m vor der Rückwand des Trogtores (Abb. 2.52.), wird aber beim
Toröffnen in das Torinnere automatisch eingezogen.

Der Antrieb der Trogtore erfolgt über beidseitig angeordnete Trieb-
stockritzel und Elektromotoren mit je 13 kW Antriebsleistung.

In der *unteren Kanalhaltung* wurde aus architektonischen Gründen (keine
hohen Aufbauten) als Haltungstor ein auf Zug beanspruchtes *Segmenttor*
gewählt. Das Tor wird zur Freigabe der Durchfahrt in eine in der Ka-
nalsohle vorgesehene Betonwanne nach unten gedreht, so daß die Schiffe über das geöffnete Tor hinwegfahren können (Abb. 2.53.).

Das Tor besitzt eine kreiszylinderförmige, gewölbte Stauwand (Ra-
dius = 3,60 m), die durch Querriegel im Abstand von 2,20 m ausge-

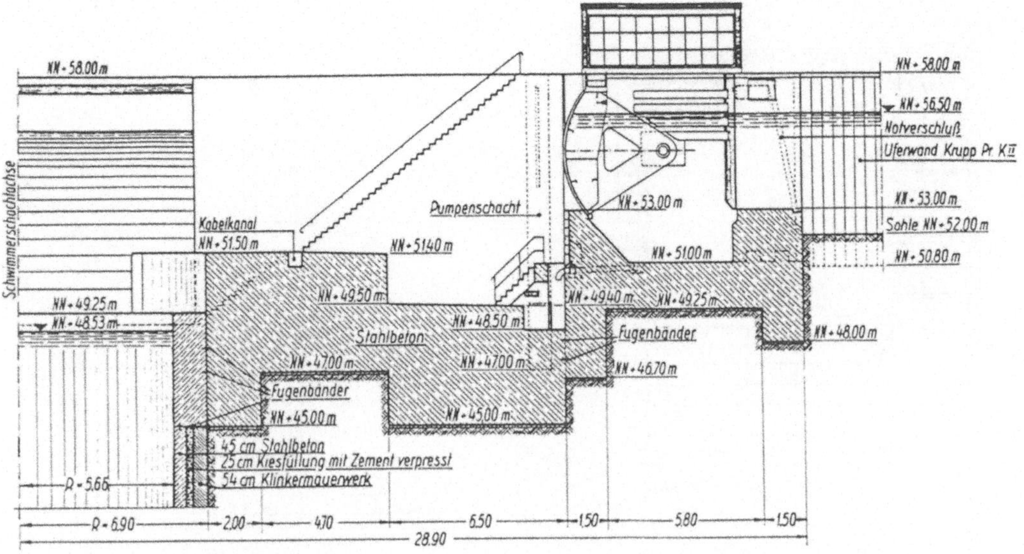

Abbildung 2.53. Schnitt durch das unterwasserseitige Trogwannenende
und den unteren Haltungsabschluß /41/

steift ist. Die untere Torhälfte ist zum Gewichtsausgleich als Schwimmkasten ausgebildet.

Der Antrieb des Haltungstores erfolgt einseitig über ein Triebstock-
segment, das mit der Antriebswelle fest verbunden ist und von einem
Drehstrommotor mit 34 kW Leistung angetrieben wird.

Die Unterwasserseite des Trogtores ist gegen Schiffsstoß durch einen
Stoßbalken gesichert, dessen Federn sich auf den Querschotten des Tores abstützen. Der maximale Federweg des Stoßbalkens beträgt 200 mm.
Für die Bemessung wurde ein Schiffsstoß von 3,4 t/m ($\sim$ 34 kN/m) zugrunde gelegt /42/.

Für die Wahl des *oberen Haltungsabschlusses* war maßgebend, daß sich
die Dortmunder Haltung im Bergsenkungsgebiet befindet und deshalb im
Laufe der Jahre mit einer Absenkung des Haltungswasserstandes zu rechnen ist. Diesen Wasserspiegelabsenkungen und den damit verbundenen
baulichen Änderungen am oberen Haltungsabschluß paßt sich ein *Hubtor*
am besten an. Es wurde deshalb ein solches als Absperrorgan für die
Haltung gewählt.

Das 5,0 m hohe Hubtor (lichte Weite = 12,1 m) wird in einem 14,7 m hohen Hubportal bewegt. Der Gewichtsausgleich erfolgt über Gegengewichte (Abb. 2.54.).

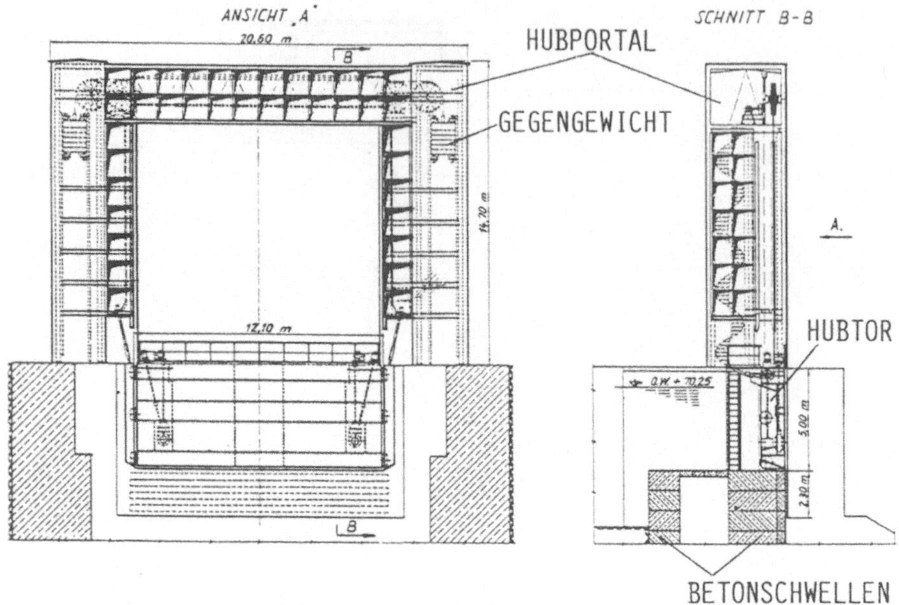

Abbildung 2.54. Ausbildung des oberen Haltungsabschlusses /42/

Der 7,0 m hohe Drempel des Oberhauptes ·besteht aus zwei Stapeln von
1,0 m starken Stahlbetonschwellen, die bei den erwarteten Wasserspiegelabsenkungen in der oberen Haltung nacheinander ausgebaut werden
können. Der Zwischenraum zwischen den beiden Stapeln ist mit Ton ver-
füllt und oben abgepflastert /41/.

Der Antrieb des Hubtores erfolgt über zwei seitlich angeordnete Gelenkzahnstangen und einen Drehstrommotor von 30 kW Leistung.

Zum Schutz gegen Schiffsstoß ist über dem Haltungswasserspiegel ein
Stoßbalken am Haltungstor angeordnet, der sich über sechs Federpakete
auf dem oberen Torriegel abstützt /42/. Die Dichtung zwischen dem
Trog und dem jeweiligen Haltungsanschlag wird über U-förmige Spalt-
dichtungsrahmen, die an den Trogenden angeordnet sind, erreicht. Die
Rahmen werden dabei durch jeweils acht hydraulische Zylinder gegen
die Dichtungsschürze der Haltung gepreßt.

2.3.10.6 Betriebsablauf während eines Transportvorganges

Bei der Bergfahrt wird das zu schleusende Schiff zunächst mit Hilfe
eines Verholspills (Zugkraft = 30 kN) aus dem unteren Vorhafen in den
Trog gezogen (maximale Verholgeschwindigkeit = 1,0 m/s) und in seinem

Inneren an Treidelwinden (Zugkraft = 30 kN) übergeben. Nach Festlegen des Schiffes an den seitlich am Trog angeordneten Pollern (Bemessung auf 200 kN Zugkraft) erfolgt das Schließen des Trog- und Haltungstores.

Nach Zurückziehen des den Trog mit dem Haltungsanschlag verbindenden Spaltdichtungsrahmens wird das Spaltwasser über eine Auffanggrube in die untere Kanalhaltung abgeführt.

Nach erfolgter Bergfahrt des Troges und Ausspiegelung der Wasserstände zwischen Trog und Haltung wird der Dichtungsrahmen auf der oberwasserseitigen Trogseite ausgefahren und gegen den oberen Haltungsabschluß gepreßt. Daraufhin wird der Spalt zwischen Trog- und Haltungstor durch Anheben des Haltungstores gefüllt. Nach erfolgtem Wasserspiegelausgleich werden beide Tore geöffnet, und das Schiff verläßt mit eigenem Antrieb oder mit Hilfe der Treidelwinde den Trog.

Vor Beginn der *Talfahrt* wird das Spaltwasser über im Trog befindliche Ablaufkanäle in die in den seitlichen Flügelmauern des oberen Haltungsabschlusses angeordneten Fallschächte abgeführt und von hier in das Unterwasser abgegeben.

Die Steuerung der Trogbewegungen und der Haltungstore erfolgt über Steuerstände, die an den Trogenden untergebracht sind.

Die normale Hub- und Senkgeschwindigkeit des Troges beträgt 0,15 m/s. Für die Anfahrbeschleunigung und Bremsverzögerung ($\pm$ 0,01 m/s^2) werden je 15 s benötigt, d.h. der Beschleunigungs- und Bremsweg beträgt jeweils 1,125 m.

Mit diesen Werten ergibt sich eine mittlere Hub- und Senkgeschwindigkeit des Troges von 7,75 m/min. Die erforderliche Zeit für eine Berg- oder Talfahrt beträgt etwa 1,8 min.

Die erforderliche Zeit für eine Berg- und Talschleusung, einschließlich der Zeit für die Ein- und Ausfahrt der Schiffe, beträgt etwa 34 min /41/. Damit besitzt das Schiffshebewerk bei zweischichtigem Betrieb an 313 Tagen im Jahr eine theoretische Leistungsfähigkeit von etwa 15,1 Millionen Tragfähigkeitstonnen. Sie reicht aus, um das normale Verkehrsaufkommen zu bewältigen, so daß nur noch beim Auftreten von Verkehrsspitzen die vorhandene Schachtschleuse (Abb. 2.42.) mit herangezogen werden muß /39/. Abbildung 2.55. zeigt das 1962 dem Verkehr übergebene Schiffshebewerk Henrichenburg-Waltrop im Betrieb.

Abbildung 2.55. Schiffshebewerk Henrichenburg-Waltrop am Dortmund-Ems-Kanal

2.3.10.7 Anordnung der Vorhäfen

Der untere Vorhafen des Schiffshebewerkes Henrichenburg-Waltrop besitzt in seiner Achse eine Länge von 550 m, der obere Vorhafen eine solche von 650 m. Beide Vorhäfen sind vierschiffig ausgebildet mit einer nutzbaren Breite von 48,0 m und einer Mindestwassertiefe von 3,5 m /41/.

Der obere Vorhafen ist mit einfach verankerten Spundwänden eingefaßt, die so bemessen sind, daß eine Sohlenvertiefung und Absenkung des Wasserspiegels um bis zu 1,55 m ohne zusätzliche Maßnahmen an den Spundwänden möglich ist.

Der untere Vorhafen ist in Böschungsbauweise ausgeführt, wobei die 1:1,5 geneigten Böschungen im Bereich des Wasserspiegels (-1,5 m bis +0,5 m) mit Betonsteinpflaster gesichert sind.

Der Übergang beider Vorhäfen zum Haltungsabschluß wird durch Leitwerke hergestellt, die im Verhältnis 1:4 zur jeweiligen Vorhafenachse verlaufen /41/.

2.4 Druckwasser-Hebewerke

2.4.1 Allgemeines

Druckwasser-Hebewerke, auch *Preßkolben-Hebewerke* genannt, gehören zu den älteren Hebewerksarten, von denen in den Jahren zwischen 1875 und 1917 insgesamt acht Anlagen in England, Frankreich, Kanada und Belgien gebaut wurden (Tab. 1.2.).

Druckwasser-Hebewerke sind stets *Zwillingshebewerke*, deren Tröge sich im gegenläufigen Takt zueinander auf- und abwärts bewegen. Das Zwillingshebewerk verwendet das Prinzip der *hydrostatischen Waage*. Jeder der beiden Tröge überträgt sein Eigengewicht auf einen Druckkolben, der sich in einer zylindrischen, wassergefüllten, senkrechten Presse bewegt. Die Preßzylinder sind dabei nach oben und gegen den Druckkolben durch Stopfbuchsen wasserdicht verschlossen und miteinander über eine Druckleitung mit Steuerventil verbunden. In den Pressen ist ein Innendruck von 40 bis 50 bar vorhanden (s. Tab. 2.3.).

Bei geöffnetem Steuerventil und gleichem Troggewicht herrscht Gleichgewicht, und beide Tröge stellen sich auf halber Hubhöhe ein. Sobald jedoch das Gewicht des einen Troges das des anderen übersteigt, wird sich der schwerere Trog nach unten in Bewegung setzen. Dabei wird das durch seinen Kolben verdrängte Wasser über die beide Pressen verbindende Rohrleitung in den zweiten Zylinder gedrückt und damit dessen Kolben nach oben bewegt.

Beim Transportvorgang des Hebewerkes wird das Ungleichgewicht zwischen beiden Trögen durch die Übernahme von *Ballastwasser* in den oberen Trog erreicht. Beim Öffnen des Steuerventiles setzt sich der obere Trog nach unten in Bewegung, wobei gleichzeitig der untere Trog angehoben wird (Abb. 2.56.).

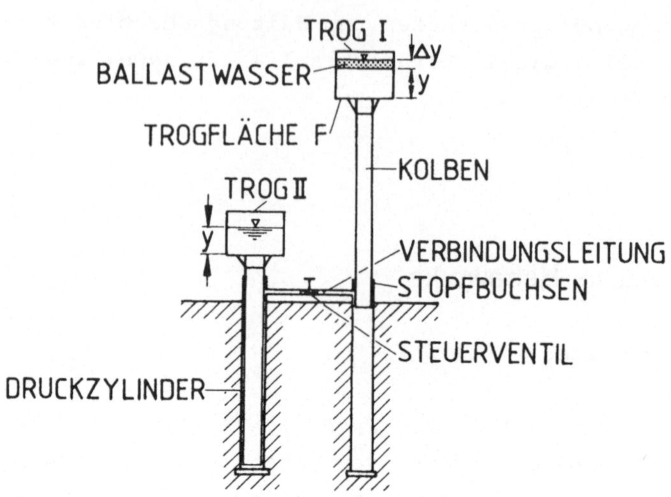

Abbildung 2.56. Prinzip der Trogbewegung

Durch das Gewicht des Ballastwassers müssen beim Transportvorgang der
Auftriebsunterschied der Druckkolben und die verschiedenen Reibungswiderstände (Stopfbuchsen- und Rohrleitung) überwunden werden.

Nach Beendigung des Bewegungsvorganges wird das von Trog I (Abb. 2.56.)
übernommene Ballastwasser (Schichtdicke Δy) in die untere Haltung abgegeben und der Vorgang wiederholt sich (Übernahme von Ballastwasser
in Trog II usw.). Der Wasserverbrauch beträgt demnach $(F \cdot \Delta y)$ bei jedem Transportvorgang (Abb. 2.56.).

In *Katastrophenfällen* (Leerlaufen des Troges) kann durch das Schließen des Steuerventils die Bewegung der beiden Tröge zum sofortigen
Stillstand gebracht werden.

Während des Bewegungsvorganges ist eine *gesicherte Führung* der beiden
Tröge an seitlich neben den Druckkolben angeordneten Führungsgerüsten
unbedingt erforderlich. Darüber hinaus können die Tröge an der lotrechten Stirnfläche am Übergang zur oberen Haltung zusätzlich geführt
werden (s. Abb. 1.8.).

Um Klemmungen und Biegebeanspruchungen der Druckkolben weitgehend zu
vermeiden und Temperaturausdehnungen der Trogkonstruktion zu ermöglichen, wird bei den Druckwasser-Hebewerken im allgemeinen nur *ein* biegesteif mit dem Trog verbundener Druckkolben verwendet (Bauart CLARK).
Der Nachteil dieser Anordnung liegt allerdings darin, daß es in Kata-

strophenfällen bei Leerlaufen des Troges und unsymmetrischem Aufsetzen eines Schiffes im Trog zu Biegebeanspruchungen des Druckkolbens kommen kann. Darüber hinaus kommt dieses System wegen der Konzentration der Troglast auf nur einen Kolben aus konstruktiven und statischen Gründen nur für *kleinere Troglängen* in Betracht.

Andere untersuchte Lösungen mit mehreren Druckkolben je Trog zeigten jedoch gegenüber der Lösung mit nur einem biegesteif an den Trog angeschlossenen Kolben in konstruktiver und betrieblicher Hinsicht wesentliche Nachteile, so daß alle acht bisher erstellten Druckwasser-Hebewerke nach dem System CLARK gebaut wurden (Abb. 2.57.a).

Bei Ausbildung des Hebewerkes mit einem oder mehreren *gelenkig* angeschlossenen Kolben (Abb. 2.57. b und c) ist eine sehr viel stärkere Führung des Troges erforderlich / 9 /. Bei Anordnung von mehreren Druckzylindern muß dabei die Druckwasserzufuhr über eine gemeinsame Druckleitung geregelt werden, um eine gleichmäßige Lastverteilung auf die Kolben zu erreichen.

Die Verwendung von mehreren gegenseitigen Druckkolben (Abb. 2.57.d) wurde in verschiedenen Entwürfen vorgeschlagen /9, 17, 46/, jedoch wegen großer Nachteile in der Trogführung und Betriebssicherheit wieder verworfen /1/.

Schließlich wurden noch Lösungen mit Zugkolben (Abb. 2.57.e) und seitlich neben dem Trog angeordneten Druckkolben (Abb. 2.57.f) untersucht, die aber nie zur Ausführung gelangten / 9, 47/.

Zusammenfassend kann festgestellt werden, daß die Vorteile der vorgenannten Alternativlösungen (geringere Betriebsdrücke in den Zylindern, mehrfache Stützung des Troges) einer schwierigeren Trogführung und einer komplizierteren Druckregelung zwischen den Zylindern gegenüberstehen. Aus diesem Grunde, aber auch aus Gründen der Betriebssicherheit, kam bis zum heutigen Tage keine der möglichen Alternativlösungen zur Ausführung.

Das Prinzip des Druckwasser-Hebewerkes nach der von CLARK vorgeschlagenen Bauart ist zunächst bestechend, weil es in der Handhabung übersichtlich und einfach ist und außer dem Ballastwasser *keine zusätzliche Energiequelle* für den Trogantrieb erforderlich macht. In Katastrophenfällen können darüber hinaus die Trogbewegungen durch das Schließen des Steuerventils zum sofortigen Stillstand gebracht werden.

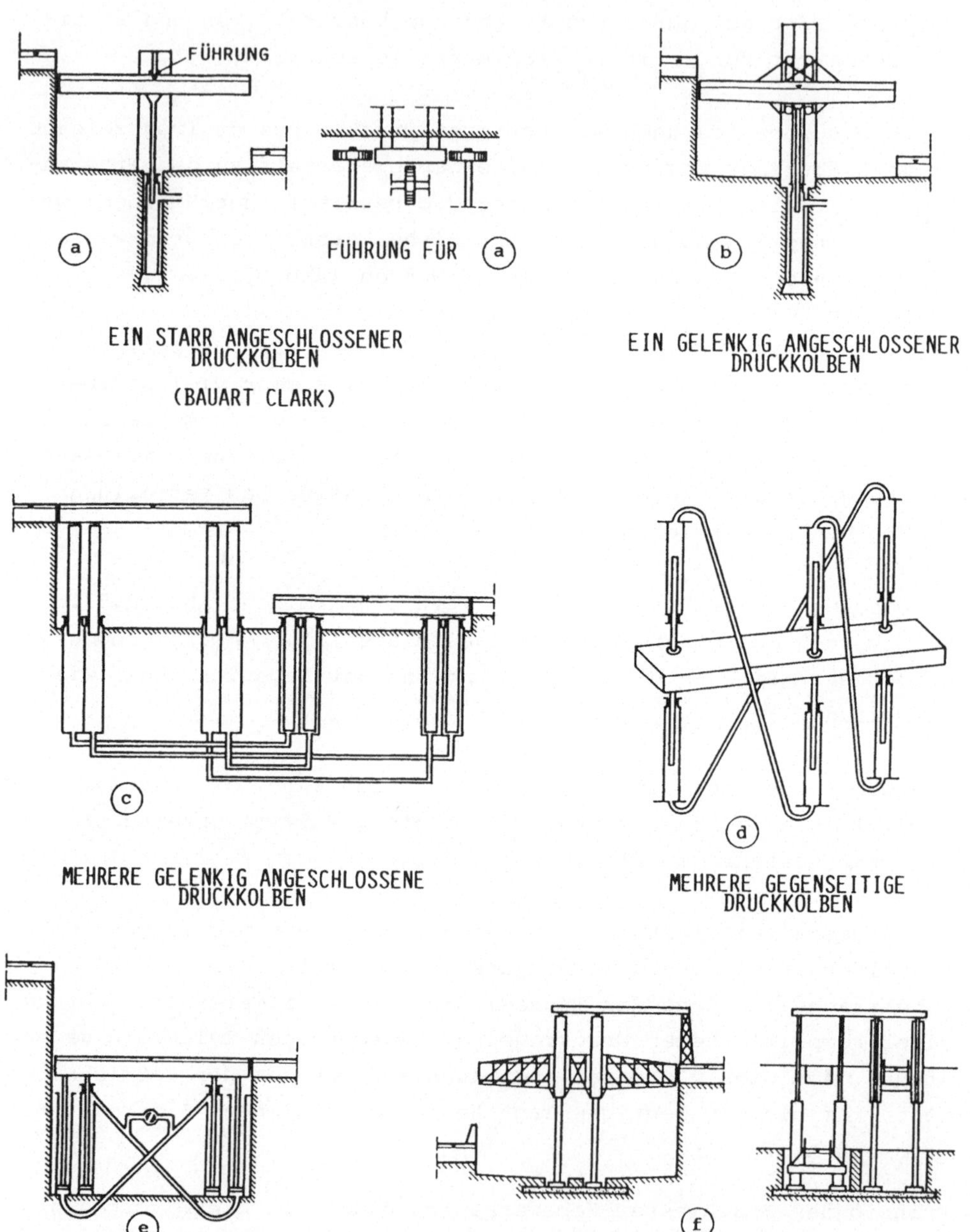

Abbildung 2.57. Alternativlösungen für den Bau von Druckwasser-Hebewerken /1/

Ein großer *Nachteil* aller als Zwillingshebewerk betriebenen Druckwasser-Hebewerke besteht jedoch darin, daß bei Ausfall eines Troges die
gesamte Anlage stillgelegt werden muß. Außerdem ist - ähnlich wie bei
Zwillingsschleusen - bei einem Zwillingshebewerk eine Anpassung an
das in beiden Verkehrsrichtungen oft unterschiedliche Verkehrsaufkommen nur schlecht möglich. Ein als Zwillingshebewerk betriebenes
Druckwasser-Hebewerk erreicht deshalb praktisch nie die von einem Doppelhebewerk (Gegengewichts- oder Schwimmerhebewerk) mit zwei unabhängig voneinander arbeitenden Trögen zu erzielende Verkehrsleistung.

Es wurden deshalb bereits beim Schiffshebewerk Anderton zusätzliche
Druckgeber angeordnet, um durch Zugabe von Preßwasser im Notfall jeden Trog alleine bewegen zu können /1/. In ähnlicher Weise werden auch
die belgischen Hebewerke am Canal du Centre von neben den Hebewerken
angeordneten Kraftwerken mit Preßwasser versorgt /18/.

Der hohe Arbeitsdruck von 40 bis 50 bar in den Druckzylindern erschwert
ihre Dichtung, insbesondere an den Stopfbuchsen. Es ist deshalb vor Inbetriebnahme ein Abdrücken der Pressen auf ein Mehrfaches des normalen
Betriebsdruckes erforderlich.

Da den Troglängen bei der Bauart nach CLARK wegen der Konzentration
der Troglast auf *einen* Druckkolben aus konstruktiven und statischen
Gründen gewisse Grenzen gesetzt sind, wurden seit dem Bau und der Inbetriebnahme der Druckwasser-Hebewerke am belgischen Canal du Centre
im Jahre 1917 keine weiteren Druckwasser-Hebewerke mehr gebaut oder
bei der Planung ernsthaft in Erwägung gezogen.

2.4.2 Ausgeführte Druckwasser-Hebewerke

Das *erste* Druckwasser-Hebewerk wurde im Jahre 1875 in *England* bei
Anderton am Trent-Mersey-Kanal in Betrieb genommen. Das Hebewerk ist
als Zwillingshebewerk gebaut und besitzt eine Hubhöhe von 15,4 m. Seine Trogabmessungen gestatten den Transport von Schiffen bis zu 100 t
Tragfähigkeit (Tab. 1.2.).

Die Troglast wird jeweils von einem Kolben (Durchmesser = 0,90 m) auf
den mit einem Betriebsdruck von 39 bar arbeitenden Preßzylinder übertragen (Bauart CLARK).

Verschiedene Mängel (mangelhafte Führung der Tröge, elektrolytische Wirkung des Preßwassers) und Reparaturen (Bruch des Halses eines Preßkolbens) führten im Jahre 1907 zum Umbau der Anlage in ein Gegengewichts-Hebewerk /1/.

Ein *zweites* Druckwasser-Hebewerk mit einer Hubhöhe von 13,1 m wurde nach eingehenden Vorversuchen im Jahre 1888 in *Frankreich* bei Les Fontinettes am Kanal von Neuflossée in Betrieb genommen. Seine Tröge waren für Schiffe bis zu 300 t Tragfähigkeit bemessen.

Das Hebewerk wurde mit einem Druckkolben (Durchmesser = 2,0 m) je Trog ausgestattet. Der Betriebsdruck in den Preßzylindern beträgt 27 bar (Prüfdruck = 176 bar).

Der Betrieb des Hebewerkes mußte im Jahre 1894 wegen des Nachgebens der Gründungen der Preßzylinder längere Zeit unterbrochen werden. Die Fundamente konnten schließlich mit Hilfe des Gefrierverfahrens erneuert werden /1/. Anfängliche Schwierigkeiten mit der Abdichtung der Stopfbuchsen wurden durch die Verwendung von Hanfstricken als Dichtungsmaterial gemeistert /48/.

In *Belgien* wurde ebenfalls im Jahre 1888 bei La Louvière am Canal du Centre ein Zwillingshebewerk der Bauart CLARK (H = 15,4 m) in Betrieb genommen. Seine Tröge sind für Schiffe bis zu 360 t Tragfähigkeit ausgelegt. Die Preßkolben besitzen einen Durchmesser von 2,0 m, der Betriebsdruck in den Druckzylindern beträgt 41 bar (Prüfdruck = 181 bar).

Das Hebewerk von La Louvière stellte das erste Abstiegsbauwerk am belgischen Canal du Centre dar, dem bei weiterem Ausbau des Schiffahrtskanals im Jahre 1917 noch *drei weitere Druckwasser-Hebewerke* bei Houdeng-Aimeries, Bracquegnies und Thieu mit Hubhöhen von je 16,9 m folgten (Abb. 2.26.).

Die drei Hebewerke sind praktisch identisch gebaut. Abbildung 1.8. zeigt die Konstruktion und Abmessungen eines dieser Druckwasser-Hebewerke. Die Traglast von 1570 t ($\sim$ 15700 kN) wird jeweils von einem Druckkolben ($\emptyset$ = 2,0 m) auf den Preßzylinder abgegeben. Der Betriebsdruck in den Zylindern beträgt 46 bis 51 bar (Prüfdruck = 181 bar).

Die vier belgischen Hebewerke werden normalerweise als Zwillingshebewerke betrieben. Die Tröge können jedoch auch unabhängig voneinander betrieben werden. In diesem Falle erfolgt die Zugabe von Preßwasser an die Zylinder von neben den Hebewerken angeordneten Kraftwerken.

Der Wasserverbrauch für eine einfache oder doppelte Schleusung setzt sich aus etwa 80 m³ Ballastwasser, 10 m³ Spalt- und Verlustwasser sowie im Mittel etwa 63,5 m³ Betriebswasser für die Erzeugung von Preßwasser und den Betrieb der Wasserstrahlpumpen zusammen /18/.

Für die Doppelschleusung werden etwa 20 min benötigt, wobei für die Bewegung der Tröge nur etwa 2,5 min erforderlich sind /18/. Dies entspricht einer mittleren Hub- und Senkgeschwindigkeit der Tröge von etwa 6,7 m/min.

Haltungs- und Trogtore sind bei den belgischen Anlagen als Hubtore ausgebildet, die miteinander gekoppelt mit Hilfe hydraulischer Pressen gehoben und abgesenkt werden. Wasserspiegelunterschiede zwischen Trog und anschließender Kanalhaltung werden durch ein geringes Anheben der Tore ausgeglichen, nachdem der Torspalt vorher durch Öffnen von Torschützen gefüllt wurde /18/.

Besondere Vorkehrungen zur Sicherung der Tröge während des Bewegungsvorganges oder in den Endstellungen sind nicht vorhanden. Im Katastrophenfalle (Leerlaufen eines Troges bzw. Schäden an den Druckkolben) wird die Bewegung der Tröge durch Schließen des Hauptschiebers zum Stillstand gebracht. Um bei Setzungen der Trogpressen Brüche in der Verbindungsleitung auszuschließen, sind auf beiden Seiten des Hauptschiebers in den Verbindungsleitungen jeweils zwei Kugelgelenke und zwei Stopfbuchsen angebracht.

Die vier belgischen Druckwasser-Hebewerke sind bis heute in Betrieb. Im Zuge des weiteren Ausbaus des Canal du Centre für Schiffe bis zu 1350 t Tragfähigkeit werden sie jedoch im Jahre 1987 durch das als Gegengewichtshebewerk ausgebildete Doppelhebewerk von Strépy-Thieu (Hubhöhe = 73,15 m) ersetzt (Abb. 2.26.).

In den Jahren 1904 und 1907 wurden noch *zwei weitere* Druckwasser-Hebewerke in *Kanada* am Trent-Canal mit Hubhöhen von 19,8 m (Peterborough) und 14,8 m (Kirkfield) in Betrieb genommen (Tab. 1.2.). Die Trogabmessungen dieser beiden Zwillingshebewerke sind für Schiffe bis zu 800 t Tragfähigkeit ausgelegt, wobei das Troggewicht (incl. Wasserfüllung) jeweils 1714 t ($\sim$ 17140 kN) beträgt. Beide Hebewerke sind nach dem

CLARKschen Prinzip mit jeweils einem Preßkolben (Durchmesser = 2,29 m) je Trog ausgestattet. Der Betriebsdruck in den Druckzylindern beträgt 43 bar.

Obwohl sich die Druckwasser-Hebewerke nach Überwindung gewisser Anfangsschwierigkeiten (Anderton, Les Fontinettes) im Betrieb bewährt haben, wurden nach 1917 wegen der zunehmenden Größe der Transporteinheiten und der damit erforderlich werdenden größeren Troglängen keine weiteren Druckwasserhebewerke mehr gebaut.

In Tabelle 2.3 wurden einige Kennwerte der bislang gebauten acht Druckwasser-Hebewerke zusammengestellt.

Tabelle 2.3. Kennwerte der bislang gebauten Druckwasser-Hebewerke

Schiffshebewerk	Inbetrieb-nahme	Hubhöhe (m)	Trag-fähigkeit der Schiffe (t)	Troggewicht (= Hubkraft) (t)	Kolben-durchmesser (m)	Betriebs-wasserdruck (bar)
Anderton / ENGLAND	1875	15,4	100	240	0,9	39,0
Les Fontinettes/FRANKREICH	1888	13,1	300	800	2,0	27,0
La Louvière / BELGIEN	1888	15,4	360	1050	2,0	41,0
Peterborough / CANADA	1904	19,8	800	1714	2,3	43,0
Kirkfield / CANADA	1907	14,3	800	1714	2,3	43,0
Houdeng-Almeries/BELGIEN	1917	16,9	360	1570	2,0	46,0
Bracquegnies / BELGIEN	1917	16,9	360	1570	2,0	46,0
Thieu / BELGIEN	1917	16,9	360	1570	2,0	46,0

3 Hebewerke mit geneigten Ebenen

Schiffshebewerke mit geneigten Ebenen sind Schrägaufzüge, bei denen
das Schiff in einem Trog oder Wasserkeil zwischen zwei Kanalhaltungen
mit unterschiedlichen Wasserspiegelhöhen oder über die Fallhöhe einer
Flußstaustufe schwimmend transportiert wird (Naßförderung).

Man unterscheidet drei Arten von Schrägaufzügen:

- Hebewerke mit Längsförderung,
- Hebewerke mit Querförderung,
- Wasserkeil-Hebewerke.

Gegenüber senkrechten Hebewerken und Schleusen haben alle drei genannten Systeme den Vorteil, daß sie sich den vorhandenen Geländeverhältnissen besser anpassen lassen und damit im allgemeinen kostengünsti-
ger sind. Sie eignen sich insbesondere zur Überwindung *größerer Gefällestufen* und sind in ihrer Leistungsfähigkeit bei Hubhöhen von
$H > 30$ m Schleusenanlagen bzw. Schleusentreppen in fast allen Fällen
überlegen, da die mit ihnen erreichbaren Hub- und Senkgeschwindigkeiten der Schiffe während eines Transportvorganges die bei modernen
Schleusenanlagen möglichen Werte übertreffen. Darüber hinaus sind die
Wasserverluste, ähnlich wie bei den senkrechten Hebewerken, bei den
Transportvorgängen (Berg- bzw. Talfahrt) vernachlässigbar gering, und
nennenswerte Schwall- und Sunkerscheinungen treten in den anschließenden Haltungen praktisch nicht auf.

Gegenüber senkrechten Hebewerken besitzen Hebewerke mit geneigten Ebenen insbesondere bei größeren Hubhöhen ($H \geq 50$ m) den Vorteil, daß
Gründungsschwierigkeiten praktisch nicht auftreten und *keine Hubgerüste bzw. Schwimmerschächte* erforderlich sind. Außerdem können bei
entsprechenden Geländeverhältnissen und geschickter Trassierung im
allgemeinen hohe Kanaldämme und -brücken, die bei senkrechten Hebewerken mit zunehmender Hubhöhe problematisch werden, sowie auch tiefe

Einschnitte vermieden werden. Schließlich ist noch die Wartung der
Einzelelemente einfacher, und Reparaturen am Trogwagen und an den Antriebsorganen können im allgemeinen leichter ausgeführt werden, als
dies bei senkrechten Hebewerken der Fall ist.

Wenn trotz dieser erheblichen Vorteile in den vergangenen 50 Jahren
in mehreren Fällen Hebewerken mit Senkrechtförderung der Vorzug gegeben wurde (z.B. Niederfinow, Rothensee, Henrichenburg-Waltrop, Lüneburg, Strépy-Thieu), so handelte es sich in diesen Fällen, mit Ausnahme des z.Zt. im Bau befindlichen Schiffshebewerkes von Strépy-
Thieu (H = 73,15 m), um Hebewerke mit Hubhöhen von H < 40 m, bei denen die örtlichen Randbedingungen sowie Kosten- und Leistungsver-
gleiche die getroffene Entscheidung rechtfertigen.

Ein weiterer Grund ist jedoch auch in gewissen antriebstechnischen
Schwierigkeiten bei der Schrägförderung zu suchen, die erst in jüng-
ster Zeit befriedigend gelöst werden konnten. So können sich während
eines Transportvorganges bei der Längs- und Querförderung infolge der
Beschleunigung bzw. Verzögerung des Trogwagens in der Anfahr- bzw.
Bremsphase Wasserspiegelschwingungen im Trog ergeben, durch die unzulässige Kräfte in den Haltetrossen der beförderten Schiffe verursacht werden. Erst durch neuere theoretische Untersuchungen war es
möglich, die Größenordnung dieser Kräfte zu bestimmen und Maßnahmen
zu ihrer Dämpfung zu entwickeln /50,51/.

Seit Anfang der siebziger Jahre wurden zwei größere moderne Hebewerke mit längsgeneigten Ebenen gebaut, an denen erstmals im Naturmaßstab Erfahrungen über den Betrieb derartiger Anlagen gesammelt werden
können. Es handelt sich dabei um das Schrägaufzug-Hebewerk von
Ronquières (Hubhöhe etwa 67,5 m) am Charleroi-Brüssel-Kanal/Belgien
(vorgesehen für Schiffe bis zu 1350 t Tragfähigkeit) und um den
Schrägaufzug mit Längsförderung (Hubhöhe etwa 101 m) von Krasnojarsk
am Jenissej/UdSSR (vorgesehen für Schiffe bis zu 2000 t Tragfähigkeit).
Weitere Hebewerke mit längsgeneigten Ebenen sind in der UdSSR in der
Planung für die Ossipowsker und die Mittel-Jenissej-Staustufe /49/so-
wie auch in einigen anderen europäischen Ländern in der Diskussion.

Ein Schiffshebewerk mit Querförderung wurde im Jahre 1966 in Frankreich bei Arzviller am Rhein-Marne-Kanal (H = 44,5 m) in Betrieb genommen. Es ist jedoch nur für den Transport von Schiffen bis 300 t
Tragfähigkeit bemessen /52/.

Die beiden ersten Wasserkeil-Hebewerke wurden im Jahre 1973 am Seitenkanal der Garonne in Südfrankreich bei Montech (H = 14,3 m) und im
Jahre 1983 bei Fonserannes am Canal du Midi (H = 13,6 m) in Betrieb
genommen. Beide sind für den Transport von Schiffen bis zu 350 t Tragfähigkeit ausgelegt. Weitere Hebewerke dieser Art sind in der Diskussion /53/.

3.1 Hebewerke mit Längsförderung

3.1.1 Allgemeines

Beim Schiffshebewerk mit längsgeneigter Ebene (Schrägaufzug) erfolgt
die Überwindung der zwischen zwei Kanalhaltungen vorhandenen Gefällestufe mit Hilfe eines Trogwagens, in dem das Schiff schwimmend transportiert wird.

Der Trogwagen wird dabei auf einer in Kanalrichtung angelegten Fahrbahn (Längsförderung) auf Schienen bewegt, wobei der Antrieb entweder über Zugseile mit Gegengewichten oder durch eigenen Antrieb erfolgt. Im ersten Falle läuft der Trogwagen auf Rädern, während im
zweiten Falle die Kraftübertragung über Zahnräder und seitlich an den
Laufschienen angebrachte Zahnstangen erfolgt.

Für die Längsförderung kommen Fahrbahnneigungen zwischen 1:50 und
1:10 in Betracht, wobei die im Einzelfall wirtschaftlichste Neigung
im wesentlichen durch die Kosten für die erforderlichen Einschnitts-
und Dammstrecken der anschließenden Kanalhaltungen, die Gelände- und
Untergrundverhältnisse im Bereich der Fahrbahn sowie auch durch die
erforderliche Trogwagenhöhe bestimmt wird. Bei steilerer Fahrbahnneigung wachsen sowohl die Trogwagenhöhe als auch die erforderliche Höhe des Anschlußbauwerkes an die untere Kanalhaltung stark an.

Die obere und untere Haltung ist jeweils durch ein Sperrtor abgeschlossen. Die Tore sind im Ober- bzw. Unterhaupt des Hebewerkes zusammen
mit den entsprechenden Notverschlüssen untergebracht.

Nach erfolgter Berg- bzw. Talfahrt legt der Trogwagen mit seiner Stirnseite an dem oberen bzw. unteren Sperrtor an und wird am Ober- bzw.

Unterhaupt in seiner Endstellung verriegelt. An den beiden Stirnseiten des Troges befinden sich bewegliche Verschlüsse, die für die Ein-
bzw. Ausfahrt der Schiffe zusammen mit dem jeweiligen Sperrtor geöffnet werden. Als Tore werden im allgemeinen Hubtore verwendet.

3.1.2 Bewegungsablauf während des Transportvorganges

Bei der Bergfahrt fährt das Schiff aus der unteren Haltung in den am
Unterhaupt verriegelten Trog ein, wobei das Sperrtor und der Trogverschluß geöffnet sind (Abb. 3.1., Phase I).

Nach Festmachen der Schiffe im Trog werden beide Tore geschlossen,
die Trogverriegelung geöffnet, und die Bergfahrt des Trogwagens beginnt. Dabei muß dieser aus seiner Ruheposition heraus auf eine bestimmte Fahrtgeschwindigkeit beschleunigt werden. Nach dieser Anfangsbeschleunigung fährt der Trogwagen mit einer konstanten Fahrtgeschwindigkeit, die je nach Fahrbahnneigung und Antriebsart zwischen 0,6 und
1,4 m/s liegt, bergwärts (Abb. 3.1., Phase II).

Am Ende der Fahrtstrecke muß der Trogwagen in seiner Fahrt bis auf
die Geschwindigkeit Null verzögert werden. Nach erfolgtem Anlegen am
Sperrtor der oberen Haltung wird der Trogwagen am Oberhaupt verriegelt und das Sperrtor zusammen mit dem Trogverschluß für die Ausfahrt
der Schiffe geöffnet (Abb. 3.1., Phase III).

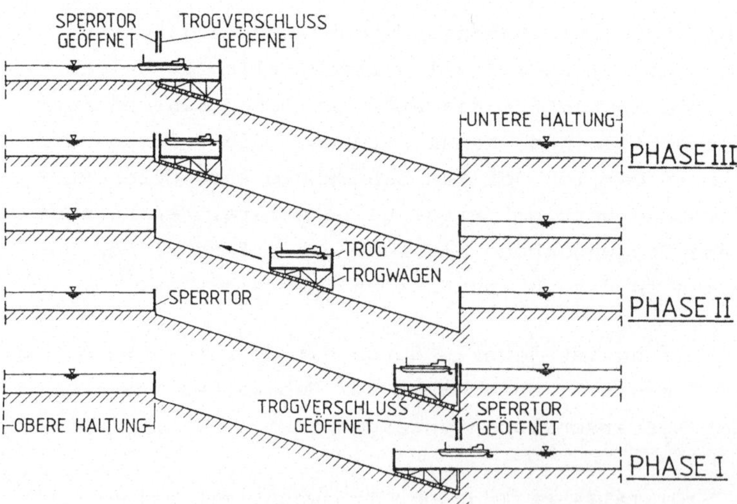

Abbildung 3.1. Transportvorgang bei der Bergfahrt

Nach dem Ausfahren der Schiffe in die obere Haltung vollzieht sich der
Transportvorgang in umgekehrter Richtung in analoger Weise (Talfahrt).

Voraussetzung für diesen Ablauf des Transportvorganges, bei dem der
Trogwagen im Trockenen bleibt, ist jedoch, daß nennenswerte Wasserspie-
gelschwankungen in der oberen und unteren Kanalhaltung nicht auftreten.
Treten diese dennoch in einer der Kanalhaltungen auf, so muß zur Über-
brückung der Wasserspiegeldifferenz am betreffenden Kanalende eine
Schleuse angeordnet werden (Abb. 3.2.).

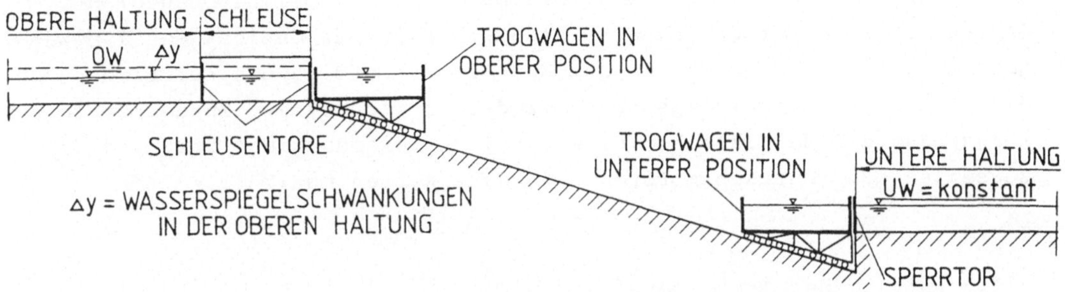

Abbildung 3.2. Überbrückung von Wasserspiegelschwankungen in der oberen Haltung durch eine Schleuse

Eine andere Möglichkeit besteht darin, den Trogwagen bei wechselnden
Unterwasserständen in das Wasser der unteren Kanalhaltung so weit eintauchen zu lassen, bis die Wasserspiegel im Trog und in der unteren
Haltung übereinstimmen. Bei dieser Lösung muß die Trogfahrbahn entsprechend tief unter dem niedrigsten Kanalwasserspiegel fortgeführt werden, und das Sperrtor an der unteren Haltung entfällt (Abb. 3.3.).

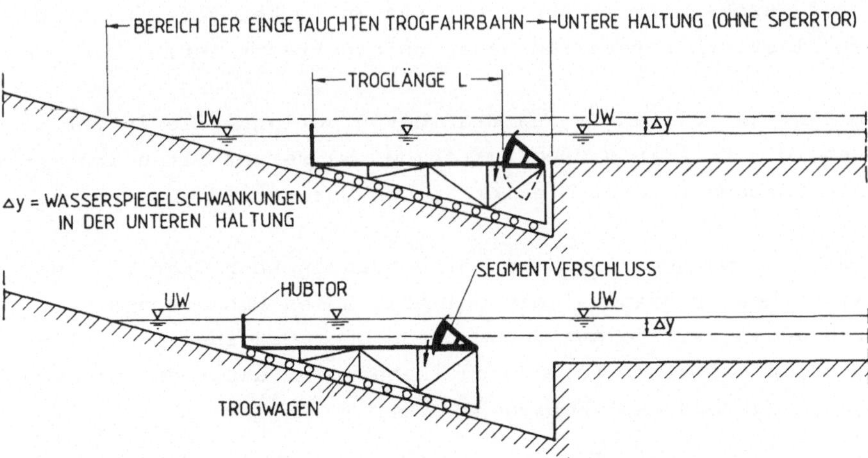

Abbildung 3.3. Endstellungen des Trogwagens bei wechselnden Wasserständen in der unteren Kanalhaltung

Als Verschlußorgan an der unteren Stirnseite des Troges eignet sich in
diesem Falle besser ein nach unten absenkbarer Segmentverschluß, da
ein Hubtor einen in Kanalrichtung verfahrbaren Portalkran erforderlich machen würde.

Der Nachteil dieser zuletzt beschriebenen Lösung liegt darin, daß der
Trogwagen bei jeder Talfahrt mit seinen Laufrädern, Führungsrollen und
Lagern, bei eigenem Antrieb unter Umständen auch mit seinen Motoren,
in das Wasser eintaucht. Dadurch ergeben sich zusätzliche Schwierigkeiten in der Konstruktion und Unterhaltung (Korrosionsschäden) der
Antriebsorgane. Darüber hinaus verändert sich das Gewicht des Trogwagens beim Ein- und Ausfahren aus dem Wasser infolge des Auftriebes, so
daß in der Beschleunigungsphase bei der Bergfahrt bzw. in der Verzögerungsphase bei der Talfahrt eine zeitlich veränderliche Last von den
Zugseilen oder Antriebsmotoren befördert werden muß.

3.1.3 Antrieb des Trogwagens

Der Antrieb des Trogwagens kann entweder über *Zugseile*, die über eine am oberen Ende der Trogfahrbahn angebrachte Antriebstrommel laufen
und zum Gewichtsausgleich mit Gegengewichten versehen sind, oder durch
eigenen Antrieb über ein Zahnradgetriebe erfolgen. In beiden Fällen
besitzt der Trogwagen eine größere Anzahl von Rädern, die auf schwe-
ren Stahlschienen laufen und durch seitliche Führungsrollen gesichert
sind. Wegen der infolge des Troggewichtes von jedem Rad zu übertragen-
den großen Einzellast werden die Laufräder paarweise angeordnet. Sie
laufen dann auf insgesamt vier Schienensträngen, wobei jedes Laufradpaar in einem elastisch gefederten Wagen untergebracht ist.

Die Schienen sind in Rollbahnen aus Stahlbeton verlegt, die in der Lage sein müssen, die relativ großen Lasten des wassergefüllten Trogwagens über ihre Fundamente oder Pfeiler in den Untergrund abzutragen.

Erfolgt der Antrieb während des Transportvorganges über *Zugseile*, so
wird das Gewicht des Trogwagens (einschließlich des Wassers und der
Schiffe) durch Gegengewichte aus Schwerbeton oder Gußeisen ausgeglichen. Diese laufen auf einer besonderen, neben oder unter dem Trogwagen angeordneten Fahrbahn auf Schienen.

Der Trogwagen ist mit den Gegengewichten über die Zugseile verbunden,
die über Rollen am oberen Ende des Schrägaufzuges laufen und über ei-

ne Antriebstrommel bewegt werden. Miteinander gekoppelte ölhydraulische Pressen am oberen Ende des Trogwagens sorgen für eine gleichmäßige Kraftübertragung auf die einzelnen Seile /54/. Seitliche Führungsrollen sichern die Bewegung der Gegengewichte auf den Schienen.

Zur Überwindung des Reibungswiderstandes zu Beginn des Bewegungsvorganges und während der Fahrt ist eine bestimme Antriebsleistung erforderlich, die durch Gleichstrommotoren über die Antriebstrommel erbracht wird. Die Motoren sind dabei jeweils mit einem Leonard-Satz gekoppelt, durch den die Einsteuerung einer gewünschten Zunahme der Beschleunigung bzw. Verzögerung in der Anfahr- bzw. Anhaltephase der Trogbewegung gewährleistet wird.

Bei *eigenem Antrieb* des Trogwagens erfolgt die Kraftübertragung über Zahnräder, die auf den Achsen der Antriebsmotoren angeordnet sind und die in seitlich neben den Laufschienen angebrachte Zahnstangen eingreifen. Die Stromversorgung der Antriebsorgane des Trogwagens erfolgt über eine seitliche Stromabnahme an der Transportbahn /55/.

3.1.4 Vor- und Nachteile der verschiedenen Antriebsarten

In bezug auf den Antrieb des Trogwagens ist, wie bereits vorstehend erläutert, zwischen dem

    a) Antrieb über eigene, am Trogwagen montierte Motoren (Eigenantrieb) und dem
    b) Antrieb des Trogwagens über eine Antriebstrommel und Zugseile

zu unterscheiden.

Im ersten Falle müssen alle Antriebs- und Steuerungsorgane sowie auch die für die Stromzufuhr erforderlichen Vorrichtungen am Trogwagen untergebracht werden, wodurch seine Dimensionen und sein Gewicht vergrößert werden.

Im zweiten o. g. Falle können die für die Trogbewegungen erforderlichen Antriebs- und Steuerungsmechanismen am oberen Ende der Trogfahrbahn ortsfest angeordnet werden, wodurch ihre Unterhaltung und Überwachung gegenüber der Alternativlösung mit Eigenantrieb des Trogwagens wesentlich erleichtert wird.

Hinzu kommt noch, daß beim Eigenantrieb die Stromversorgung der am
Trogwagen installierten Antriebsmotoren sowie die der Steuerungsorgane von Versorgungsleitungen neben der Trogfahrbahn erfolgen muß, wobei die Stromabnahme relativ komplizierte Übertragungsmechanismen erforderlich macht, deren Sicherheit nicht in jedem Falle als befriedigend anzusehen ist. Bei zwei unabhängig voneinander arbeitenden Trögen muß darüber hinaus für jeden Trogwagen ein unabhängiges Antriebs-
und Steuerungssystem vorgesehen werden, daß jedoch im Falle eines
Trogantriebes über Zugseile in einer zentralen Station untergebracht
werden kann.

Schließlich ist noch zu beachten, daß im Falle eines Eigenantriebes
des Trogwagens die Haftreibung und die auf jedes Rad entfallende Vor-
schubkraft möglichst gleich groß sein sollten. Dies läßt sich jedoch
praktisch nur dadurch erreichen, daß jedes Rad (bzw. Radpaar) indivi-
duell über einen ölhydraulisch gesteuerten Motor angetrieben wird.

Im Falle des Trogantriebes über Seile und eine am oberen Ende der
Trogfahrbahn installierte Antriebstrommel kann es unter gewissen Be-
dingungen durch die elastische Dehnung der Seile jedoch zu Schwingungserscheinungen am Trogwagen kommen. Diese treten insbesondere
dann auf, wenn durch einen örtlichen Widerstand auf der Trogfahrbahn
eine momentane elastische Dehnung in den Antriebsseilen verursacht
wird.

Bei den im allgemeinen mit Hilfe eines Schrägaufzuges zu überwinden-
den großen Niveau-Unterschieden sind die Kabellängen zwischen Trogwagen und Antriebstrommel besonders zu Beginn der Bergfahrt relativ
groß, so daß bereits ein geringer zusätzlicher Widerstand auf der
Trogfahrbahn eine nicht unerhebliche elastische Dehnung in den Antriebsseilen zur Folge haben kann. Nach Überwindung des zusätzlichen
Fahrwiderstandes führt dann der Trogwagen wegen des Phasenunterschie-
des zwischen Trommelvorschub und Trogwagenbewegung eine alternierende
Bewegung um seine relativ zum Seilvorschub vorhandene Gleichgewichtslage aus, wobei die instationären Trogbewegungen zu Wasserspiegelschwingungen im Trog führen und damit verbunden entsprechende Kraftwirkungen in den Haltetrossen der transportierten Schiffe verursachen.

Der Antrieb des Trogwagens über eine Antriebstrommel und Zugseile
scheint demnach gegenüber dem Eigenantrieb wegen der Elastizität
der Antriebsseile einen gewissen Nachteil aufzuweisen. Hierbei ist je-

doch zu beachten, daß auch im Falle eines Eigenantriebes des Trogwagens eine *sofortige* Anpassung der Antriebsmechanismen an einen örtlich erhöhten Fahrwiderstand nicht ohne eine gewisse Phasenverzögerung erreichbar ist, so daß es auch in diesem Falle zu Wasserspiegelbewegungen im Trog und damit zu Kraftwirkungen in den Haltetrossen der Schiffe kommen kann.

Zusammenfassend kann festgestellt werden, daß bei einem Vergleich der beiden möglichen Antriebssysteme die Vorteile der Lösung mit einem zentralen Antrieb des Trogwagens über Zugseile gegenüber der Alternativlösung mit Eigenantrieb überwiegen. Im Hinblick auf die Wartung und Überwachung der Antriebs- und Steuerungsorgane, ihre Stromversorgung und nicht zuletzt auch in bezug auf die Erstellungs- und Unterhaltungskosten des mechanischen und elektrischen Gesamtsystems ist demnach dem Trogantrieb über eine am oberen Ende der Trogfahrbahn angeordnete Antriebstrommel mit Zugseilen der Vorzug zu geben.

Die beim Betrieb des belgischen Schrägaufzuges bei Ronquières in siebzehn Jahren gesammelten Erfahrungen bestätigen dies.

3.1.5 Wasserspiegelbewegungen im Trog

Beim Transportvorgang während der Längsförderung kommt es bei Beginn des Bewegungsvorganges (Beschleunigung des Trogwagens auf die vorgesehene Transportgeschwindigkeit) bzw. am Ende desselben (Verzögerung der Trogbewegung bis zum Stillstand) zu Wasserspiegelbewegungen im Trog, die unter bestimmten Voraussetzungen auch zu Schwingungen der im Trog enthaltenen Wassermasse führen können /50/.

Durch die Wasserspiegelbewegungen im Trog werden einerseits wechselnde Wasserdrücke, insbesondere auf die Verschlußorgane an den Stirnseiten des Troges während des Transportvorganges ausgeübt, andererseits aber auch Bewegungen der transportierten Schiffe verursacht. Die Schiffe müssen deshalb während der Berg- und Talfahrt im Trog durch Haltetrossen festgelegt werden, wobei die kinetische Energie ihrer Eigenbewegungen durch die Dehnung der Trossen in Formänderungsarbeit umgesetzt wird. Die Größe der auftretenden Trossenkräfte sollte dabei jedoch einen zulässigen Grenzwert von $G_S/1000$ möglichst nicht überschreiten (G_S = Bruttoschiffsgewicht).

Bei einer *konstanten* Beschleunigung zu Beginn des Anfahrvorganges
(plötzlicher Übergang von a = O auf a = konstant) bzw. bei einer *kon-*
stanten Verzögerung am Ende des Transportvorganges, wird die Wassermasse im Trog in Schwingungen versetzt. Abbildung 3.4. zeigt die dabei möglichen extremen Wasserspiegellagen für die Grundschwingung und
die beiden folgenden Oberschwingungen. Dabei kann jedoch davon ausgegangen werden, daß die Grundschwingung den wesentlichen Anteil am
Schwingungsvorgang hat /50/.

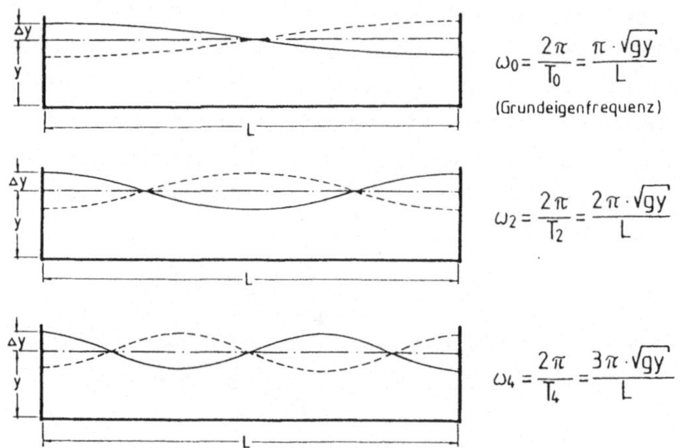

Abbildung 3.4. Mögliche Schwingungsformen des Wasserspiegels im Trog

Die Auslenkungen Δy an den Stirnseiten des Troges können für die Grundschwingung wie folgt berechnet werden:

$$\Delta y = (\Delta y)_{max} \cos(\omega_0 t), \qquad (3-1)$$

wobei ω_0 = 2 π/T_0 = Grundeigenfrequenz der Wassermasse im Trog (1/s)
$\quad\quad T_0$ = 2 $L/\sqrt{gy}$ = Eigenschwingperiode der ungedämpften Grundschwin-
$\quad\quad\quad\quad\quad\quad\quad$ gung (s)
$\quad\quad L$ = Troglänge (m)
$\quad\quad y$ = mittlere Wassertiefe im Trog (m).

Die maximalen Wasserspiegelauslenkungen $(\Delta y)_{max}$ an den Stirnseiten des
Troges können theoretisch den folgenden Wert erreichen /50/:

$$(\Delta y)_{max} = L\,(a_x/g). \qquad (3-2)$$

Die Wassermasse schwingt dabei in ihrer Grundeigenkreisfrequenz ω_0,
die sich bei Vernachlässigung der Dämpfung wie folgt ergibt:

$$\omega_0 = \frac{2\pi}{T_0} = \frac{\pi\,\sqrt{gy}}{L}. \qquad (3-3)$$

Erst nach einer längeren Fahrtdauer mit konstanter Beschleunigung würde sich nach Abklingen des Schwingungsvorganges ein konstantes Wasserspiegelgefälle im Trog einstellen, das sich mit den Bezeichnungen der
Abbildung 3.5. nach dem folgenden Ansatz berechnen läßt:

$$\frac{dy}{dx} = \pm \left(\frac{a_x}{a_y + g}\right) = \tan \theta, \qquad (3-4)$$

wobei

θ = Neigungswinkel des Wasserspiegels,

α = Neigungswinkel der Trogfahrbahn,

a_x = a cos α = Horizontalkomponente der Beschleunigung bzw.
Verzögerung (m/s^2),

a_y = a sin α = Vertikalkomponente der Beschleunigung bzw. Verzögerung (m/s^2),

g = 9,81 m/s^2 = Erdbeschleunigung,

J_W = Wasserspiegelneigung im Trog.

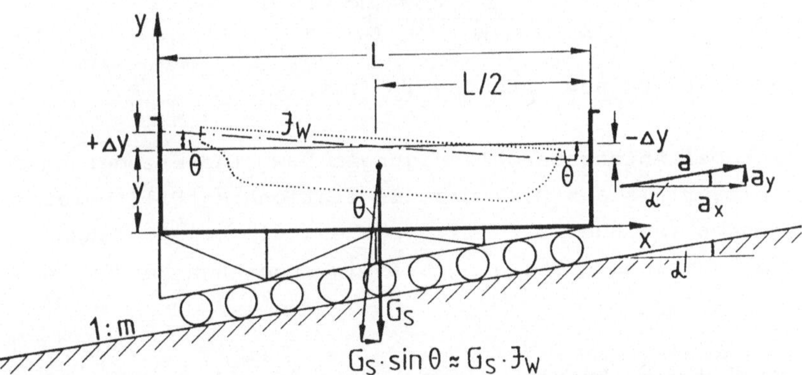

Abbildung 3.5. Wasserspiegelgefälle im Trog bei konstanter Beschleunigung

Wegen der geringen Neigungswinkel α für die Trogfahrbahn (Neigungen
von 1:50 bis 1:20) ist $a_x \sim a$ und $a_y \ll g$. Gleichung (3-4) kann deshalb annähernd auch wie folgt geschrieben werden:

$$\frac{dy}{dx} \sim \pm \left(\frac{a}{g}\right) \sim \tan \theta. \qquad (3-5)$$

Für die Wasserspiegelauslenkung an den Stirnseiten des Troges ergibt
sich demnach für den stationären Fall mit den Bezeichnungen der Abbildung 3.5.:

$$\Delta y = \frac{L}{2} \tan \theta \cong \frac{L}{2} \left(\frac{a}{g}\right). \qquad (3-6)$$

In Abbildung 3.6. wurden die sich im Trog ergebenden Wasserspiegelneigungen J_W und die daraus für die verschiedenen Troglängen L resultierenden Auslenkungen des Wasserspiegels Δy (an den Stirnseiten des Troges) in Abhängigkeit von der Beschleunigung des Trogwagens dargestellt.

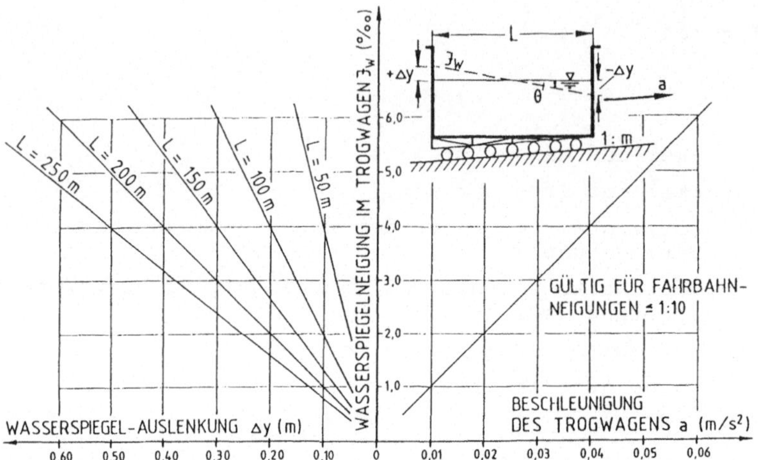

Abbildung 3.6. Wasserspiegelauslenkungen im Trog

Demnach würden sich bei Anfangsbeschleunigungen bzw. Endverzögerungen
des Trogwagens von mehr als a = 0,22 m/s² im stationären Fall bereits
Wasserspiegelneigungen von über 2,0 °/₀₀ ergeben, die bei Schleusen-
füllvorgängen im allgemeinen nicht als zulässig angesehen werden können.

In Wirklichkeit wird dieser Zustand eines stationären Wasserspiegelgefälles im Trog jedoch wegen der relativ kurzen Dauer der Anfahr-
bzw. Anhaltephase praktisch nicht erreicht, da der Ausschwingvorgang
im Trog länger andauert. Die Eigenschwingperiode dieser Wasserspiegelschwingung (ohne Dämpfung) im Trog beträgt dabei:

$$T_0 = \frac{2L}{\sqrt{g\,y}} \cdot$$

(3-7)

Bei Berücksichtigung der Dämpfung wird die Eigenschwingperiode größer.

Theoretische Untersuchungen von DE RIES /50/ ergaben, daß die Reibung
an den Trogwandungen sowie auch die Belegung der Trogkammer mit Schiffen nur einen relativ geringen Einfluß (< 10 %) auf die Eigenschwingperiode T_0 haben. Für einen Trog von L = 90 m Länge und y = 3,50 m
Wassertiefe beträgt die Eigenschwingperiode der ungedämpften Grund-

schwingung z.B. nach Gleichung (3-7) T_0 = 30,72 s, die der gedämpften
Grundschwingung dagegen nur etwa 33 s.

Die zu Beginn des Schwingungsvorganges im Trog auftretenden Wasserspiegelneigungen erreichen wegen der größeren Anfangsamplituden (Gl. 3-2)
nahezu die doppelten Werte, wie sie sich für den *stationären* Fall nach
Gleichung (3-6) und nach Abbildung 3.6. ergeben würden.

Ist am Ende der Beschleunigungsphase die zu Beginn des Transportvorganges verursachte Wasserspiegelschwingung im Trog noch nicht vollständig abgeklungen, so setzt sich der Ausschwingvorgang auch während der
anschließenden Fahrt des Trogwagens (konstante Fahrgeschwindigkeit,
a = 0) fort. Bei länger andauernder Beschleunigungsphase würde das inzwischen vorhandene konstante Wasserspiegelgefälle während der Weiter-
fahrt ausschwingen. Dieser Fall ist jedoch aus den vorstehend genannten Gründen relativ unrealistisch.

In jedem Falle kommt es bei Ausschwingen der Wassermasse im Trog zu
wechselnden Wasserspiegelneigungen, durch die entsprechende Kraftwir-
kungen auf die transportierten Schiffe ausgeübt werden. Aufgrund des
Durchhanges und der Elastizität ihrer Haltetrossen führen die Schiffe
Eigenbewegungen im Trog aus, die zu wechselnden Belastungen in den
Haltetrossen führen.

Der beschriebene Schwingungsvorgang im Trog wird insbesondere durch
die zu Beginn und am Ende des Transportvorganges erforderliche Beschleunigung bzw. Verzögerung des Trogwagens verursacht. Dabei wirkt
sich eine lineare Zunahme bzw. Abnahme der Fahrtgeschwindigkeit, d.h.
eine *konstante* Beschleunigung, *besonders ungünstig* auf die Wasserspiegelbewegungen im Trog und damit auch auf die Trossenbelastungen der
transportierten Schiffe aus.

Nach den Untersuchungen von DE RIES /50/ sollte deshalb eine konstante
Beschleunigung des Trogwagens während der Anfahrphase sowie auch eine
konstante Verzögerung während der Anhaltephase *unbedingt vermieden
werden*.

Um ein Ausschwingen der Wassermasse im Trog auf der mit konstanter Geschwindigkeit erfolgenden Fahrtstrecke zu vermeiden, empfiehlt es sich,
in der Anfahrphase mit *linearer* Zunahme der Beschleunigung bis zum Erreichen des als zulässig erachteten Höchstwertes (a $\leq$ 0,01 m/s²) zu

fahren und daran anschließend die Beschleunigung *linear* wieder auf Null
zurückzunehmen /50/. Dadurch wird erreicht, daß sich der Wasserspiegel
im Trog *allmählich* auf seine dem maximalen Beschleunigungswert entsprechende Neigung einstellt (Gl. 3-6), ohne daß es zu Schwingungen
um diese Gleichgewichtslage kommt.

Am Ende der Beschleunigungsphase stellt sich bei linearer Abnahme der
Beschleunigung auf Null wieder ein horizontaler Wasserspiegel im Trog
ein, so daß ein Ausschwingen der Wassermasse während des weiteren Transportvorganges mit konstanter Geschwindigkeit (a = O) nicht mehr erforderlich wird. Die an den Stirnseiten des Troges zu erwartenden Wasserspiegelauslenkungen entsprechen dann den nach Gleichung (3-6) bzw.
Abbildung 3.6. zu bestimmenden Werten.

In der Verzögerungsphase am Ende des Transportvorganges ist in gleicher Weise zu verfahren. Auch hier sollte mit *linearer* Zunahme der Verzögerung bis zum Erreichen eines Höchstwertes (a $\leq$ O,O1 m/s²) gefahren werden, und daran anschließend die Verzögerung linear auf Null zurückgenommen werden (Abb. 3.7.).

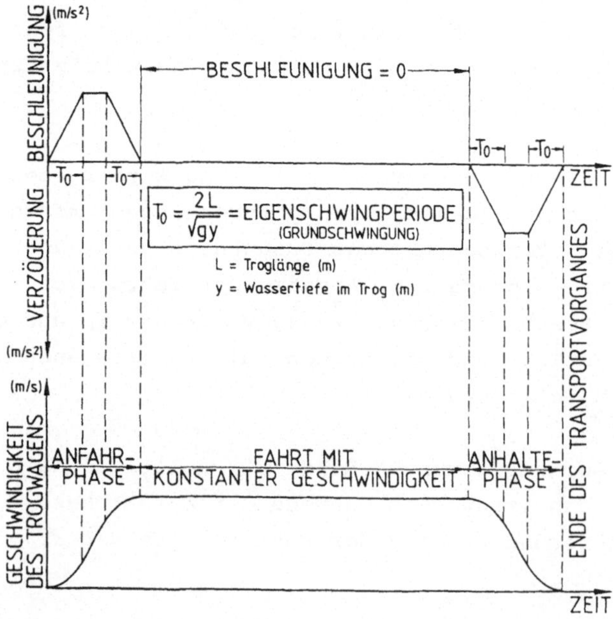

Abbildung 3.7. Empfohlener Bewegungsablauf während des Transportvor-
              ganges (Berg- bzw. Talfahrt)

Nach den Untersuchungen von DE RIES sollte das Zeitintervall für die
lineare Zu- und Abnahme der Beschleunigung bzw. Verzögerung dabei je-

weils in der Größenordnung der Eigenschwingperiode T_0 der Grundschwingung liegen /50/. Abbildung 3.7. zeigt den empfohlenen Bewegungsablauf während eines Transportvorganges.

3.1.6 Zusätzliche Wasserspiegelbewegungen beim Anfahrvorgang

Wenn der Trogwagen über einen Trommelantrieb mit Zugseilen und Gegengewichten bewegt wird, muß bei Beginn des Bewegungsvorganges die Lagerreibung in den Achsen sowie die Haftreibung der Laufräder auf den Schienen und die der seitlichen Führungsrollen überwunden werden.

Dabei kommt es zunächst zu einer gewissen Dehnung der Zugseile, die bei ihrer relativ großen Länge je nach Gefällestufe nicht unerheblich sein kann. Verwendet werden in diesem Falle zweckmäßigerweise verschlossene Stahlzugseile mit einem Elastizitätsmodul von E_s = 1500 bis 1700 t/cm² ($\sim$ 1,5 × 10⁵ N/mm² bis 1,7 × 10⁵ N/mm²).

Sobald die Zugkraft der Seile die Summe aller Anfahrwiderstände überschreitet, setzt sich der Trogwagen in Bewegung. Dabei kann es im Augenblick des Bewegungsbeginnes infolge der sprunghaften Geschwindigkeitszunahme zu Wasserspiegelschwingungen im Trog kommen, die in der Eigenkreisfrequenz ω_T des Systems Trogwagen-Zugseile im Verlauf des Transportvorganges ausschwingen und sich den durch die Anfangsbeschleunigung im Trogwagen verursachten Schwingungsvorgängen überlagern.

Die Eigenfrequenz der Grundschwingung ergibt sich dabei zu:

$$\omega_T = \frac{2\pi}{T_T} = \sqrt{\frac{E_s\, A_s}{\ell_s\, m_T}} \tag{3-8}$$

wobei:

A_s = metallischer Querschnitt der Zugseile (cm² bzw. mm²),

E_s = Elastizitätsmodul der Zugseile (t / cm² bzw. N/mm²),

ℓ_s = Länge der Zugseile (m),

$m_T = \dfrac{G_T}{g}$ = Masse des Trogwagens (einschließlich Wasserfüllung des Troges) (t · s²/m bzw. N·s²/m),

G_T = Gewicht des Trogwagens (t bzw. N)

T_T = Eigenschwingperiode des Systems Trogwagen-Zugseile (s).

Da die freie Trossenlänge zwischen Trogwagen und Antriebswagen sich
während der Berg- bzw. Talfahrt ständig verändert, ist auch ω_T nicht
konstant. Maßgebend für den Schwingungsvorgang im Trog ist jedoch die
Zugseillänge zu Beginn der Bergfahrt.

Wie die theoretischen Untersuchungen von DE RIES ergaben, sind die
unter realistischen Anfahrbedingungen zu erwartenden Wasserspiegelbewegungen im Trog jedoch nur relativ gering. Ihre Auslenkungen an den
Stirnseiten des Troges betragen nur ca. 15 % der bei einer konstanten
Beschleunigung des Trogwagens zu erwartenden Amplituden. Durch einen
besonderen Anfahrmechanismus am unteren Ende der Transportbahn ist es
möglich, die Anfahrwiderstände des Trogwagens zu überwinden, ohne daß
es zu einer vorherigen Dehnung der Zugseile kommt /50/. In diesem
Falle sind die zusätzlichen Wasserspiegelbewegungen im Trog vernachlässigbar gering.

3.1.7 Kraftwirkungen auf den Trog

Die resultierende Kraft F auf den Trog während des Beschleuigungsvor-
ganges läßt sich aus der Differenz der Druckverteilungen an den Stirnflächen des Troges bestimmen. Sie beträgt für den stationären Fall
bei einer Trogbreite B und bei Verwendung von Gleichung (3-6):

$$F = 2\, \gamma\, B\, y\, \Delta y = \rho\, B\, y\, L\, a, \tag{3-9}$$

wobei

$\rho\, B\, y\, L = \rho\, V$ = Masse des im Trog enthaltenen Wassers und
$\rho\ \ \, = \gamma/g$ = Dichte des Wassers im Trog

ist.

Die resultierende Kraft F auf den Trog entspricht damit der Kraft, die
für die Beschleunigung der im Trog enthaltenen Wassermasse erforderlich ist.

Bei dieser Betrachtung wurden vereinfachend nur die hydrostatischen
Druckverteilungen an den Stirnflächen des Troges berücksichtigt. Bei
dem Schwingungsvorgang im Trog müßten theoretisch aber noch die dyna-
mischen Druckanteile zusätzlich in Rechnung gestellt werden. Diese
sind jedoch für $y/L \ll 1$ vernachlässigbar gering, so daß der Ansatz
nach Gleichung (3-9) hinreichend genaue Ergebnisse liefert /50/.

3.1.8 Trossenkräfte während des Transportvorganges

Während der Beschleunigungs- und Verzögerungsphase muß auf das im Trog schwimmend transportierte Schiff die gleiche Beschleunigung bzw. Verzögerung übertragen werden, wie sie jeweils auf den Trogwagen und die in ihm befindliche Wassermasse wirkt.

Beim Anfahrvorgang führt das Schiff dabei aufgrund seiner Massenträgheit eine der Fahrtrichtung entgegengesetzte Relativbewegung zum Trog aus. Die kinetische Energie dieser Schiffsbewegung muß nach Straffung der Haltetrossen in Formänderungsarbeit umgesetzt werden, wobei es zu einem erheblichen Kraftanstieg in ihnen kommen kann.

Für ein Europa-Schiff mit einem Bruttoschiffsgewicht von G_S = 1766 t (1350 t Tragfähigkeit) ergibt sich beispielsweise bei einer Anfahrbeschleunigung von a = 0,02 m/s² = const. bereits eine Kraft von (1766/9,81)·0,02 = 3,60 t ($\sim$ 36 kN), die von den Trossen auf das Schiff übertragen werden muß.

Bei dieser Überschlagsrechnung wurde jedoch vorausgesetzt, daß eine Relativbewegung zwischen Schiff und Trog praktisch nicht stattfindet (Kraftübertragung durch starre Verbindung).

Wegen des stets in den Haltetrossen vorhandenen *Trossendurchhanges* und aufgrund der *Elastizität der Haltetrossen* ist jedoch eine, wenn auch begrenzte, Eigenbeweglichkeit des Schiffes möglich. Dies bedeutet, daß die kinetische Bewegungsenergie des Schiffes durch die elastische Dehnung der Trossen in Formänderungsarbeit umgesetzt werden muß. Die dabei in den Trossen auftretenden Kraftspitzen können Werte erreichen, die mehr als das Zweifache der vorgenannten Trossenkraft betragen (vgl. die nachfolgenden Berechnungen in Abschnitt 3.1.8.2) und damit für die Belastung der Haltetrossen sowie auch für die der Trog- und Schiffspoller als unzulässig anzusehen sind.

Die durch die Wechselwirkung zwischen den Trog- und Schiffsbewegungen verursachten Trossenkräfte werden noch durch die im Trog stattfindenden Wasserspiegelbewegungen zusätzlich beeinflußt. Schließlich besitzt auch das Antriebssystem des Trogwagens (Trommelantrieb über Zugseile oder Eigenantrieb) noch eine gewisse "Eigenelastizität", deren Wirkungen sich auf die Bewegungen des Trogwagens übertragen und damit auch auf die Trossenbeanspruchungen der in ihm transportierten Schiffe.

Im folgenden wird der Versuch unternommen, die Größenordnung der Trossenkräfte zu bestimmen, die in der Anfahr- bzw. Anhaltephase während des Transportvorganges aufgrund der Elastizität und des Trossendurchhanges in den Haltetrossen der Schiffe zu erwarten sind. Dabei wird zunächst eine *konstante* Beschleunigung bzw. Verzögerung zu Beginn bzw. am Ende des Bewegungsablaufes vorausgesetzt.

<u>3.1.8.1 Berechnungsansatz mit konstanter Beschleunigung ohne Berück-
        sichtigung des Trossendurchhanges</u>

Es wird vereinfachend angenommen, daß die Haltetrossen des Schiffes (Bug- und Hecktrosse) zu Beginn des Transportvorganges straff (ohne Durchhang) festgelegt sind, so daß eine Bewegung des Schiffes aufgrund des Trossendurchhanges vernachlässigt werden kann. Damit ist eine Bewegung des Schiffes relativ zum Trog nur durch eine entsprechende Dehnung der Trossen möglich.

Es wird außerdem vorausgesetzt, daß das sich im Trog aufgrund der Beschleunigung (a = const) einstellende Wasserspiegelgefälle auf das Schiff erst wirksam wird, wenn die Enddehnung der Trosse bereits erreicht ist. Die Vorspannkraft in den beiden Haltetrossen (Länge = s) ist zu Beginn des Transportvorganges gleich groß, d.h. $S_1 = S_2$ (Abb. 3.8.).

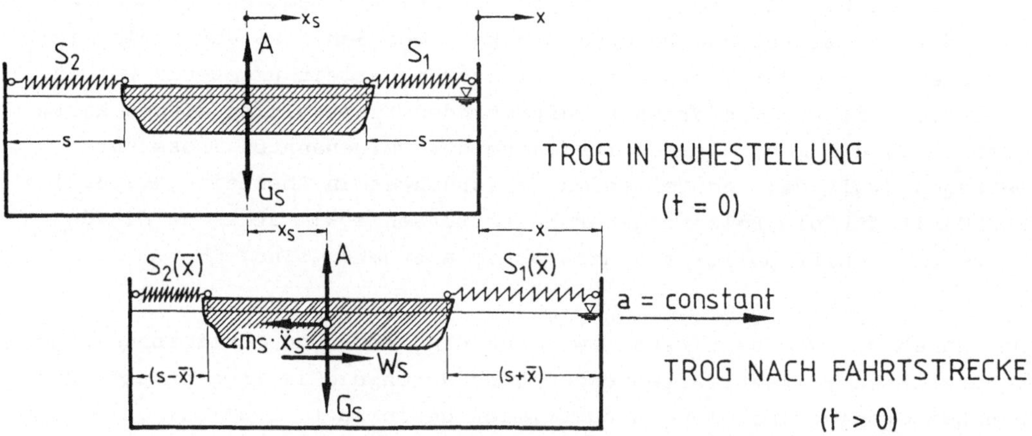

Abbildung 3.8. Relativbewegung zwischen Trog und Schiff während des Anfahrvorganges

Bei Beginn der Trogbewegung wirkt auf das transportierte Schiff eine
der Trogbewegung entgegengesetzte Massenkraft, deren Folge eine Relativbewegung zwischen Schiff und Trog ist.

Ist $x = f(t)$ die Verschiebung des Troges und $x_S = f(t)$ die Verschiebung des Schiffes gegenüber einem festen Koordiatensystem, so ergibt
sich die Relativverschiebung des Schiffes zum Trog zu:

$$\bar{x} = x - x_S. \tag{3-10}$$

Zur Zeit $t = 0$ ist $x = 0$ und $x_S = 0$, sowie auch $\dot{x} = \ddot{x} = 0$ und
$\dot{x}_S = \ddot{x}_S = 0$. Nach Beginn des Bewegungsvorganges gilt $\ddot{x} = a = const$ und
bei Verwendung von Gleichung (3-10):

$$\ddot{x}_S = \ddot{x} - \ddot{\bar{x}} = a - \ddot{\bar{x}}. \tag{3-11}$$

Für das dynamische Kräftegleichgewicht nach Beginn des Transportvorganges $(t > 0)$ gilt für ein Schiff der Masse $m_S = G_S/g$ der folgende Ansatz:

$$S_1(\bar{x}) - S_2(\bar{x}) + W_S - m_S \ddot{x}_S = 0, \tag{3-12}$$

wobei die Trossenkräfte S_1 und S_2 von der jeweiligen Relativverschiebung $\bar{x}$ zwischen Schiff und Trog abhängen und der Schiffswiderstand W_S
von der Relativgeschwindigkeit zwischen Wasser und Schiff bestimmt
wird. Er kann bei der geringen Bewegung des Schiffes aufgrund der Trossendehnung vernachlässigt werden. Bei der Bewegung des Schiffes entge-
gen der Trogbewegung kann bei dem vorliegenden vereinfachten Modell in
erster Näherung auch die Wirkung der Hecktrosse auf das Schiff vernachlässigt werden $(S_1 \gg S_2)$, so daß sich der folgende vereinfachte Ansatz ergibt:

$$S_1(\bar{x}) - m_S \ddot{x}_S = 0 \tag{3-13}$$

Die Kraft S in der Haltetrosse ist bei Berücksichtigung nur der elastischen Dehnung gegeben durch:

$$S = E\,A_T\,\varepsilon = E\,A_T\,\frac{\Delta s}{s} = \frac{E\,A_T}{s}\,\Delta s = c\,\bar{x}, \tag{3-14}$$

wobei

E = Elastizitätsmodul der Trosse (t/cm² bzw. N/mm²),

A_T = metallischer Querschnitt der Trosse (cm² bzw. mm²),

ε = $\Delta s/s$ = Dehnung der Trosse,

s = Trossenlänge (m),

Δs = Verlängerung der Trosse infolge Dehnung (m),

c = $E\,A_T/s$ = Federkonstante der elastischen Trosse (t/cm bzw. N/m).

Bei Verwendung der Gleichungen (3-11) und (3-14) folgt aus (3-13):

$$c\,\bar{x} - m_S\,a + m_S\,\ddot{x} = 0 \tag{3-15}$$

oder:

$$\ddot{x} + \frac{c}{m_S}\,\bar{x} = a = \text{const.} \tag{3-16}$$

Setzt man

$$c/m_S = \omega_t^2, \tag{3-17}$$

wobei ω_t die Eigenkreisfrequenz des Systems Schiff - Trosse ist, so ergibt sich die Schwingungsgleichung des linear elastischen Einmassenschwingers, deren allgemeine homogene Lösung lautet:

$$\bar{x}_H = A\,\sin(\omega_t\,t) + B\,\cos(\omega_t\,t). \tag{3-18}$$

Die Partikularlösung ergibt sich zu:

$$\bar{x}_P = a\,\frac{m_S}{c} = \frac{a}{\omega_t^2}. \tag{3-19}$$

Damit folgt für die Gesamtlösung:

$$\bar{x} = a\,\frac{m_S}{c} + A\,\sin(\omega_t\,t) + B\,\cos(\omega_t\,t). \tag{3-20}$$

Die Integrationskonstanten A und B ergeben sich aus den Randbedingungen $\bar{x}$ = 0 und $\dot{x}$ = 0 für t = 0 zu A = 0 und B = - a m_S/c.

Die Bewegung des Schiffes relativ zum Trog wird damit durch die folgende Gleichung beschrieben:

$$\bar{x} = a\,\frac{m_S}{c}\,(1 - \cos(\omega_t\,t)) = \frac{a}{\omega_t^2}\,(1 - \cos(\omega_t\,t)) \tag{3-21}$$

Die maximale Verschiebung $\bar{x}_{max}$ des Schiffes relativ zum Trog ergibt sich für $(\omega_t\, t) = \pi$ bei Verwendung der Gleichungen (3-21) und (3-14) zu:

$$\bar{x}_{max} = 2a\,\frac{m_S}{c} = \frac{2a\,m_S\,s}{E\,A_T} = \frac{2a}{\omega_t^2}. \qquad (3\text{-}22)$$

Die maximale Trossenkraft wird im Augenblick der größten Trossendehnung, d.h. bei der größten Verschiebung des Schiffes relativ zum Trog erreicht. Nach Gleichung (3-14) folgt mit $m_S = G_S/g$:

$$S_{max} = c\,\bar{x}_{max} = 2a\,m_S = 2a\,G_S/g. \qquad (3\text{-}23)$$

Für ein Europatyp-Schiff mit einem Bruttoschiffsgewicht von $G_S = 1766$ t ergäbe sich demnach bei einer Trogbeschleunigung von $a = 0{,}01$ m/s² bereits eine Trossenkraft von $S_{max} = 3{,}60$ t $(\sim 36$ kN$)$.

In dieser Berechnung wurde vernachlässigt, daß das Schiff aufgrund eines stets vorhandenen Trossendurchhanges zunächst eine, wenn auch geringe, Eigenbewegung ausführen kann, bevor es zur Straffung der Trosse und damit zu ihrer eigentlichen elastischen Dehnung kommt (Abb. 3.9.). Das Schiff besitzt demnach bereits eine gewisse Geschwindigkeit zu Beginn der elastischen Trossendehnung.

Die kinetische Energie der Schiffsbewegung muß dabei durch die elastische Dehnung der Trosse in Formänderungsarbeit umgesetzt werden. Dabei können, je nach Länge und Durchhang der Trossen, maximale Trossenkräfte auftreten, die den nach Gleichung (3-23) errechneten Wert noch erheblich überschreiten.

Im folgenden wird der Versuch gemacht, die Größenordnung dieser möglichen Kraftspitzen zu bestimmen.

3.1.8.2 Berechnungsansatz mit konstanter Beschleunigung und Berücksichtigung des Trossendurchhanges

Die Berücksichtigung der Schiffsbewegung infolge des Trossendurchhanges und der elastischen Dehnung der Trosse führt wegen des nichtlinearen Federgesetzes (Abb. 3.9.) für den Bewegungsablauf zu einer nichtlinearen, inhomogenen Differentialgleichung, deren Lösung keine harmonische Schwingung mehr ergibt.

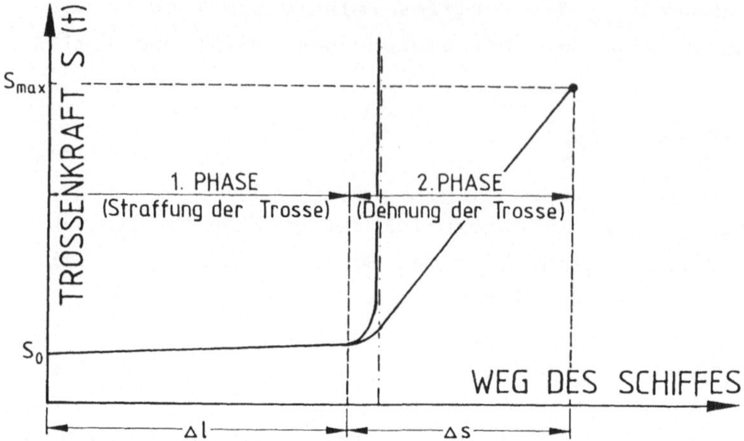

Abbildung 3.9. Kraft-Weg-Diagramm für die Haltetrosse

Um die Größenordnung der in den Haltetrossen auftretenden Kraftspitzen zu bestimmen, genügt es, die Bewegung des Schiffes relativ zum Trog vereinfachend in *zwei Phasen* zu betrachten: in der 1. Phase erfolgt die Straffung der Trosse - ihre geringe Dehnung wird in dieser Phase vernachlässigt - und in der 2. Phase wird die vom Schiff gewonnene kinetische Energie durch die elastische Dehnung der Trosse in Formänderungsarbeit umgesetzt (Abb. 3.9.) /44,45/.

Zur Vereinfachung wird die zu Beginn des Bewegungsvorganges in der Haltetrosse vorhandene Vorspannkraft S_0 während der ersten Phase als konstant angenommen, d.h. der geringe Kraftanstieg in der Trosse während der Straffung vernachlässigt.

Mit x = Verschiebung des Troges und x_S = Verschiebung des Schiffes gegenüber einem festen Koordinatensystem ergibt sich die Relativverschiebung zwischen Schiff und Trog zu $\bar{x} = x - x_S$ (Abb. 3.10.).

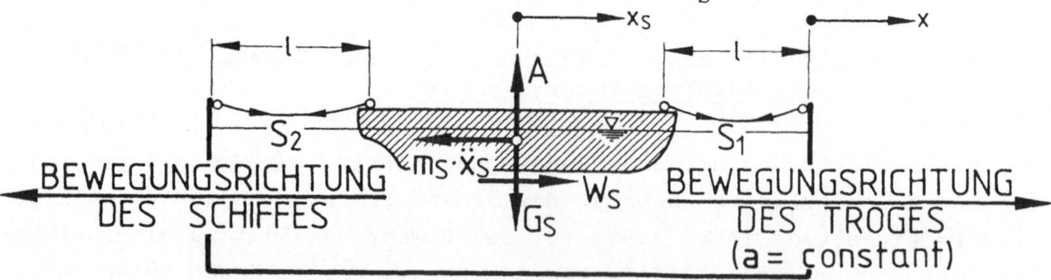

Abbildung 3.10. Kraftwirkungen auf das Schiff in der 1. Phase
           (ℓ = Sehnenlänge der Trosse)

Für die Bewegung des Schiffes von der Masse m_S gilt dann in der *ersten Phase* mit den Bezeichnungen der Abbildung 3.10. die folgende Gleichgewichtsbedingung:

$$S_1(\bar{x}) - S_2(\bar{x}) + W_S - m_S\,\ddot{\bar{x}}_S = 0,\qquad\qquad (3-24)$$

wobei $\ddot{\bar{x}}_S = \ddot{x} - \ddot{\bar{x}} = a - \ddot{\bar{x}}$ ist (a = const.). Vereinfachend wird während der ersten Phase $S_1 = S_0$ = const. angenommen und die Wirkung der zweiten Trosse S_2 sowie die des Schiffswiderstandes W_S vernachlässigt. Damit folgt:

$$m_S\,a - S_0 = m_S\,\ddot{\bar{x}} = m_S\,\frac{d\bar{v}}{d\bar{x}}\,\bar{v},\qquad\qquad (3-25)$$

wobei $\bar{v}$ = Relativgeschwindigkeit zwischen Trog und Schiff ist.

Die Geschwindigkeit $\bar{v}$ des Schiffes am Ende der 1. Phase läßt sich nach Trennung der Veränderlichen und Integration wie folgt berechnen:

$$\int_0^{\bar{v}_e} \bar{v}\,d\bar{v} = \left(a - \frac{S_0}{m_S}\right) \int_0^{\Delta\ell} d\bar{x}$$

Daraus

$$\bar{v}_e = \sqrt{2\left(a - \frac{S_0}{m_S}\right)\Delta\ell},\qquad\qquad (3-26)$$

wobei $\Delta\ell$ der Weg des Schiffes in der ersten Phase ist (Abb. 3.9.).

Der vom Schiff in der 1. Phase durchlaufene Weg $\Delta\ell$ läßt sich aus den für das dehnungslose Seil geltenden Beziehungen bestimmen.

Für das *dehnungslose* Seil (Trosse) kann aufgrund der geringen Biegesteifigkeit der Einzeldrähte angenommen werden, daß weder Biegemomente noch Querkräfte aufgenommen werden. In jedem Schnitt des zwischen zwei Auflagerpunkten gespannten Seiles (Seillänge = s) muß deshalb die gleiche Horizontalkraft S_H wirksam sein (Abb. 3.11.).

Für das Gleichgewicht am verformten System an der Stelle x gilt mit q = Gewicht des Seiles je lfm Sehnenlänge:

$$S_H\,y + \frac{qx^2}{2} - \frac{q\ell}{2}\,x = 0.$$

Für x = $\ell/2$ wird y = f, und es folgt:

$$S_H = \frac{q\ell^2}{8f} \, , \qquad\qquad (3-27)$$

mit f = Durchhang des Seiles und ℓ = Sehnenlänge.

Gleichung (3-27) ist für $f \ll \ell$ genügend genau. In Wirklichkeit ist das als Belastung angesetzte Seilgewicht q jedoch nicht konstant, sondern vom Durchhang abhängig. Dabei gilt (Abb. 3.11.):

$$q(x) = q \frac{ds}{dx} = \frac{q}{\cos \varphi} \, .$$

Mit

$$ds = dx \sqrt{1 + \left(\frac{dy}{dx}\right)^2} = dx \sqrt{1 + y'^2} \qquad\qquad (3-28)$$

folgt

$$q(x) = q \sqrt{1 + y'^2} \, . \qquad\qquad (3-29)$$

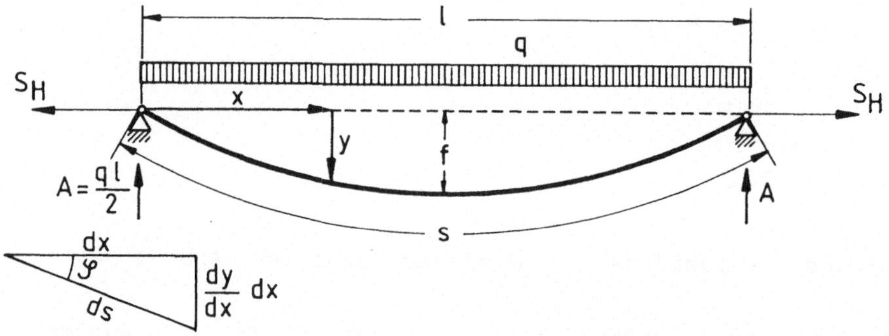

Abbildung 3.11.   Kräftegleichgewicht am Seil

Bei Verwendung von Gleichung (3-29) führt die Differentialgleichung des Seiles zu einer Kettenlinie als Seillinie, die näherungsweise durch eine quadratische Parabel von der Form

$$y = 4f \left(\frac{x}{\ell}\right)^2 \qquad\qquad (3-30)$$

ersetzt werden kann.

Die Seillänge s läßt sich bei vorgegebenem Durchhang f und Sehnenlänge ℓ bei Verwendung der Gleichungen (3-28) und (3-30) bestimmen:

$$s = \int\limits_{-\ell/2}^{+\ell/2} \sqrt{1 + y'^2}\ dx = \ell + \frac{8}{3}\frac{f^2}{\ell} = \ell + \Delta\ell. \qquad (3-31)$$

Mit Gleichung (3-27) ergibt sich:

$$\Delta\ell = \frac{q^2\,\ell^3}{24\,S_H^2}. \qquad (3-32)$$

Mit Hilfe von Gleichung (3-32) kann der in der 1. Phase bei der Straffung der Trosse vom Schiff durchlaufene Weg (Abb. 3.9.) in erster Näherung bestimmt werden. Dabei kann davon ausgegangen werden, daß bei den im Trog festgelegten Schiffen in der Ruhelage wegen der Vorspannkraft S_0 in der Trosse und wegen der Kürze der Trossenlänge s nur ein geringer Trossendurchhang vorhanden ist ($f \ll \ell$), so daß näherungsweise s $\sim$ ℓ gesetzt werden kann.

Vernachlässigt man weiterhin den geringen Kraftanstieg in der Trosse bei ihrer Straffung (Abb. 3.9.), so ergibt sich mit $S_0 = S_H$ = const. der mögliche Weg des Schiffes in der ersten Phase vereinfacht nach Gleichung (3-32) zu:

$$\Delta\ell = \frac{q^2\,s^3}{24\,S_0^2}. \qquad (3-33)$$

Damit ergibt sich für die Geschwindigkeit $\bar{v}_e$ des Schiffes am Ende der 1. Phase (s. Gleichung 3-26):

$$\bar{v}_e = \sqrt{2\left(a - \frac{S_0}{m_S}\right)\frac{q^2\,s^3}{24\,S_0^2}} \qquad (3-34)$$

In der 2. Phase (Abb. 3.9.) muß die kinetische Energie des Schiffes durch die elastische Dehnung der Trosse in Formänderungsarbeit umgesetzt werden, d.h. es gilt:

$$\int S\ d(\Delta s) = \frac{1}{2}\,m_S\,\bar{v}_e^2 \qquad (3-35)$$

Bei Verwendung von Gleichung (3-34) folgt mit $\Delta s = \varepsilon\,s$ und $d(\Delta s) = s\,d\varepsilon$:

$$\int\limits_{0}^{\varepsilon_e} E\,A_T\,\varepsilon\,s\,d\varepsilon = (m_S\,a - S_0)\,\frac{q^2\,s^3}{24\,S_0^2}$$

und daraus:

$$\frac{1}{2} \, E \, A_T \, s \, \varepsilon_e^2 = (m_S \, a - S_0) \, \frac{q^2 \, s^3}{24 \, S_0^2} \; ,$$

wobei ε_e die Enddehnung der Trosse im Augenblick der größten Trossenkraft S_{max} ist.

Mit $S_{max} = E \, A_T \, \varepsilon_e$ folgt schließlich für die maximale Trossenkraft am
Ende der, 2. Phase:

$$S_{max} = \sqrt{E \, A_T \, (G_S \, a/g - S_0) \, \frac{q^2 \, s^2}{12 \, S_0^2}} \; . \qquad\qquad (3-36)$$

Die Kraftspitze in der Trosse wird demnach unter sonst gleichen Bedin-
gungen (G_S, S_0, E, A_T und a) um so größer, je länger die Trosse ist.

Für das vorstehend gewählte Beispiel eines Europa-Schiffes mit
G_S = 1766 t = Bruttoschiffsgewicht ($\sim$ 17660 kN) ergibt sich mit den folgenden Randbedingungen

E = 1100 t/cm² ($\sim$ 1,1 × 10² kN/mm²);

A_T = 1,75 cm² bzw. 175 mm² (Trossendurchmesser = 22 mm);

s = 5,0 m;

s_0 = 0,03 t ($\sim$ 0,3 kN);

q = 0,00165 t/m ($\sim$ 0,0165 kN/m);

a = 0,01 m/s²

eine maximale Trossenkraft von S_{max} = 4,63 t ($\sim$ 46,3 kN).

Diese Kraft liegt um etwa 30 % über dem ohne Berücksichtigung des Trossendurchhanges errechneten Wert von 3,60 t ($\sim$ 36 kN). Bei längeren
Trossen und stärkerem Durchhang kann der Kraftanstieg jedoch noch erheblich größer werden, wie sich leicht nachweisen läßt.

Die Berechnungen zeigen, daß die in der Anfahr- und Anhaltephase des
Trogwagens bei konstanter Beschleunigung bzw. Verzögerung desselben
zu erwartenden Trossenkräfte den für Schiffshebewerke als zulässig angesehenen Wert von G_S/1000 erheblich überschreiten. Sie sind darüber
hinaus auch für Schiffs- und Trogpoller als unzulässig anzusehen.

Bei den vorstehenden Ansätzen wurde die Wirkung des sich in der An-
fahr- bzw. Anhaltephase im Trog einstellenden Wasserspiegelgefälles

auf die Bewegung des transportierten Schiffes vernachlässigt. Diese
Vereinfachung ist gerechtfertigt, da die Eigenkreisfrequenz ω_0 der
Wassermasse im Trog und die des Systems Trosse – Schiff ω_t sehr unter-
schiedlich sind ($\omega_t \gg \omega_0$, s. Gleichungen (3-3) und (3-17)).

Dies bedeutet, daß die Bewegung des Schiffes in der Anfahr- bzw. Anhaltephase längst erfolgt ist, bevor durch das sich im Trog einstellende Wasserspiegelgefälle eine entsprechende Gegenkraft auf das Schiff
ausgeübt wird.

Diese Verhältnisse ändern sich grundlegend, wenn zu Beginn der Anfahr-
bzw. Anhaltephase nicht mit einer konstanten, sondern mit einer linear zunehmenden Beschleunigung bzw. Verzögerung gefahren wird, wobei
als Zeitintervall bis zu der als zulässig erachteten Maximalbeschleu-
nigung (a_{max} = 0,01 m/s²) die Eigenschwingperiode T_0 der Wassermasse
im Trog gewählt wird (Abb. 3.7.).

In diesem Falle nimmt die auf das transportierte Schiff wirkende Trägheitskraft m_S a(t) in gleicher Weise zu wie das sich einstellende Wasserspiegelgefälle im Trog. Durch dieses wird aber eine der Massenkraft
entgegengerichtete Kraft (Neigungskraft G_S sin θ, Abb. 3.5.) auf das
Schiff ausgeübt, durch die seine Eigenbewegungen gedämpft und damit
die Kraftwirkungen in den Haltetrossen verringert werden.

Im folgenden wird der Versuch unternommen, die in den Haltetrossen zu
erwartenden Kraftspitzen größenordnungsmäßig zu bestimmen.

3.1.8.3 Berechnung mit linear zunehmender Beschleunigung

Bei einer linearen Zunahme der Beschleunigung a(t) auf einen Maximalwert a_{max} stellt sich theoretisch im Trog ein Wasserspiegelgefälle
ein, das sich zu jedem Zeitpunkt während der Beschleunigungsphase nach
Gleichung (3-5) wie folgt ergibt (Abb. 3.6.):

$$\tan \theta = a(t)/g. \tag{3-37}$$

Die auf das Schiff im Trog wirkende Neigungskraft ist demnach wegen
tan $\theta \sim$ sin θ (geringe Wasserspiegelneigung) durch den folgenden Ansatz gegeben (Abb. 3.5.):

$$G_S \sin \theta = G_S \, a(t)/g = m_S \, a(t). \tag{3-38}$$

Diese Kraft entspricht aber genau der auf das Schiff wirkenden Trägheitskraft, d.h. beide Kraftwirkungen heben sich zu jedem Zeitpunkt der Beschleunigungsphase gegenseitig auf.

Hierbei ist jedoch Voraussetzung, daß beide Kraftwirkungen auf das Schiff *gleichzeitig* wirksam sind. Dies ist wegen der Reibungseinflüsse im Trog und aufgrund der Massenträgheit des im Trog enthaltenen Wassers jedoch nicht der Fall, so daß es zu gewissen Bewegungen des transportierten Schiffes und damit zu - wenn auch geringen - Kraftwirkungen in seinen Haltetrossen kommt.

Wie die theoretischen Untersuchungen mit Berücksichtigung der Reibungseinflüsse von DE RIES ergaben, erreichen die dabei auftretenden Trossenkräfte nur etwa 1/10 ihrer bei konstanter Beschleunigung des Trogwagens zu erwartenden Werte /50/. Die maximalen Trossenkräfte liegen dabei bei etwa 1/4000 bis 1/5000 des jeweiligen Bruttoschiffsgewichtes.

Zusammenfassend kann festgestellt werden, daß bei Einhaltung des in Abbildung 3.7. dargestellten Fahrplanes während des Transportvorganges sowohl die Wasserspiegelbewegungen im Trog als auch die in den Haltetrossen der Schiffe auftretenden Kräfte auf ein zulässiges Maß begrenzt werden können. Die maximale Beschleunigung bzw. Verzögerung sollte jedoch dabei einen Wert von etwa $a = \pm 0{,}01\ \mathrm{m/s^2}$ möglichst nicht überschreiten.

3.1.9 Trossenkräfte bei Notbremsungen

Die vorstehenden Betrachtungen haben gezeigt, daß die Trossenkräfte während eines normalen Transportvorganges (Berg- bzw. Talfahrt) auf ein zulässiges Maß reduziert werden können.

Wenn jedoch infolge einer Notbremsung (z.B. durch Stromausfall oder durch Havarie der Antriebsorgane) eine *plötzliche* Veränderung der Fahrtgeschwindigkeit (Verzögerung) des Trogwagens stattfindet, so reagiert die Wassermasse im Trog entsprechend. Je nachdem in welchem Stadium des Transportvorganges die Notbremsung stattfindet, wird die Wassermasse zur Schwingung angeregt, wobei die Schwingungsamplituden an den Stirnseiten des Troges von der Verzögerung des Trogwagens abhängen. Die von den Haltetrossen der transportierten Schiffe aufzu-

nehmenden Kräfte können dabei, wie sich leicht nachweisen läßt, je
nach Ablauf der Notbremsung das zulässige Maß von $G_S/1000$ erheblich
überschreiten /50/.

Für den Anfahrvorgang (Beschleunigung des Trogwagens) bzw. für den Anhaltevorgang (Verzögerung des Trogwagens) wurde bei Vernachlässigung
des Trossendurchhanges mit a = const. nach Gleichung (3-23) eine maximale Trossenkraft von S_{max} = 2a m_S ermittelt. Bereits bei einer Beschleunigung bzw. Verzögerung von nur a = $\pm$ 0,01 m/s² ergab sich damit für ein Europatyp-Schiff mit einem Bruttoschiffsgewicht von
G_S = 1766 t eine Trossenkraft von S_{max} = 3,60t ($\sim$ 36 kN) > $G_S/1000$, die
bei Berücksichtigung des Trossendurchhanges noch entsprechend größer
war (Gl. 3-36).

Im Falle einer Notbremsung wird es jedoch kaum möglich sein, die Verzögerung des Trogwagens auf a = 0,01 m/s² zu begrenzen. Dies bedeutet,
daß die Trossenkräfte den zulässigen Grenzwert von $G_S/1000$ erheblich
überschreiten werden.

Für die Sicherheit des Gesamtsystems und die der im Trog befindlichen
Schiffe ist deshalb *dieser Betriebsfall von großer Wichtigkeit.*

Im folgenden wird der Versuch unternommen, die Größenordnung der bei
einer Notbremsung in den Haltetrossen auftretenden Kräfte zu bestimmen.

Es wird zunächst vereinfachend vorausgesetzt, daß die Haltetrossen
des Schiffes gespannt sind (Vernachlässigung des Trossendurchhanges)
und die Bewegungen des Schiffes relativ zum Trog nur durch die elastische Dehnung der Trossen ermöglicht werden.

In diesem Falle gilt für die Trossenkraft nach Gleichung (3-23) das
lineare Federgesetz S = c $\bar{x}$, wobei c die Federkonstante der Trosse ist.

Nach Gleichung (3-17) gilt für die Eigenkreisfrequenz des Systems
Schiff - Trosse $\omega_t = \sqrt{c/m_S}$. Damit ergibt sich für die Federkonstante c:

$$c = m_S\,\omega_t^2 = \frac{E\,A_T}{s} \qquad\qquad (3-39)$$

und für die Trossenkraft S:

$$S = m_S\, \omega_t^2\, \bar{x} = \frac{E\, A_T}{s}\, \bar{x}. \tag{3-40}$$

Im Gegensatz zur Anfahrphase besitzt das Schiff im Falle einer Notbremsung aufgrund seiner Eigenbewegungen während des Transportvorganges im allgemeinen eine gewisse Geschwindigkeit $\bar{v}_S$ relativ zum Trog.
Die von den Haltetrossen bei einer Notbremsung aufzunehmende Kraft
kann demnach unter Verwendung von Gleichung (3-40) auch wie folgt berechnet werden:

$$S = m_S\, \bar{v}_S\, \omega_t = \bar{v}_S \sqrt{\frac{E\, A_T\, G_S}{s\, g}}, \tag{3-41}$$

wobei:

S = Trossenkraft (t bzw. kN),

$\bar{v}_S$ = Geschwindigkeit des Schiffes im Augenblick der Notbremsung
relativ zum Trog (cm/s),

E = Elastizitätsmodul der Trosse (t/cm² bzw. kN/mm²),

A_T = metallischer Querschnitt der Trosse (cm² bzw. mm²),

s = Trossenlänge (cm),

G_S = Bruttoschiffsgewicht (t bzw. kN),

g = Erdbeschleunigung (cm/s²).

Bei einer angenommenen Schiffsgeschwindigkeit relativ zum Trog von
$\bar{v}_S$ = 1,5 cm/s, die aufgrund des Durchhanges und der Elastizität der
Trossen bei einer Trossenlänge von s = 5,0 m leicht erreicht werden
kann, ergibt sich mit E = 1100 t/cm² ($\sim 1{,}1 \times 10^2$ kN/mm²) und A_T = 1,75 cm²
nach Gleichung (3-41) für ein Europa-Schiff mit G_S = 1766 t Bruttoschiffsgewicht bereits eine Trossenkraft von S $\sim$ 4,0 t ($\sim$ 40 kN), die
den zulässigen Grenzwert G_S/1000 überschreitet. Bei längeren Trossen
kann dieser Wert noch entsprechend höher liegen.

Um die Bewegungsmöglichkeiten des Schiffes infolge des Trossendurchhanges auf ein Minimum zu begrenzen, ist es deshalb erforderlich, die
Haltetrossen vor Beginn des Transportvorganges *möglichst straff* fest-
zulegen.

Eine weitere Möglichkeit, die Größe der bei einer Notbremsung von den
Haltetrossen der Schiffe aufzunehmenden Kräfte herabzusetzen, besteht
darin, die Eigenkreisfrequenz ω_t des Systems Schiff – Trosse zu ver-

ringern. Sie ergibt sich nach Gleichung (3-39) zu:

$$\omega_t = \sqrt{\frac{c}{m_S}} = \sqrt{\frac{E\,A_T}{s\,m_S}} \; . \tag{3-42}$$

Hierbei wird vorausgesetzt, daß die Poller an den Längsseiten des Troges fest mit diesem verbunden sind und keine Eigenelastizität besitzen.

Wenn man jedoch den Pollern am Trog eine *begrenzte elastische Beweg-*
lichkeit zubilligt, wird die "Federkonstante" des Systems Schiff - Trosse - Poller entsprechend verringert und damit auch die Eigenkreisfrequenz ω_t. Dies bedeutet, daß die Elastizität des Vertäuungssystems zunimmt und die nach Gleichung (3-36) zu erwartenden Trossenkräfte verringert werden.

Das Prinzip dieser Lösung läßt sich am besten durch die Anordnung von
beweglichen Pollern verwirklichen, wobei ihre Rückstellkraft durch ein
entsprechendes Regelsystem so gewählt wird, daß sie gerade der zulässigen Trossenkraft entspricht /50/.

3.1.10 Anordnung von beweglichen Pollern

Bei dem von DE RIES /50/ entwickelten System wird das Schiff mit Hilfe seiner Bug- und Hecktrosse an den auf rollenden Unterwagen montier-
ten Pollern P_1 und P_2 festgelegt (Abb. 3.12.).

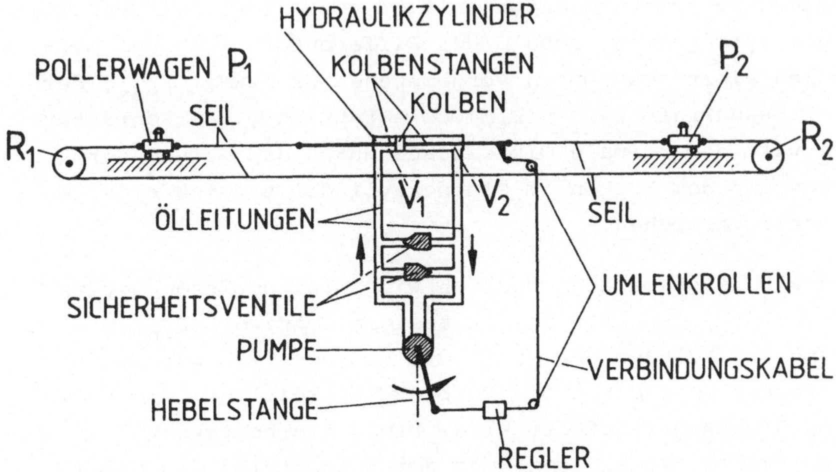

Abbildung 3.12. Prinzip des Regelsystems mit beweglichen Pollerwagen

Die Pollerwagen bewegen sich auf den Längsseiten des Troges und werden durch seitliche Rollen geführt. Jeder Pollerwagen ist durch ein
Seil mit der Kolbenstange eines Öldruckzylinders verbunden, der in der
Mitte zwischen den Pollerwagen an der Trogwand angeordnet ist. Beide
Pollerwagen sind darüber hinaus durch ein über zwei Umlenkrollen R_1
und R_2 geführtes Seil miteinander verbunden (Abb. 3.12.). Die Bewegungen des über den Haltetrossen mit den Pollern verbundenen Schiffes
werden demnach über die Poller auf den Kolben des Öldruckzylinders
übertragen.

Wenn man von der Eigenelastizität der die Pollerwagen verbindenden
Seile absieht und die Reibung der Pollerwagen und der Umlenkrollen
vernachlässigt, so entspricht die auf den Kolben des Zylinders ausge-
übte Kraft zu jedem Zeitpunkt des Transportvorganges der parallel zur
Troglängswand wirkenden Komponente der Trossenkraft (Längskraft). Die
geringe, senkrecht zur Trogwandung wirkende Komponente der Trossenkraft (Querkraft) muß dabei von den seitlichen Führungsrollen des jeweiligen Pollerwagens aufgenommen werden.

Die beiden vor und hinter dem Kolben des Ölzylinders vorhandenen Vo-
lumina V_1 und V_2 werden über Versorgungsleitungen durch eine in der
Förderleistung regulierbare Kolbenpumpe mit Öl versorgt, wobei die
Fördermenge und -richtung durch ein Regelsystem gesteuert wird. Dieses spricht auf die Auslenkung der Hebelstange an, die ihrerseits
durch die Position des Kolbens im Ölzylinder bestimmt wird (Abb.3.12.).

Zwischen den beiden Versorgungsleitungen sind zwei Sicherheitsventile
angeordnet. Diese springen an, sobald der Differenzdruck in den beiden Zylinderteilen einen bestimmten vorgegebenen Grenzwert P_{max}, der
der zulässigen Trossenkraft $S_{zul} = G_S/1000$ entspricht, überschreitet.
In diesem Falle wird der normale Ölkreislauf durch das Öffnen der Ven-
tile unterbrochen und dem Kolben im Öldruckzylinder dadurch eine gewisse Beweglichkeit verliehen.

Das Prinzip des Regelsystems kann demnach wie folgt umrissen werden:
Solange die Trossenkraft unter einem zulässigen Grenzwert S_{zul} bleibt,
wird die Bewegung des Kolbens und damit die des Schiffes nur durch
die Ölmenge gesteuert, die durch die Pumpe dem Ölkreislauf in der einen oder anderen Richtung zugeführt wird. Die Sicherheitsventile
bleiben in diesem Falle geschlossen, und der Kolben wird durch die
Ölzufuhr stets in seine Ruhelage zurückgeführt.

Durch die Bewegungen des Kolbens im Ölzylinder als Folge der in Richtung und Größe wechselnden Trossenkräfte wird die Eigenfrequenz des Systems Schiff - Trosse - Poller verringert. Damit werden auch die Trossenkräfte entsprechend geringer.

Sobald jedoch die Trossenkräfte den zulässigen Grenzwert von $S_{zul} = G_S/1000$ überschreiten, springen die Sicherheitsventile an. Dadurch wird die Ölzufuhr in den Ölzylindern unterbrochen und eine Rückführung des Kolbens in seine Mittellage verhindert. Dem belasteten Poller und dem Schiff wird damit eine gewisse Bewegungsmöglichkeit gegeben, wobei die während des Bewegungsvorganges in der Haltetrosse wirkende Kraft gerade der zulässigen Trossenkraft entspricht.

Dieser Vorgang dauert solange an, bis die Trossenbelastung wieder den zulässigen Grenzwert unterschreitet. In diesem Augenblick schließen sich die Sicherheitsventile, und die Bewegungen des Schiffes werden wieder über die Ölzufuhr der Pumpe in den Druckzylinder kontrolliert.

Zusammenfassend kann festgestellt werden, daß sich bei den *normalen Berg- und Talfahrten* des Trogwagens eine Begrenzung der auftretenden Trossenkräfte durch einen entsprechenden Bewegungsablauf (Abb. 3.7.) auch *ohne* bewegliche Poller erreichen läßt.

Bei *Notbremsungen* bzw. bei plötzlichem Ausfall der Trogantriebe ist dies jedoch *nicht* möglich. Durch das vorstehend beschriebene Prinzip mit teilbeweglichen Pollerwagen kann jedoch eine Begrenzung der zu erwartenden Trossenkräfte auf ein zulässiges Maß auch in Notsituationen erreicht werden.

3.1.11 Das Schrägaufzug-Hebewerk von Ronquières/Belgien

Beim Ausbau des belgischen Schiffahrtskanals zwischen Charleroi und Brüssel (Abb. 3.13.) für Schiffe bis zu 1350 t Tragfähigkeit ergab sich die Notwendigkeit, den vorhandenen Kanal auf einer Teilstrecke, die bislang nur für Schiffe bis zu 300 t befahrbar war, neu zu planen.

Im bestehenden Kanal wird eine Gefällestufe von etwa 20,50 m zwischen Charleroi und der Scheitelhaltung auf der Hochebene von Ronquières durch drei Schleusen überwunden (3.14.). Den Geländeverhältnissen entsprechend, mußte der Abstieg von hier zu den anschließenden Kanalhal-

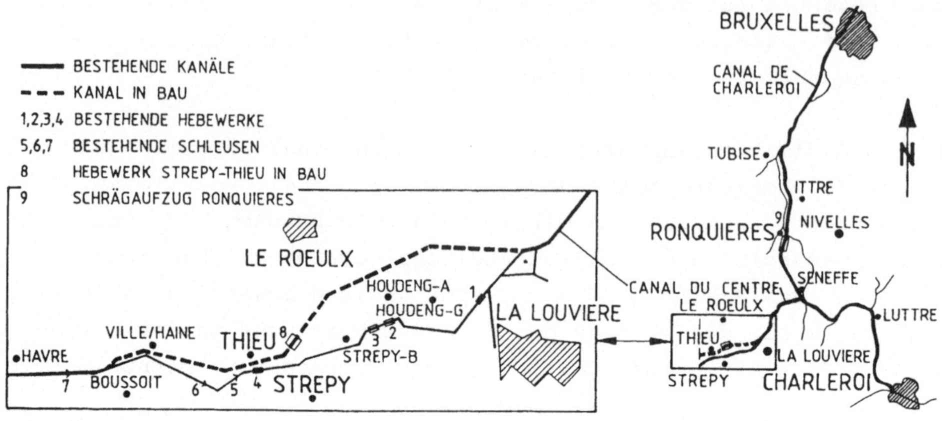

Abbildung 3.13. Anordnung der Hebewerke von Ronquières und Strépy-
Thieu

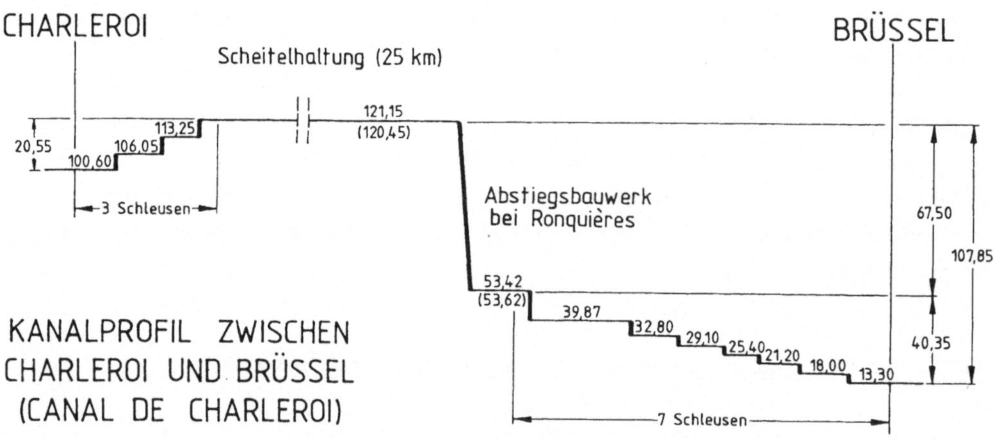

Abbildung 3.14. Längsprofil des Kanals zwischen Charleroi und Brüssel
/58/

tungen über eine Gefällestufe von etwa 67,50 m auf relativ kurzer
Strecke erfolgen. Daran schließen sich auf der Kanalstrecke bis Brüssel sieben weitere Schleusen geringerer Hubhöhe an /54,56/.

3.1.11.1 Allgemeine Voruntersuchungen

In einer umfangreichen Vorstudie wurden die verschiedenen Möglichkeiten zur Überwindung der relativ großen Höhendifferenz von rd. 68 m
untersucht. Die nachstehend aufgeführten Alternativlösungen wurden
dabei im Hinblick auf ihre Bau- und Unterhaltungskosten, ihre Leistungsfähigkeit und Sicherheit für die Schiffahrt einander gegenübergestellt:

- vier Schleusen von je 17 m Hubhöhe,
- zwei senkrechte Hebewerke mit je 34 m Förderhöhe,
- ein   senkrechtes Hebewerk mit 68 m Förderhöhe,
- ein   Schrägaufzug mit 68 m Förderhöhe.

Die vergleichenden Untersuchungen wurden für einen ausgeglichenen
Schiffsverkehr in beiden Richtungen sowie auch für Schiffsverkehr in
nur einer Richtung ausgeführt /56/. Bei den Hebewerken wurde die Leistungsfähigkeit der jeweiligen Anlage für den Betrieb nur *eines* Troges sowie auch für den Betrieb von *zwei* unabhängig voneinander arbeitenden Trögen bestimmt.

Die folgenden Annahmen wurden dabei zugrunde gelegt:

- Für das Ein- bzw. Ausfahren von selbstfahrenden Motorschiffen in
  die Schleusen wurde ein Zeitbedarf von jeweils 9 min angenommen.
  Für gemischten Schiffsverkehr mit unterschiedlichen Schiffsgrößen
  (mehrere Schiffseinheiten gleichzeitig in der Schleuse bzw. im
  Trog) wurden jeweils 18 min angesetzt.

- Für das Ein- bzw. Ausfahren der Schiffe in den Trog eines Hebewerkes oder Schrägaufzuges wurde wegen der hier gegenüber Schleusenanlagen erforderlichen erhöhten Sicherheitsmaßnahmen jeweils ein
  Zeitbedarf von 11 min (Selbstfahrer) bzw. 20 min (gemischter Verkehr) angenommen.

- Für die Schleusen mit H = 17 m wurde eine Füll- bzw. Entleerungs-
  zeit von $T_{ges} = 6$ min zugrunde gelegt.

- Für die senkrechten Hebewerke wurden Hubzeiten von $T_{ges} = 5$ min
  (Hubhöhe = 34 m) und $T_{ges} = 10$ min (Hubhöhe = 68 m) angenommen.

- Für die Schrägaufzüge mit 68 m Hubhöhe wurde eine Hubzeit von 22 min angenommen.

- Die Fahrtgeschwindigkeit der Schiffe auf den etwa 1 km langen Kanalstrecken zwischen den Schleusen bzw. Hebewerken wurde auf 2 km/h begrenzt.

Bei Zugrundelegen der vorstehend genannten Werte läßt sich die Gesamtzeit T_G, die für ein Motorschiff bzw. für gemischten Schiffsverkehr zur Überwindung der Gefällestufe von 68 m erforderlich ist, nach der folgenden Gleichung berechnen:

$$T_G = N\ (2T_M + T_{ges}) + (N-1)\ T_K, \qquad\qquad (3\text{-}43)$$

wobei

N = Anzahl der Transportvorgänge,

T_M = Zeitbedarf für Ein- bzw. Ausfahrt der Schiffe (min),

T_{ges} = Schleusungszeit bzw. Hubzeit (min),

T_K = Zeitbedarf für die Durchfahrt der Zwischenhaltungen (min).

Der Zeitbedarf zum Durchfahren einer Zwischenhaltung von etwa 1,0 km Länge wurde mit T_K = 30 min angesetzt. Ein Vergleich der Leistungsfähigkeit der verschiedenen Anlagen zeigt die große Überlegenheit eines *einzelnen* senkrechten Hebewerkes oder Schrägaufzuges gegenüber den anderen Alternativlösungen (Tab. 3.1.).

Tabelle 3.1. Ergebnis der vergleichenden Untersuchungen über die erforderlichen Gesamtzeiten für die Überwindung der Gefällestufe von Ronquières/Belgien

Art des Abstiegsbauwerkes	Hubhöhe H	Anzahl der Transportvorgänge	Anzahl der Ein- und Ausfahrten	Schleusungszeit T (min)	Zeitbedarf T_M für Ein- und Ausfahrt		Zeitbedarf für Kanalhaltungen	Gesamtzeit T_G für Überwindung der Gefällestufe	
					für Selbstfahrer	für gemischten Verkehr		für Selbstfahrer	für gemischten Verkehr
Vier Schleusen	Je 17 m	4	8	6	9 min	18 min	90 min	186 min	258 min
Zwei Hebewerke	Je 34 m	2	4	5	11 min	20 min	30 min	84 min	120 min
Ein Hebewerk	68 m	1	2	10	11 min	20 min	-	32 min	50 min
Ein Schrägaufzug	68 m	1	2	22	11 min	20 min	-	44 min	62 min

Für die Anlage eines senkrechten Hebewerkes von 68 m Hubhöhe waren
die vorhandenen Geländeverhältnisse ungeeignet. Eine sehr hohe und
lange Kanalbrücke sowie große Massenbewegungen wären hierbei erforderlich gewesen. Die Entscheidung wurde deshalb im Jahre 1960 zugunsten eines *Schrägaufzug-Hebewerkes mit Längsförderung* mit zwei unab-
gig voneinander arbeitenden Trögen getroffen.

3.1.11.2 Entwurf des Schrägaufzuges

Das Gesamtprojekt des Schrägaufzuges von Ronquières erstreckt sich
über eine Länge von etwa 6 km. Es umfaßt eine obere Kanaldammstrecke
mit anschließender Kanalbrücke, die gleichzeitig als oberer Vorhafen
dient, die zwei etwa 1430 m langen Transportbahnen (Neigung 1:20),
an deren Ober- und Unterhaupt die anschließenden Kanalhaltungen mit
Sperrtoren angeschlossen sind, sowie den unteren Vorhafen.

Um einen möglichst weitgehenden Massenausgleich bei den Bauarbeiten
zu erreichen, wurde die Trassierung des Schrägaufzuges so gewählt,
daß ein Teil der Transportbahn im Einschnitt verlegt und der verbleibende Rest als Brückenkonstruktion ausgeführt wurde.

Die Fahrbahnen der Tröge und Gegengewichte sind bei der Brückenkonstruktion im Abstand von 20 m durch Jochbalken unterstützt, deren
senkrechte Pfeiler jeweils eine Last von 3000 t ($\sim$ 30 MN) in die etwa 10 m tiefen Fundamentsäulen (Durchmesser = 4,20 m) abtragen (Abb.
3.15.).

Die Tröge sind für das Europaschiff von 1350 t Tragfähigkeit bemessen
und besitzen eine Länge von 91 m (nutzbare Länge = 87 m), eine Breite
von 12 m und eine Wassertiefe, die je nach den Wasserspiegelverhält-
nissen in der oberen Haltung zwischen 3,0 und 3,7 m schwankt.

Die Tröge werden auf je zwei Reihen von je 59 elastisch gefederten
Stahlradpaaren (insgesamt 236 Räder) bewegt, die auf Eisenbahnschie-
nen (Gewicht = 500 N/m) laufen. Die Schienen sind in den Betonfahrbahnen verankert (Abb. 3.16.). Abbildung 3.17. zeigt die Federung
der Laufradpaare, Abbildung 3.18. den Trogwagen mit Unterbau.

Während des Transportvorganges wird die Führung des Trogwagens durch je
sechs elastisch gefederte, seitlich angeordnete Führungsrollen gesichert.

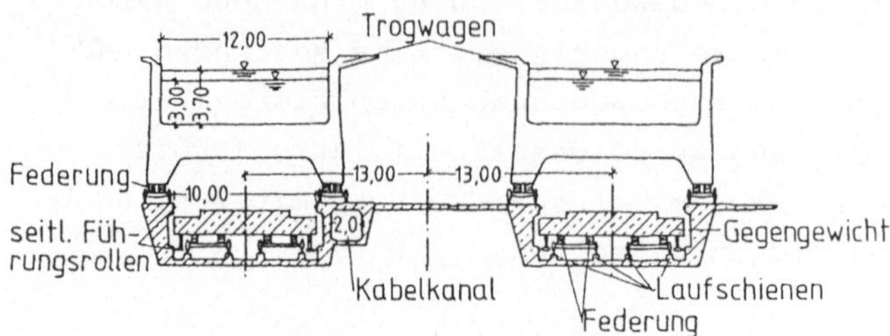

ⓐ Schnitt durch die Schrägaufzüge
   (im Einschnitt)

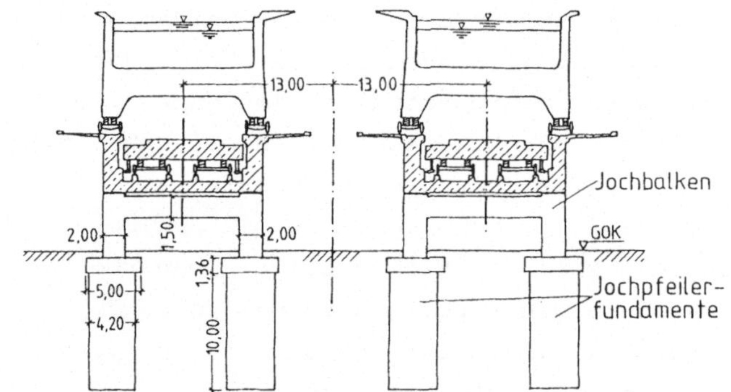

ⓑ Schnitt durch die Schrägaufzüge
   (Brückenstrecke)

Abbildung 3.15. Querschnitte der Transportbahnen

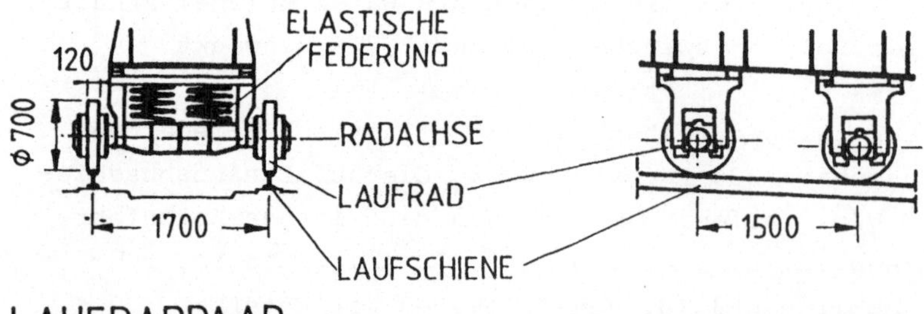

LAUFRADPAAR

Abbildung 3.16. Anordnung der gefederten Laufradpaare /58/
             (Maße in mm)

Abbildung 3.17. Federung der Laufradpaare

Je nach Wasserstand im Trog schwankt sein Gesamtgewicht zwischen
5000 und 5700 t ($\sim$ 50000 und $\sim$ 57000 kN). Das obere und untere Trogende ist durch je ein bewegliches Tor verschlossen. Die Außenwandun-.
gen des Troges sind mit einer wärmeisolierten Schicht versehen, die
durch Aluminiumplatten gegen Beschädigungen geschützt wird (Abb.
3.18.). Durch diese Maßnahme soll ein Gefrieren des Wassers im Trog
weitgehend verhindert werden. Darüber hinaus sind die Dichtungen an
den Trog- und Kanaltoren mit einer Ölheizung versehen.

Für die Verriegelung des Troges in seiner oberen und unteren Endposition sind ölhydraulisch betätigte Haken vorgesehen. Durch sie wird
der Trog an die jeweilige Anschlußstelle herangezogen, bis die zwischen Trogwagen und Haltungstor vorhandenen Dichtungen wirksam werden.
Die Füllung des zwischen dem Haltungs- und Trogtor verbleibenden
Spaltes erfolgt durch die Freigabe von Umlaufkanälen (seitliches Ver-
schieben der beiden Tore, Abb. 3.19.). Bei diesem Vorgang wird gleichzeitig ein hydrostatischer Druckausgleich zwischen dem Kanal- und
Trogwasserspiegel erreicht. Nach erfolgter Füllung des Torspaltes werden beide Tore hochgezogen und damit die Verbindung zwischen Trog und
Kanalhaltung hergestellt.

Beim Ablegen des Trogwagens wird zunächst das im Torspalt vorhandene
Wasser über einen Schieber nach unten abgeführt (Abb. 3.19.). Dann
wird der Trogwagen entriegelt, und der Transportvorgang beginnt.

Abbildung 3.18. Trogwagen mit Unterbau und Laufrädern

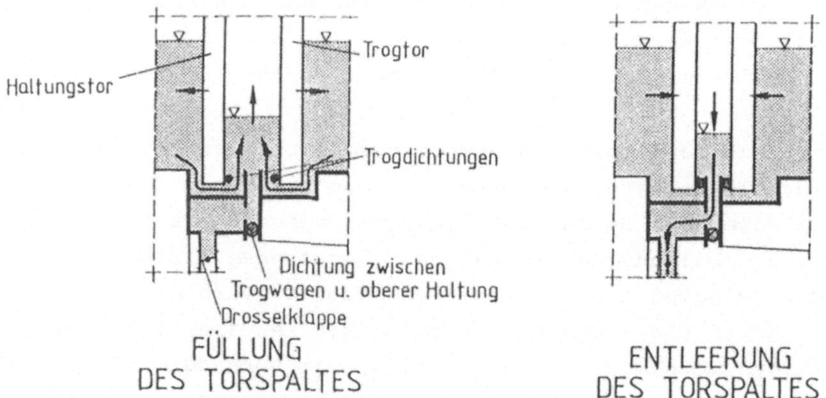

Abbildung 3.19. Prinzip des Druckausgleiches zwischen Kanalhaltung
und Trog /58/

Am Unterhaupt des Schrägaufzuges befindet sich ein portalähnliches Ge-
bäude mit Beobachtungsstand und Kranvorrichtungen zum Heben und Senken
der Trog- und Sperrtore.

Am oberen Ende der Transportbahn (Oberhaupt des Schrägaufzuges) ist
die Steuerzentrale des Hebewerkes angeordnet. Außerdem befinden sich
dort Portalkräne zum Heben und Senken der Trog- und Sperrtore. Ein
125 m hoher Aussichtsturm in der Mitte zwischen den beiden Schrägauf-
zugsbahnen gibt der Gesamtanlage einen besonderen architektonischen
Akzent (Abb. 3.20.).

An das Oberhaupt des Schrägaufzuges schließt eine 290 m lange Kanalbrücke von 59 m Breite an. Sie dient als oberer Vorhafen und führt in
die obere Kanalhaltung über. Abbildung 3.21. zeigt die beiden Schräg-
aufzugsbahnen mit einem Trog bei der Bergfahrt.

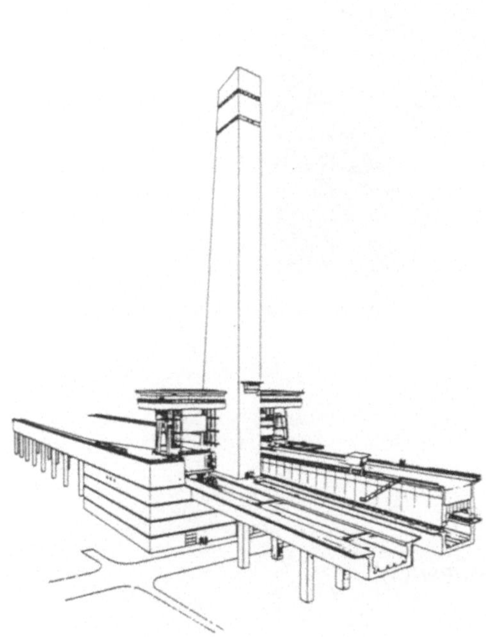

Abbildung 3.20.
Oberhaupt des Schrägaufzuges mit
Aussichtsturm /58/

Abbildung 3.21.
Blick vom Oberhaupt auf die zwei
Aufzugsbahnen

3.1.11.3 Antriebsorgane

Der Antrieb jedes Troges erfolgt über insgesamt 8 Zugseile (Ø = 55 mm),
die über Umlenkrollen einer Antriebstrommel von 5,50 m Durchmesser am
oberen Ende der Transportbahn zugeführt werden (Abb. 3.22.). Das Ende
der Seile ist mit dem unter dem jeweiligen Trogwagen auf Rollen laufenden Gegengewicht verbunden (Abb. 3.23.).

Abbildung 3.22. Umlenkrollen (Ø = 5,50m) am oberen Ende der Transport-
               bahn

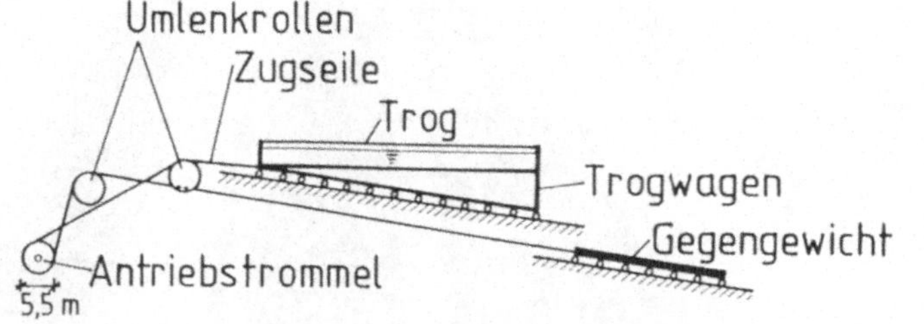

Abbildung 3.23. Prinzip des Trogantriebes

Über ölhydraulische Pressen am Trogwagen wird eine gleichmäßige Belastung der Zugseile bei ihrer möglichen unterschiedlichen Dehnung erreicht.

Durch die Verwendung der Gegengewichte konnte die erforderliche Antriebsleistung für die Trogbewegungen, und damit auch die laufenden
Betriebskosten, wesentlich verringert werden. Gleichzeitig konnten

auch die Investitionskosten für die elektrischen und mechanischen Antriebsorgane entsprechend gesenkt werden.

Überlegungen, den Trog durch eigene Radantriebe (ohne Zugseile) zu bewegen, wurden angestellt, aber fallengelassen. Insbesondere sprachen
gegen eine derartige Lösung die mögliche Rutschgefahr der Räder bei
einer Steigung von 1:20, die räumliche Verteilung der Antriebsorgane
auf die Räder sowie auch die ungleich höheren Betriebs- und Unterhaltungskosten.

Ein vollständiger Gewichtsausgleich zwischen Trog und Gegengewicht war
wegen der unterschiedlichen Wasserstände im Trog (Wasserspiegelschwankungen um bis zu 0,70 m in der oberen Haltung) nicht möglich. Es mußte
deshalb ein Kompromiß bezüglich der Gegengewichte getroffen werden. Ihr
Gewicht wurde mit 5200 t ($\sim$ 52000 kN) gewählt.

Die Gegengewichte laufen ähnlich wie die Trogwagen auf jeweils zwei
Reihen von je 48 elastisch gefederten Stahlradpaaren (insgesamt 192 Räder). Die Führung der Gegengewichte ist durch seitliche Führungsrollen
gesichert (Abb. 3.15.).

Der Antrieb jeder Trommel erfolgt über sechs Gleichstrommotoren von je
125 kW Leistung, die über Ward-Leonard-Sätze versorgt werden. Im Falle
eines plötzlichen Stromausfalls wird das Anhalten der in Bewegung befindlichen Tröge mit der entsprechenden Verzögerung durch Notstrom-
aggregate gesichert.

3.1.11.4 Bewegungsablauf während des Transportvorganges

Theoretische Untersuchungen /50/ und Modellversuche im belgischen "La-
boratoire de Recherches hydrauliques de l'Administration des Voies
Hydrauliques" ergaben im Hinblick auf die Wasserspiegelbewegungen im
Trog und die Trossenkräfte transportierter Schiffe, daß eine maximale
Beschleunigung bzw. Verzögerung des Troges von 0,01 m/s² als zulässig
angesehen werden kann. Um die Trossenbeanspruchungen der Schiffe möglichst gering zu halten, wurde beim Anfahr- und Anhaltevorgang eine
lineare Zu- bzw. Abnahme der Beschleunigung und Verzögerung in einem
Zeitintervall vorgesehen, das der Eigenschwingzeit des mit Wasser ge-
füllten Troges entspricht (T_0 $\sim$ 32 s). Als Fahrtgeschwindigkeit des
Troges nach der Anfahrphase wurde 1,20 m/s gewählt. Abbildung 3.24.

zeigt den zeitlichen Verlauf der Trogbeschleunigung und -geschwindig-
keit während des Transportvorganges von insgesamt 22 min /56/.

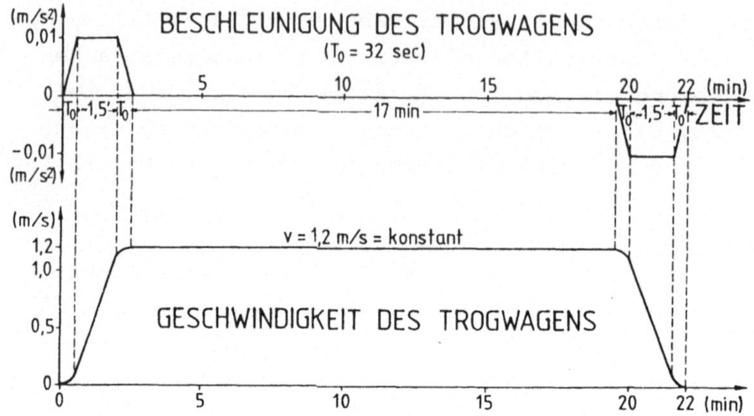

Abbildung 3.24. Bewegungsablauf während des Transportvorganges /58/

Um im Falle einer Notbremsung des Troges oder einer unvorhersehbaren
betrieblichen Störung ein Auftreten von unzulässigen Trossenkräften zu
vermeiden, wurden an jeder Trogseite jeweils zwei Paare von beweglichen Pollern angeordnet, die sich bei Überschreiten der zulässigen
Trossenkräfte auf ihren Unterwagen in Längsrichtung des Troges in gewissen Grenzen bewegen können (Abb. 3.25.). Dadurch wird die kinetische Energie möglicher Schiffsbewegungen über einen längeren Weg in
Bremsarbeit umgesetzt, als dies aufgrund der Elastizität der Haltetrossen sonst möglich wäre. Die Bewegung des jeweiligen Pollerwagens

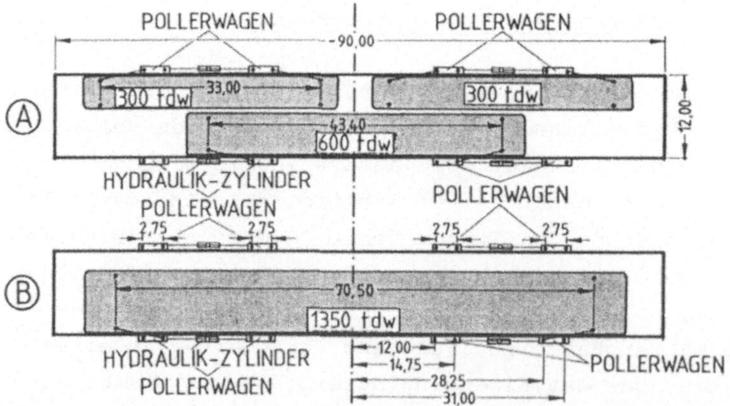

Abbildung 3.25. Festlegung der Schiffe an den beweglichen Pollern /50/

wird ölhydraulisch so gesteuert, daß die Trossenkräfte einen zulässigen Grenzwert nicht überschreiten.

Abbildung 3.26. zeigt die in den Seitenwandungen des Troges angeordneten beweglichen Poller.

Abbildung 3.26. Bewegliche Poller an den Längsseiten des Troges

3.1.12 Das Schrägaufzug-Hebewerk von Krasnojarsk/UdSSR

Beim Ausbau des Jenissej (UdSSR) zur Nutzbarmachung der Wasserkraft-
reserven in Sibirien ergab sich die Notwendigkeit, auch während der
Bauperiode der Staudämme und Kraftwerksanlagen die Schiffahrt aufrecht
zu erhalten. Beim Staudamm von Krasnojarsk (5000 MW installierte Leistung) war im Endausbau eine Gefällestufe von maximal 101 m zu überwinden, wobei wegen des jahreszeitlich schwankenden Wasserangebotes
im Oberwasser (Stausee) Wasserspiegelschwankungen bis zu 13 m, im Unterwasser bis zu 6,3 m auftreten können.

In eingehenden Vorstudien wurden verschiedene Alternativlösungen
(Schleusenanlage, senkrechtes Hebewerk und Schrägaufzug mit Längsför-

derung) für die Überwindung der Gefällestufe von 101 m im Hinblick auf
ihre Leistungsfähigkeit und Wirtschaftlichkeit untersucht und einander gegenübergestellt /49/.

Im Vergleich zu einer Schleusenanlage (= 100 %) ergaben sich die geringsten Investitionskosten für einen Schrägaufzug (Neigung 1:10) mit
Längsförderung, während die Leistungsfähigkeit (in Gütertonnen/Jahr)
des senkrechten Hebewerkes den anderen Alternativlösungen überlegen
war. Bezogen auf die pro Jahr für den Transport von einer Tonne Fracht-
gut anzusetzenden Investitionskosten waren das senkrechte Hebewerk und
der Schrägaufzug etwa gleichwertig (Tab. 3.2.).

Tabelle 3.2. Ergebnis der Wirtschaftlichkeitsuntersuchungen der ver-
            schiedenen Alternativlösungen für die Überwindung der Ge-
            fällestufe von Krasnojarsk/UdSSR

	Schleusen-anlage	Senkrechtes Hebewerk	Schrägaufzug (1:10)
Kapital-Investitionen:	100 %	66,9 %	49,6 %
Leistungsfähigkeit in Güter-Tonnen pro Jahr:	100 %	206,6 %	154,3 %
Jährliche Investitionskosten pro t Frachtgut:	100 %	32,24 %	31,96 %

Wegen der vorgegebenen Randbedingungen (Aufrechterhaltung der Schiff-
fahrt während der Bauphase und Wasserspiegelschwankungen im Stausee
und Fluß) und der vorhandenen Geländeverhältnisse fiel die Wahl auf
ein Schiffshebewerk mit ober- und unterwasserseitigen Schrägaufzügen
und einer Drehbrücke am höchsten Punkt im Bereich der Staumauer /55,
57/. Mit dem Bau der Anlage wurde im Jahre 1963 begonnen.

3.1.12.1 Konzeption und Abmessungen

Das Schiffshebewerk von Krasnojarsk liegt am linken Ufer des Jenissejs
neben der Staumauer der Talsperre. Es besteht aus einem oberwasserseitigen Schrägaufzug (Neigung 1:10), dessen Fahrbahn (Länge = 306 m) in
das Oberwasser des Stausees eintaucht, einer Drehbrücke (Länge = 103 m)

und einem unterwasserseitigen Schrägaufzug (Neigung 1:10), dessen Fahrbahn (Länge = 1189 m) in das Unterwasser eintaucht. Die Fahrbahnen bilden im Grundriß einen Winkel von 142°, sie sind über die Drehbrücke
miteinander verbunden (Abb. 3.27.).

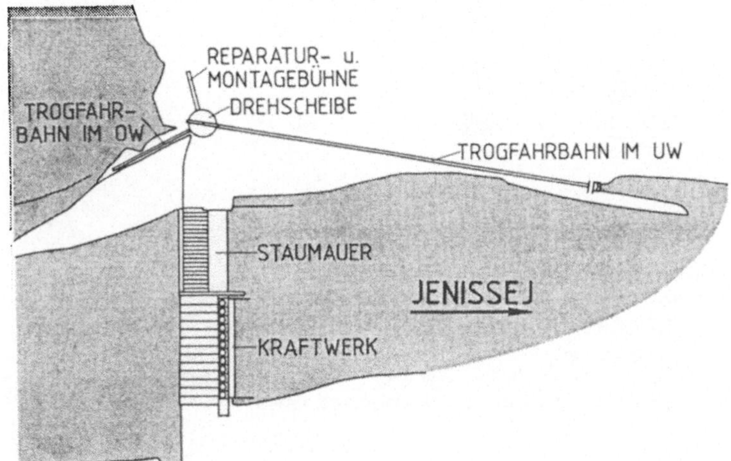

Abbildung 3.27. Anordnung des Schrägaufzuges bei Krasnojarsk am
               Jenissej

Zusätzlich ist noch eine Reparatur- und Montagebühne (Länge = 131 m)
seitlich neben der Drehbrücke angeordnet. Auf ihr werden während der
Wintermonate laufende Reparaturen und Instandhaltungsarbeiten am Trogwagen ausgeführt /55,59/.

Die nutzbare Länge des Troges beträgt 90 m, seine Breite 18 m und seine Wassertiefe 3,30 m. Diese Trogabmessungen sind ausreichend für
Schiffe bis zu 2000 t Tragfähigkeit /55/. Am Kopfende des Troges befindet sich ein beweglicher Segmentverschluß, der für das Ein- bzw.
Ausfahren der Schiffe nach unten abgesenkt wird. Das andere Trogende
ist ständig geschlossen. Hier befindet sich ein fester Kontrollstand,
in dem die Antriebsmotoren und das Steuerpult untergebracht sind. In
den Seitenwänden des Troges sind wasserdichte Räume angeordnet, in
denen die Hauptantriebsaggregate untergebracht sind (Abb. 3.28.).

Das Gesamtgewicht des mit Wasser gefüllten Troges beträgt 6720 t
($\sim$ 67200 kN), wovon 3160 t ($\sim$ 31600 kN) auf sein Leergewicht entfallen /59/.

Die Tragkonstruktion der Trogkammer besteht aus zwei ebenen Fachwer-
ken mit geneigtem Untergurt (Abb. 3.28.), über die das Troggewicht von

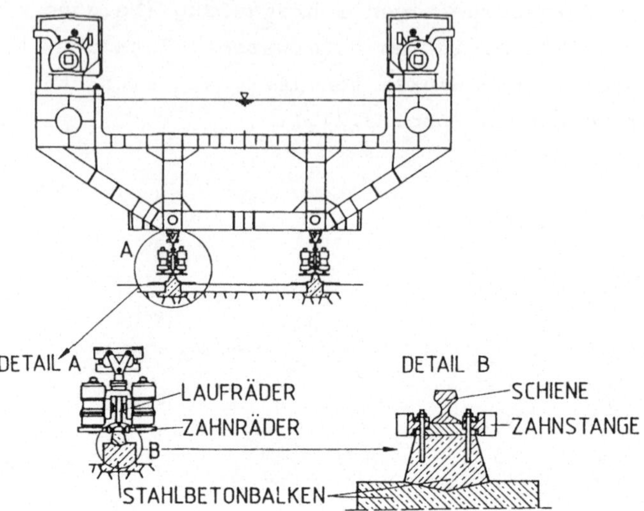

Abbildung 3.28. Trogquerschnitt und Antriebsmechanismus

78 zweirädrigen Laufwagen auf die Schienenkonstruktion übertragen wird
(Radlast = 45 t $\sim$ 450 kN). Die Spurbreite der Gleisanlage beträgt 9 m.
Beiderseits der Schienenstränge sind je zwei Zahnstangen angeordnet,
in die die Zahnräder des Trogwagens eingreifen /60/.

An der Einfahrt zur oberen Trogbahn wurde eine 330 m lange Wellen-
schutzwand angeordnet, die auch die Masten für das Fahrleitungsnetz
des oberen Schrägaufzuges trägt.

An der Zufahrt zur unteren Trogbahn befindet sich eine Strömungsleit-
wand von 600 m Länge sowie Anlegedalben und ein mit einem zweiflüge-
ligen Tor ausgestatteter Notverschluß. Er ermöglicht eine Trockenlegung des unter dem Wasserspiegel der Flußhaltung liegenden Teiles der
unteren Trogfahrbahn für Reparaturzwecke.

Die Drehbrücke besitzt die gleiche Neigung wie die sich anschließenden
Trogbahnen. In der Mitte der Brücke befindet sich eine Stütze ($\emptyset = 8,5$m)
mit einem horizontalen Rollenspurlager, an den Brückenenden jeweils
acht zweirädrige Unterwagen, die auf einer kreisförmigen Bahn laufen.

3.1.12.2 Ablauf des Transportvorganges

Vor Beginn einer Bergfahrt muß der Trog zunächst auf der unteren Fahrbahn soweit in das Unterwasser abgefahren werden, bis ein Wasserspiegelausgleich zwischen Trog und unterer Haltung erreicht ist (Abb. 3.29., Phase 1). Nach Stillstand des Trogwagens wird der Segmentverschluß am Trogende abgesenkt und damit die Einfahrt für das Schiff freigegeben. Nach Schließen des Tores beginnt die Aufwärtsfahrt des Trogwagens (Abb. 3.29., Phase 2).

Am oberen Ende der unteren Trogbahn schließt sich die Drehbrücke mit gleicher Neigung von 1:10 an. Auf diese fährt der Trogwagen auf (Abb. 3.29., Phase 3). Nach Anhalten des Troges auf der Drehbrücke wird sie durch hydraulische Pressen aus ihrer Befestigung angehoben und um ei-

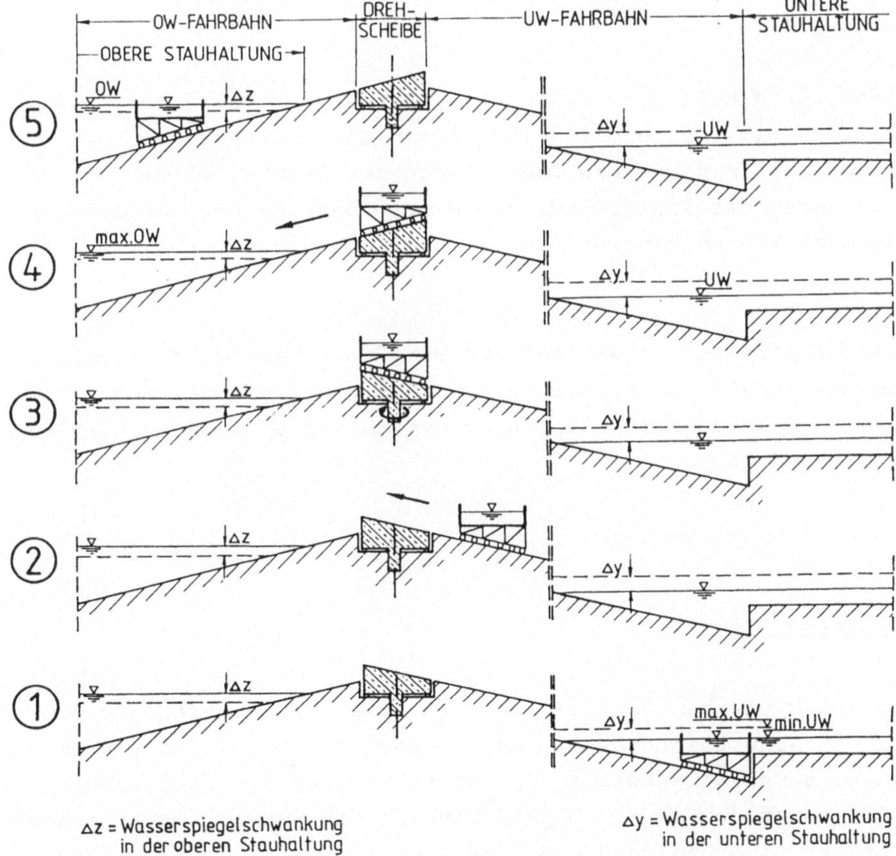

Abbildung 3.29. Bewegungsablauf bei der Bergfahrt

nen Winkel von 142° um ihre Achse gedreht (Dauer der Drehbewegung etwa 5 min). Am Ende der Drehbewegung zeigt die Drehbrücke in die Richtung der oberen Trogfahrbahn (Abb. 3.29., Phase 4).

Durch Betätigung der hydraulischen Pressen wird die Drehbrücke dann
auf die Endlager abgesenkt, und die Abwärtsfahrt des Trogwagens in die
obere Haltung kann beginnen. Der Trogwagen taucht dabei so tief in das
Wasser der oberen Haltung ein, daß die Wasserspiegelhöhen im Trog und
in der oberen Haltung übereinstimmen (Abb. 3.29., Phase 5). Nach Stillstand des Trogwagens wird das Segmenttor an der Stirnseite des Troges
abgesenkt, und die Ausfahrt des Schiffes in die obere Stauhaltung kann
beginnen.

Die Beschleunigung bzw. Verzögerung in der Anfahr- bzw. Anhaltephase
des Trogwagens beträgt jeweils 0,008 m/s². Bei der Aufwärtsbewegung
des Troges beträgt die normale Fahrtgeschwindigkeit 1,0 m/s, bei der
Abwärtsbewegung 1,33 m/s /55/.

Ein vollständiger Arbeitsvorgang des Hebewerkes (Bergfahrt und Talfahrt) dauert 93 min. Davon entfallen 60 min auf die Berg- und Talfahrt des Troges, 5 min auf den Drehvorgang der Brücke, 20 min auf das
Ein- und Ausfahren der Schiffe und 8 min auf sonstige betriebliche Vorgänge. Insgesamt können bis zu 15 Hebe- und Senkvorgänge pro Tag erreicht werden.

Bei Ausfall der Stromzufuhr während der Bergfahrt beträgt die Bremsverzögerung des Troges bis zu 0,5 m/s². Die Eigenbewegungen der Schiffe im Trog werden in diesem Falle durch hydraulische Dämpfungsvorrich-
tungen aufgefangen /60/.

3.1.12.3 Antriebsorgane

Der Antrieb des Trogwagens erfolgt über 18 Axialkolbenpumpen und 156
Motoren von je 75 kW Leistung. Je zwei dieser Motoren dienen als Antrieb der insgesamt 78 Laufwagen. Die Kraftübertragung erfolgt über
insgesamt 156 Zahnräder (Ø = 1,05 m), die auf den Achsen der Antriebsmotoren montiert sind und in die beiderseits der Laufschienen angebrachten Zahnstangen eingreifen.

Auf der Welle jedes Antriebsmotors sind darüber hinaus sogenannte Stopper angebracht, die zum Feststellen des Trogwagens auf der 1:10 geneigten Fahrbahn dienen. Sie werden außerdem bei möglichen Betriebsstörungen betätigt /59/.

3.2 Hebewerke mit Querförderung

3.2.1 Allgemeines

Schiffshebewerke mit quergeneigten Ebenen kommen überall dort in Betracht, wo in der Linienführung eines Schiffahrtskanales größere Höhen infolge *steiler* Geländesprünge überwunden werden müssen. In diesem Falle ist im allgemeinen eine gute Anpassung an die Geländeformation durch ein Hebewerk mit Querförderung möglich, dessen Fahrbahnneigung mit 1:2 bis 1:8 relativ steil ausgeführt werden kann. Als Alternativlösung käme hier unter Umständen aber auch ein senkrechtes Hebewerk in Betracht, wenn es die Geländeverhältnisse und die Linienführung des Kanals zulassen.

Schiffshebewerke mit quergeneigten Ebenen können ebenso wie Hebewerke mit Längsförderung zur Überwindung *größter Hubhöhen* herangezogen werden, wobei die Wahl zwischen den beiden Alternativlösungen im wesentlichen durch die Gelände- und Untergrundverhältnisse sowie durch die Linienführung des Kanals bestimmt wird. Gegenüber senkrechten Hebewerken besitzen beide Hebewerksarten den Vorzug, daß ihre Erstellungskosten mit zunehmender Förderhöhe bei weitem nicht so stark ansteigen, wie dies bei Hebewerken mit Senkrechtförderung der Fall ist.

Beim Hebewerk mit Querförderung werden die parallel zu den Geländehöhenlinien, im Grundriß gegeneinander versetzt angelegten Kanalstrecken durch eine oder zwei *quer* zu ihnen verlaufende Fahrbahnen verbunden, auf denen jeweils ein Trogwagen mit wassergefülltem Trog (Naßförderung) auf Schienen transportiert wird. Am oberen und unteren Ende der Transportbahn können Wartehäfen angeordnet werden (Abb. 3.30.). Durch sie kann die Leistungsfähigkeit der Anlage gesteigert werden. So kann z.B. ein im unteren Vorhafen wartendes Schiff rückwärts in den Trog eingeschleppt werden, während gleichzeitig das talwärts transportierte Schiff den Trog in Fahrtrichtung verläßt /54/.

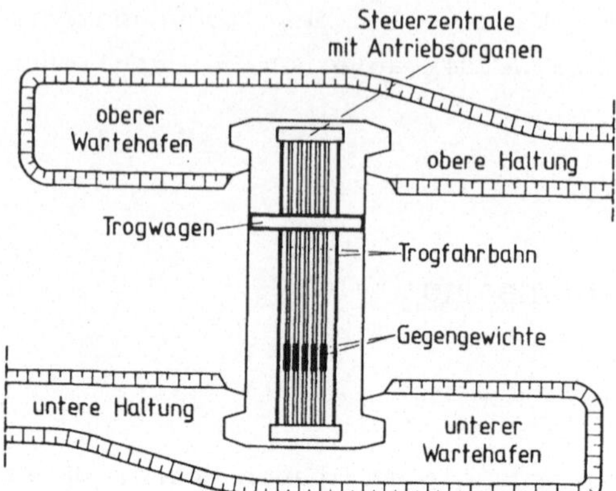

Abbildung 3.30. Anordnung von Wartehäfen bei einem Hebewerk mit quergeneigter Ebene

Bei der bislang ausgeführten Anlage am Marne-Rhein-Kanal bei Arzviller
/52/ sowie auch bei den Alternativlösungen für die Abstiegsbauwerke
am Elbe-Seitenkanal und Main-Donau-Kanal wurde auf die Einrichtung
von Wartehäfen verzichtet. Die obere und untere Kanalhaltung schließt
in diesem Falle direkt mit ihrem jeweiligen Haltungstor an den Trog
an. Bei zwei Trögen sind dabei die Zufahrten in die Kanalhaltungen
zweckmäßigerweise versetzt anzuordnen, um den Betriebsvorgang bei getrennter Fahrt der Tröge zu erleichtern (Abb. 3.31.).

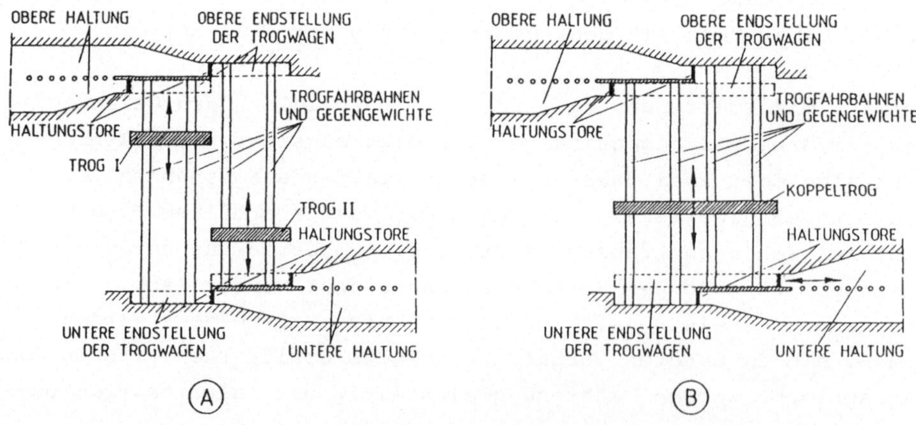

Abbildung 3.31. Betrieb eines Hebewerkes mit zwei Trögen

Bei der Parallelanordnung von zwei Fahrbahnen besteht die Möglichkeit,
die auf ihnen transportierten Tröge zu einem Transportgefäß größerer
Länge zu verbinden (Koppeltrog). Dadurch ist eine bessere Anpassung
an unterschiedliche Schiffslängen möglich und eine Entkoppelung von
Schubverbänden bei entsprechender Troglänge nicht mehr erforderlich.
Abbildung 3.31. zeigt die verschiedenen Möglichkeiten der Kombination
bei der Anordnung von zwei Trögen.

Ein Vorteil der Querförderung gegenüber der Längsförderung besteht
darin, daß die bei der Längsförderung *erforderliche Bauhöhe des Trogwagens* bei der Querförderung nicht notwendig ist.

Dafür ist bei der Querförderung aber eine erheblich *größere Breite
der Trogfahrbahn* erforderlich, wodurch die Parallelführung des Trogwagens während des Transportvorganges erschwert wird.

Die zur Überwindung einer vorgegebenen Gefällestufe benötigten Fahrbahnlänge ist wegen der steileren Neigung (1:2 bis 1:8) bei der Querförderung entsprechend kürzer, als dies bei der Längsförderung mit
Fahrbahnneigungen von 1:10 bis 1:50 der Fall wäre.

Ein weiterer Vorteil der Querförderung ist darin zu sehen, daß die
bei der Längsförderung auftretenden Wasserspiegelbewegungen im Trog
bei der Querförderung nur in sehr viel geringerem Maße vorhanden
sind. Dementsprechend sind auch die Trossenbeanspruchungen der transportierten Schiffe bei der Querförderung sehr gering (s. Abschnitt
3.2.6).

Bei wechselnden Wasserständen in der oberen bzw. unteren Kanalhaltung
muß ihnen die Wasserspiegelhöhe im Trog jeweils angepaßt werden, bevor das Ein- und Ausfahren der Schiffe erfolgen kann. Eine Lösung
mit in das Unterwasser eintauchenden Trogwagen, wie sie bei der Längsförderung möglich ist (s. Abb. 3.2.), scheidet bei der Querförderung
aus, da der Trogwagen in jedem Falle am Haltungstor anlegen muß.

Bei geringen Unterschieden zwischen dem Wasserspiegel im Trog und dem
der anschließenden Kanalhaltung besteht die Möglichkeit eines Wasser-
spiegelausgleiches über Umlaufkanäle. Bei stärkeren Wasserspiegelschwankungen in den anschließenden Haltungen käme eine Lösung mit
senkrecht verfahrbarem Trog in Betracht.

In diesem Falle wird der Trog in einer Rahmenkonstruktion, die sich
auf den Unterwagen abstützt, verstellbar eingehängt und zur Anpassung
an die jeweiligen Kanalwasserstände über ölhydraulische Zylinder gehoben oder abgesenkt (Abb. 3.32.).

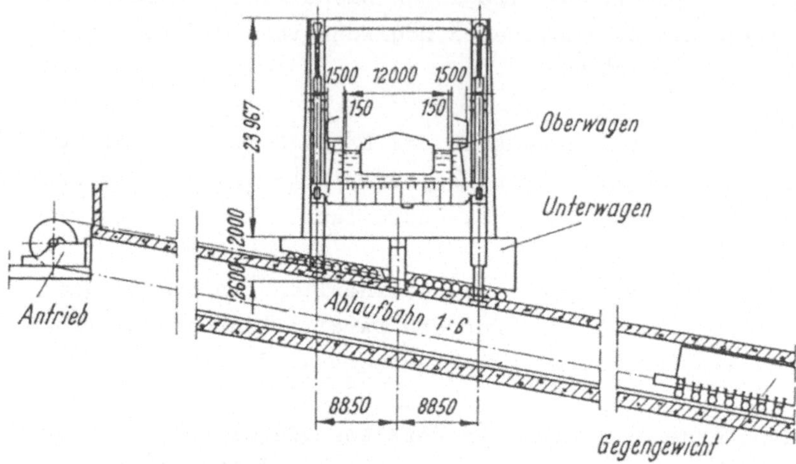

Abbildung 3.32. Prinzip eines senkrecht verfahrbaren Troges /22/
                 (Maße in mm)

Abbildung 3.33. zeigt das Modell einer quergeneigten Ebene mit zwei
Trögen, die unabhängig voneinander oder als Koppeltrog gefahren werden können. Die Tröge sind dabei in jeweils zwei über den Fahrbahnen
laufende Rahmenkonstruktionen eingehängt und können über ölhydraulische Zylinder den Kanalwasserständen angepaßt werden /22/.

Abbildung 3.33. Modell einer quergeneigten Ebene mit zwei Trögen

3.2.2 Bewegungsablauf während des Transportvorganges

Zu Beginn einer Bergfahrt befindet sich der Trog in seiner unteren
Endposition. Schild- und Trogtor werden angehoben und damit die Einfahrt der Schiffe in den Trog freigegeben. Nach Festlegen der Schiffe
im Trog werden beide Tore geschlossen, und der Transportvorgang beginnt.

Der Trogwagen wird dabei über Zugseile mit Gegengewichten über eine am
Oberhaupt angeordnete Antriebstrommel auf die vorgesehene Fahrtgeschwindigkeit beschleunigt und am oberen Ende der Trogfahrbahn durch
eine entsprechende Verzögerung der Fahrtgeschwindigkeit wieder zum
Stillstand gebracht.

Am oberen Ende der Fahrbahn wird der Trog mit dem oberen Haltungstor
(Schildschütz) verriegelt, der Torspalt mit Wasser gefüllt und ein
vorhandener Wasserspiegelunterschied zwischen Trog und oberer Haltung
über Umlaufkanäle ausgeglichen. Danach werden Trog- und Haltungstor
angehoben und damit die Ausfahrt für die transportierten Schiffe in
die obere Kanalhaltung freigegeben.

Bei der Talfahrt wird in analoger Weise verfahren, nur ist die Bewegungsrichtung der Schiffe in diesem Falle entgegengesetzt.

Obwohl die bei der Querförderung zu erwartenden Wasserspiegelschwankungen im Trog und die durch sie mitverursachten Trossenbeanspruchungen der Schiffe keinesfalls die Größe der bei der Längsförderung auftretenden Werte erreichen, wird für den Bewegungsablauf während des
Transportvorganges, ähnlich wie bei der Längsförderung, eine lineare
Zu- und Abnahme der Beschleunigung und Verzögerung in der Anfahr- und
Anhaltephase empfohlen (Abb. 3.34.).

Das Zeitintervall für die lineare Zunahme der Beschleunigung bzw. Verzögerung sollte dabei der Eigenperiode T_{OQ} der *Grundschwingung quer
zum Trog* entsprechen. Diese ergibt sich zu:

$$T_{OQ} = \frac{2B}{\sqrt{g\,y}} \, , \qquad\qquad (3-44)$$

wobei

    B = Trogbreite (m)
    y = Wassertiefe im Trog (m).

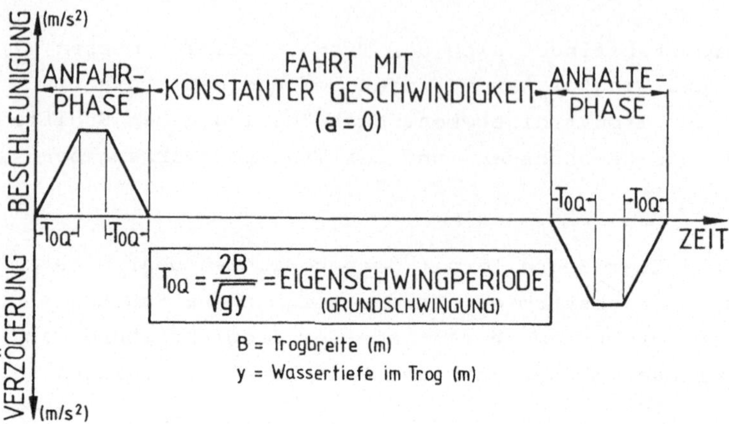

$$T_{OQ} = \frac{2B}{\sqrt{gy}} = \text{EIGENSCHWINGPERIODE (GRUNDSCHWINGUNG)}$$

Abbildung 3.34. Empfohlener Bewegungsablauf bei der Querförderung

Da die Trogbreite B wesentlich kleiner als die Troglänge L ist, ergibt sich für T_{OQ} ein entsprechend kleinerer Wert als für die Eigenperiode T_O der Grundschwingung in Troglängsrichtung (s. Gl. 3-7).

3.2.3 Antrieb des Trogwagens

Wegen der relativ steilen Transportbahn erfolgte der Antrieb des Trogwagens zweckmäßigerweise über Zugseile, die über eine Antriebstrommel
am Oberhaupt geführt werden und mit Gegengewichten verbunden sind.
Diese werden auf einer besonderen Gleisanlage zwischen den Laufradschienen für den Trogwagen geführt.

Bei größerer Troglänge besteht die Gefahr, daß der Trogwagen während
des Transportvorganges nicht genau senkrecht zu den Laufradschienen
bewegt wird. Aus diesem Grunde empfiehlt es sich, den Trogwagen in
Fahrbahnmitte noch zusätzlich an einer besonderen Schiene über seitliche Führungsräder zu führen.

Durch Gewichtsausgleich mit Gegengewichten ist es möglich, die erforderliche Antriebsleistung für die Seilwinde am Oberhaupt des Hebewerkes gering zu halten. Zur Überwindung des Reibungswiderstandes zu Beginn des Bewegungsvorganges und während der Fahrt ist jedoch eine bestimmte Antriebsleistung der Motoren erforderlich. Verwendet werden
Gleichstrommotoren, die jeweils über einen Leonard-Satz gesteuert werden.

3.2.4 Wasserspiegelbewegungen im Trog

Durch die Beschleunigung bzw. Verzögerung des Trogwagens zu Beginn
und am Ende des Transportvorganges kommt es, ähnlich wie bei der
Längsförderung, auch bei der Querförderung zu Wasserspiegelbewegungen im Trog, die bei *konstanter* Beschleunigung bzw. Verzögerung des
Trogwagens zu Schwingungen der Wassermasse im Trog führen. Die
Schwingungen der Wassermasse finden dabei in Querrichtung des Troges
statt. Die maximal möglichen Auslenkungen $(\Delta y)_{max}$ des Wasserspiegels
an den *Längsseiten* des Troges betragen:

$$(\Delta y)_{max} = B \ (\frac{a_x}{a_y + g}) \ \backsim B(\frac{a_x}{g}), \qquad\qquad (3-45)$$

wobei

$\quad$ B $\qquad$ = Trogbreite (m)

$\quad$ a_x, a_y = Komponenten der Trogbeschleunigung bzw. Verzögerung
$\qquad\qquad$ in der x- bzw. y-Richtung (Abb. 3.35.).

Für den stationären Zustand, der jedoch wegen der relativ kurzen
Dauer der Anfahr- bzw. Anhaltephase nicht erreicht wird (der Aus-
schwingvorgang im Trog benötigt wesentlich mehr Zeit), beträgt die
Wasserspiegelauslenkung an den Längsseiten des Troges:

$$\Delta y = \frac{B}{2} \ (\frac{a_x}{a_y + g}) \ \backsim \frac{B}{2} \ (\frac{a_x}{g}) . \qquad\qquad (3-46)$$

Die Eigenkreisfrequenz der Grundschwingung (ohne Dämpfung) ergibt
sich bei einer vorhandenen Wassertiefe y im Trog zu:

$$\omega_{OQ} = \frac{2\pi}{T_{OQ}} = \frac{\pi \ \sqrt{gy}}{B} . \qquad\qquad (3-47)$$

Die erörterten Schwingungen der Wassermasse im Trog können vermieden
werden, wenn der Trogwagen in der Anfahr- und Anhaltephase mit linearer Zunahme der Beschleunigung bzw. Verzögerung entsprechend dem in
Abbildung 3.34. dargestellten Diagramm bewegt wird. In diesem Falle
ergeben sich die maximalen Wasserspiegelauslenkungen an den Längsseiten des Troges nach Gleichung (3-46), wobei für a_x und a_y der während
der Beschleunigungs- bzw. Verzögerungsphase erreichte Maximalwert ein-
zusetzen ist.

Für eine Trogbreite von B = 12,0 m ergibt sich damit beispielsweise
bei einer Beschleunigung von a_x = 0,01 m/s² nur eine maximale Auslenkung des Trogwasserspiegels von Δy = 0,6 cm, die im Hinblick auf mögliche Auswirkungen auf die Bewegungen der im Trog transportierten
Schiffe als unbedeutend angesehen werden muß.

In Längsrichtung des Troges kann es während des Transportvorganges
nur dann zu Schwingungen der Wassermasse kommen, wenn der Trogwagen
durch plötzliche örtliche Widerstände auf der Trogfahrbahn oder durch
eine nicht genügend genaue Parallelführung kurzfristig aus seiner normalen Transportrichtung abgelenkt wird. Bei entsprechender Führung
des Trogwagens über eine in der Mitte der Fahrbahn angeordnete Gleisanlage sowie über einen ölhydraulischen Kraftausgleich in den Zugseilen ist es jedoch möglich, derartige Längsschwingungen der Wassermasse im Trog weitgehend auszuschalten.

3.2.5 Kraftwirkungen auf den Trog

Die resultierende Kraft F_{ges} des Wassers auf den Trog während des Beschleunigungsvorganges ergibt sich aus der Differenz der Druckverteilungen auf die Längsseiten des Troges und aus der Druckverteilung
an seiner Sohle. Mit den Bezeichnungen der Abbildung 3.35. ergibt
sich für die Horizontalkomponente F_x der resultierenden Kraft F_{ges}
bei Verwendung von Gleichung (3-45):

$$F_x = 2\gamma\ L\ y\ \Delta y = \gamma\ L\ B\ y\ (a_x/g) \qquad\qquad (3\text{-}48)$$

und für die Vertikalkomponente F_y bei Verwendung von Gleichung (2-1)
für die Druckverteilung an der Trogsohle während des Beschleunigungsvorganges:

$$F_y = \gamma\ B\ L\ y\ (1 + a_y/g) = \gamma\ B\ L\ y + \gamma\ B\ L\ y\ (a_y/g). \qquad\qquad (3\text{-}49)$$

Der erste Summand in Gleichung (3-49) entspricht der Kraftwirkung des
Wassers auf die Trogsohle, während der zweite Summand die aufgrund
der Vertikalkomponente a_y der Beschleunigung auf die Trogsohle wirkende zusätzliche Kraftkomponente darstellt.

Die zusätzlich während des Beschleunigungsvorganges auf den Trog wirkende resultierende Kraft F_{ges} ergibt sich demnach zu:

$$F_{ges} = \gamma\ B\ L\ y\ \sqrt{(a_x/g)^2 + (a_y/g)^2} = \rho\ B\ L\ y\ a = m_w\ a. \qquad\qquad (3\text{-}50)$$

F_{ges} entspricht damit der Kraft, die für die Beschleunigung der im
Trog enthaltenen Wassermasse m_w erforderlich ist, wobei die Kraft-
richtung parallel zur Trogfahrbahn ist (Abb. 3.35.).

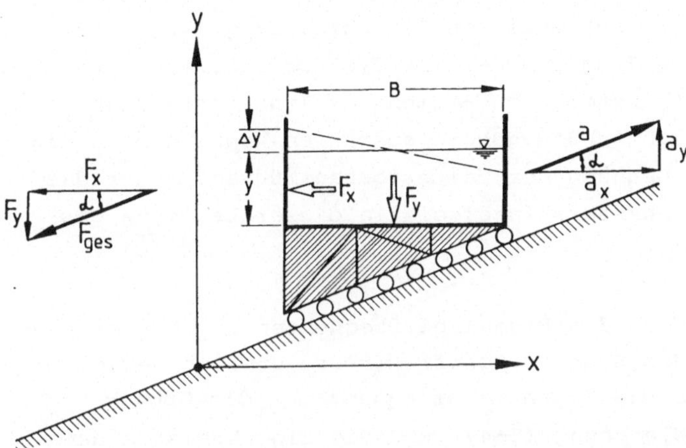

Abbildung 3.35. Beschleunigung des Trogwagens (stationärer Fall)

3.2.6 Trossenkräfte während des Transportvorganges

Im Prinzip wirken bei der Querförderung auf das transportierte Schiff
bei konstanter Beschleunigung bzw. Verzögerung des Trogwagens die
gleichen Trägheitskräfte wie bei der Längsförderung. Allerdings ver-
läuft die Richtung dieser Kräfte bei der Querförderung senkrecht zur
Schiffslängsachse. Die Schiffe führen demnach unter der Wirkung der
Trägheitskraft, soweit möglich, Bewegungen senkrecht zur Troglängs-
achse aus.

Da bei der Quervertäuung der Schiffe am Trog nur relativ kurze Tros-
senlängen (s $\leqq$ 3,0 m) erforderlich sind, kann davon ausgegangen werden, daß der Trossendurchhang vernachlässigbar gering ist. Die auf
das jeweilige Schiff während der Beschleunigungs- und Verzögerungsphase des Trogwagens wirkende Trägheitskraft ergibt sich demnach entsprechend Gleichung (3-23) zu:

$$S_{max} = 2a\ m_S = 2a\ G_S/g. \qquad (3-51)$$

Diese Kraftwirkung auf das Schiff wird jedoch bei der Querförderung
bereits zu Beginn des Transportvorganges weitgehend durch eine auf

das Schiff infolge des sich im Trog einstellenden Wasserspiegelgefälles wirkende Neigungskraft ausgeglichen.

Dieser Effekt kann bei der Längsförderung nicht berücksichtigt werden, da wegen der sehr unterschiedlichen Eigenkreisfrequenz ω_0 der Wasserspiegelbewegungen im Trog und der des Systems Schiff - Trosse ω_t (wobei $\omega_0 \gg \omega_t$) das Schiff bereits zu Beginn des Transportvorganges aufgrund seiner Massenträgheit Bewegungen ausführen kann, die zu einer vollen Straffung und Dehnung der Haltetrossen führen, bevor das sich im Trog einstellende Wasserspiegelgefälle dieser Bewegung des Schiffes entgegenwirkt.

Bei der Querförderung liegen die Eigenkreisfrequenzen der Wasserspiegelbewegung im Trog und des Systems Schiff - Trosse etwa in der gleichen Größenordnung, wobei die Eigenkreisfrequenz ω_{0Q} der Grundschwingung im Trog nach Gleichung (3-47) und die Eigenkreisfrequenz ω_t des Systems Schiff - Trosse nach Gleichung (3-42) zu berechnen ist.

Für ein Europa-Schiff mit G_S = 1766 t Bruttoschiffsgewicht würde sich beispielsweise nach Gleichung (3-42) für eine Trossenlänge von s = 3,0 m eine Eigenkreisfrequenz von ω_t = 1,89 s^{-1} ergeben (Eigenschwingperiode: T_t = 3,32 s). Die Eigenkreisfrequenz der Grundschwingung im Trog beträgt bei einer angenommenen Wassertiefe von y = 3,50 m und einer Trogbreite von B = 12,0 m nach Gleichung (3-47) ω_{0Q} = 1,53 s^{-1} (Periode der Grundschwingung: T_{0Q} = 4,10 s).

Beide Eigenkreisfrequenzen bzw. Eigenschwingperioden liegen demnach in der gleichen Größenordnung, d.h. das sich im Trog aufgrund des Beschleunigungsvorganges aufbauende Wasserspiegelgefälle trägt bereits *zu Beginn* des Transportvorganges dazu bei, die Bewegungen des Schiffes aufgrund seiner Massenträgheit zu bremsen.

Damit kommt es nicht zu einer vollen Dehnung der Haltetrossen, und die Trossenkräfte erreichen bei gleicher Beschleunigung des Trogwagens (a = const.) bei der Querförderung weitaus geringere Werte, als dies bei der Längsförderung der Fall ist.

Wenn man den Bewegungsablauf während des Transportvorganges entsprechend Abbildung 3.34. mit einer linear zu- und abnehmenden Beschleunigung und Verzögerung wählt, so heben sich die auf das Schiff wirkende Trägheitskraft (m_S a(t)) und die aufgrund des Wasserspiegelgefälles

auf das Schiff wirkende Neigungskraft $G_S J_W$ theoretisch zu jedem Zeitpunkt auf, so daß die Trossenbeanspruchung gleich Null wird.

Wegen der möglichen geringen Phasenverschiebung zwischen beiden Kraftwirkungen infolge Reibung, Schiffswiderstand und Massenträgheit kann
es jedoch zu gewissen, wenn auch geringen Bewegungen des Schiffes relativ zum Trog kommen. Die dabei auftretenden Trossenkräfte bleiben
dabei jedoch wesentlich unter dem als zulässig angesehenen Grenzwert
von $G_S/1000$.

3.2.7 Das Hebewerk mit quergeneigter Ebene von Arzviller/Frankreich

Im Zuge der Modernisierung des Marne-Rhein-Kanals (Ausbau für 350 tdw-
Schiffe) wurde im Jahre 1966 der Ostabstieg von den Vogesen zur elsäs-
sischen Tiefebene, der zuvor durch eine Schleusentreppe mit insgesamt
17 Schleusen von jeweils 2,60 m Hubhöhe überbrückt wurde (Durchfahrts-
zeit etwa 13 h), durch eine quergeneigte Ebene (Hebewerk mit Querförderung) bei Arzviller ersetzt (Abb. 3.36.).

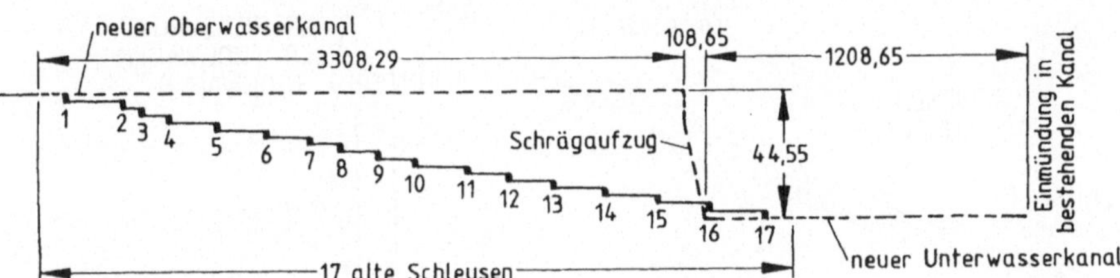

Abbildung 3.36. Längsprofil der Kanaltrasse bei Arzviller

Die relativ kurvenreiche Kanalstrecke im Bereich der vorhandenen
Schleusen wurde durch einen neuen, parallel angeordneten Oberwasser-
kanal von etwa 3300 m Länge ersetzt, der den vorhandenen Schiffahrtskanal mit dem Schrägaufzug verbindet. Im UW-Bereich wird der Anschluß
zum Marne-Rhein-Kanal durch einen etwa 1200 m langen, neuen Unterwas-
serkanal hergestellt (Abb. 3.36.). Die Hubhöhe des Schrägaufzuges beträgt H = 44,55 m.

Nach sorgfältiger Prüfung von insgesamt 27 Alternativvorschlägen für
den Ausbau der Kanalstrecke bei Arzviller wurde der vorgenannten Lösung mit einem Schiffshebewerk mit Querförderung der Vorzug gegeben
/52,61,62/. Für die Entscheidung waren u.a. die örtlichen Geländever-

hältnisse, die gegenüber einem Hebewerk mit Längsförderung wesentlich
kürzere Fahrbahnlänge sowie auch die größere Leistungsfähigkeit eines
Schiffshebewerkes mit Querförderung maßgebend.

Die Anordnung von mehreren Schleusen größerer Hubhöhe schied wegen
des damit verbundenen größeren Wasserverbrauchs aus, da die über eine
Pumpwerkskette mögliche Wasserzufuhr bereits bei der vorhandenen Kanalstrecke in Trockenzeiten nicht ausreichte und demnach zusätzliche
Pumpanlagen erforderlich geworden wären.

Mit dem Schiffshebewerk von Arzviller wird auf einer quergeneigten
Ebene mit 41 % Gefälle (Neigung 1:2,44) eine Hubhöhe von 44,55 m überwunden. Die Gesamtlänge der Fahrbahn in der Horizontalprojektion beträgt 128,65 m, der Fahrweg für einen Trog 108,65 m (Abb. 3.37.).

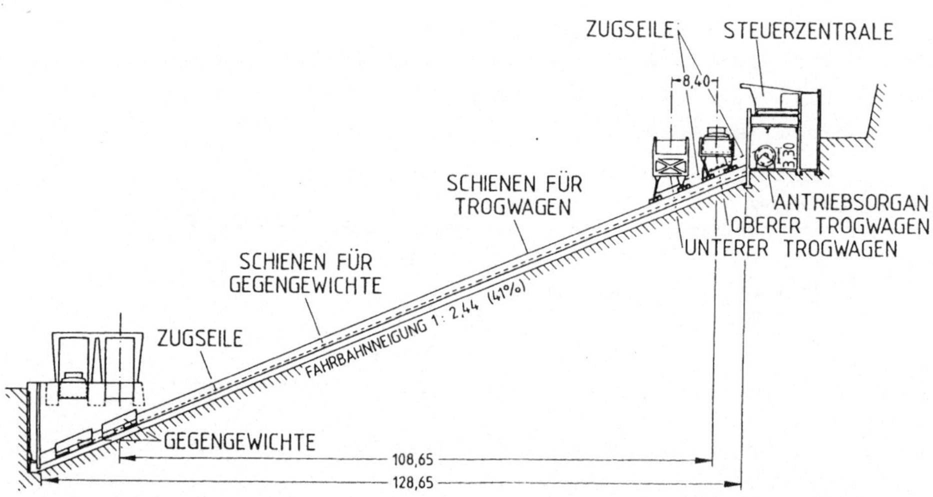

Abbildung 3.37. Schnitt durch das Hebewerk von Arzviller/Frankreich

Auf der Fahrbahn laufen zwei Trogwagen, deren Tröge jeweils eine Nutzlänge von 42,50 m und eine Nutzbreite von 5,20 m besitzen. Die Wassertiefe in den Trögen beträgt 3,20 m.

Die Trogabmessungen reichen aus, um ein voll abgeladenes Schiff von
350 t Tragfähigkeit (Schiffslänge = 38 m, Schiffsbreite = 5,05 m;
Tiefgang = 2,20 m) aufzunehmen.

Das Gewicht jedes Troges beträgt 894 t. Es wird durch ein unter dem
Trogwagen auf Schienen laufendes Gegengewicht ausgeglichen (Abb. 3.38.).

Das Gegengewicht ist mit dem jeweiligen Trogwagen über 24 Seile (Durchmesser = 28 mm), die in zwei Gruppen von je 12 Seilen zusammengefaßt sind, verbunden. Eine gleichmäßige Lastverteilung auf die Seile wird über hydraulische Zylinder, die am Trogwagen angeordnet sind, erreicht. In gleicher Weise erfolgt im Falle eines Seilbruches eine sofortige gleichmäßige Verteilung der Last auf die verbleibenden elf Seile, wobei eine fünffache Sicherheit gewährleistet ist /52/.

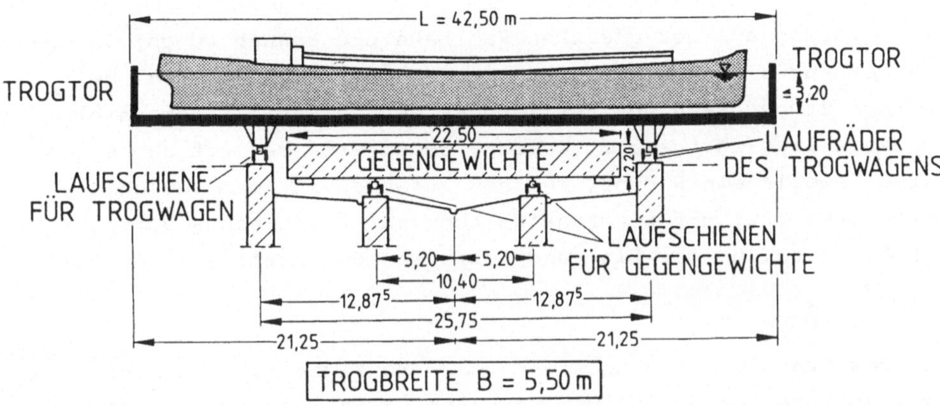

Abbildung 3.38. Trogwagen mit Laufschienen und Gegengewicht /52/

Jeder Trogwagen läuft auf 32 Rädern von 0,7 m Durchmesser, die in acht Rollenwagen zusammengefaßt sind. Der Antrieb jedes Trogwagens erfolgt über jeweils zwei Antriebstrommeln (Durchmesser = 3,30 m), die am Oberhaupt des Schrägaufzuges in einer Steuerzentrale untergebracht sind (Abb. 3.39.). Der Antrieb der Winden erfolgt über jeweils zwei Motoren mit 100 kW installierter Leistung. Der Gleichlauf beider Moto-

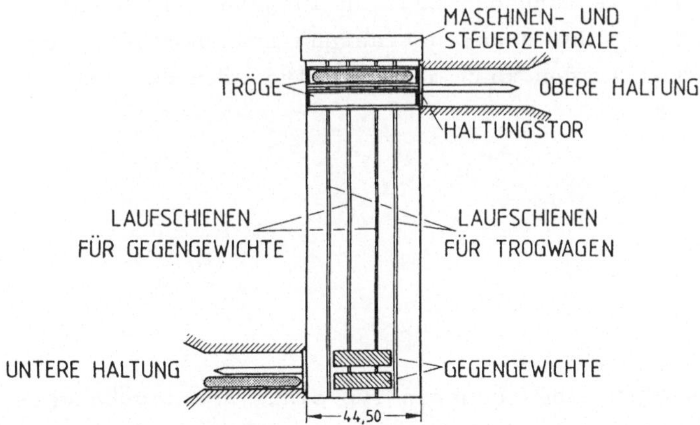

Abbildung 3.39. Schematische Darstellung des Schrägaufzuges (Draufsicht)

ren wird über eine mechanische Verbindungswelle erreicht. Die gesamte
für das Hebewerk installierte elektrische Leistung beträgt 400 kW /52/.

Während des Transportvorganges wird der Parallellauf der beiden Trog-
fahrwerke über ein Regelsystem gesteuert. Dabei greifen am Trogwagen
angebrachte Zahnräder in längs der Fahrbahn angeordnete Zahnstangen
ein.

Beide Tröge laufen auf der gleichen Fahrbahn und können sowohl in ge-
koppeltem Verband als auch getrennt voneinander bewegt werden. Bei
Ausfall eines Troges kann der Betrieb des Hebewerkes mit dem verbleibenden zweiten Trog fortgesetzt werden. Jeder Trog besitzt an seinen
Stirnseiten jeweils ein Hubtor, welches zusammen mit dem Verschlußorgan der oberen bzw. unteren Kanalhaltung mit Hilfe eines Portalkranes angehoben wird, um das Ein- und Ausfahren der Schiffe zu ermöglichen.

Zu Beginn des Transportvorganges wird der Trogwagen mit linearer Zunahme bzw. Abnahme der Beschleunigung (Abb. 3.34.) auf die vorgesehene Fahrtgeschwindigkeit von 0,6 m/s gebracht und am Ende des Trans-
portweges in gleicher Weise durch eine lineare Zu- und Abnahme der
Verzögerung zum Stillstand gebracht. Der dabei erreichte Maximalwert
der Beschleunigung bzw. Verzögerung beträgt a = 0,02 m/s². Der Bewegungsablauf wird dabei über einen Ward-Leonard-Satz gesteuert.

Die erforderliche Zeit für einen Umlauf (Berg- und Talfahrt, einschließlich Ein- und Ausfahren der Schiffe) beträgt 40 min. Damit können mit einem Trog in 13 Betriebsstunden täglich insgesamt 19 Schiffe
in der einen und 20 Schiffe in der anderen Richtung transportiert werden. Bei Verwendung von zwei Trögen kann die doppelte Transportlei-
stung täglich erzielt werden /52/.

3.3 Wasserkeil-Hebewerke

3.3.1 Allgemeines

Das Wasserkeil-Hebewerk stellt einen neueren Typ eines Abstiegsbauwerkes dar, das zur Überbrückung größerer Niveau-Unterschiede zwischen
zwei Kanalhaltungen sowie auch bei Staustufen an schiffbaren Flüssen

in Betracht kommt. Es besitzt gegenüber den anderen, vorgenannten Abstiegsbauwerken einige Vorzüge, denen jedoch auch technische Schwierigkeiten gegenüberstehen.

Die technische Konzeption des Wasserkeil-Hebewerkes wurde im wesentlichen in Frankreich in den fünfziger und sechziger Jahren von AUBERT entwickelt /53,65/. Ein erstes Abstiegsbauwerk dieser Art wurde im Jahre 1977 am Seitenkanal der Garonne bei Montech in der Nähe von Toulouse/Frankreich, ein zweites im Jahre 1983 bei Fonserannes am Canal du Midi/Frankreich in Betrieb genommen /63,64,66/.

3.3.2 Bewegungsablauf während des Transportvorganges

Beim Wasserkeil-Abstiegsbauwerk wird der Niveau-Unterschied zwischen zwei Kanalhaltungen durch eine *Transportrinne* mit senkrechten Wänden (U-Profil) überbrückt, in der die Schiffe schwimmend in einem *Wasserpolster* (Wasserkeil) gehoben bzw. abgesenkt werden. Der Wasserkeil wird durch ein in die Transportrinne abgesenktes *Stauschild* bewegt, das durch seitlich neben der Rinne angeordnete Zugmaschinen angetrieben wird. Abbildung 3.40. zeigt das Prinzip des Transportvorganges bei der Bergfahrt.

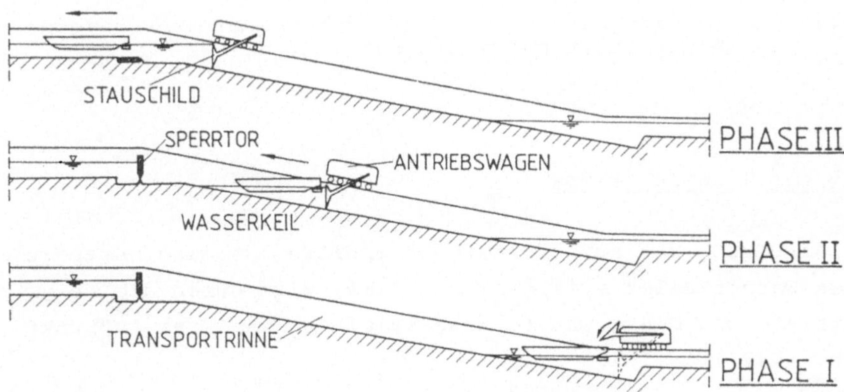

Abbildung 3.40. Transportvorgang bei einem Wasserkeil-Hebewerk (Bergfahrt)

Das Schiff fährt demnach von der unteren Haltung in das Wasserpolster am Fußende der Transportrinne ein, woraufhin das Stauschild abgesenkt wird (Phase I). In der Phase II wird das Schiff schwimmend durch den

Vortrieb des Stauschildes bergwärts transportiert. Während der ersten
beiden Phasen muß die obere Kanalhaltung durch ein Verschlußorgan
(Drehtor, Hubtor oder Senktor) abgesperrt werden. Dieses wird im Augenblick des Druckausgleiches zwischen Wasserkeil und oberer Haltung
geöffnet und damit die Ausfahrt des Schiffes in die obere Haltung
freigegeben (Phase III).

Das Stauschild wird durch zwei seitlich auf den Rinnenwandungen laufende Antriebsmotoren (Diesel-Lokomotiven) bzw. durch einen portalar-
tigen Antriebswagen bewegt (Abb. 3.41.), der auf einzeln angetriebe-
nen Rädern mit pneumatischen Reifen läuft /53,65/.

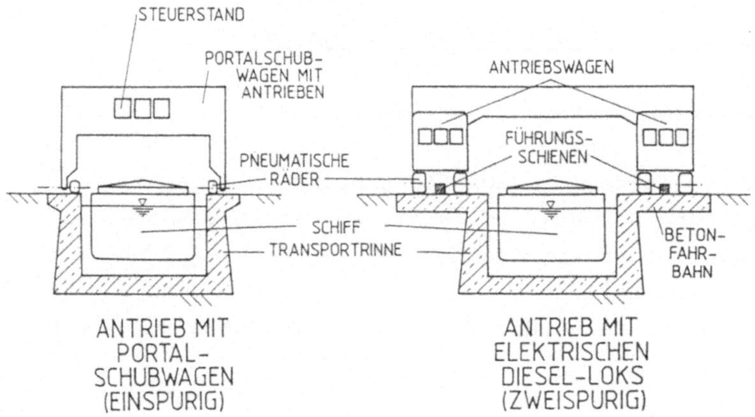

Abbildung 3.41. Querschnitt durch die Transportrinne mit verschiede-
                nen Antriebsarten für das Stauschild

3.3.3 Neigung der Transportrinne

Entsprechend der Größe der zu befördernden Schiffe ist eine nutzbare
Länge L_{eff} des Wasserkeiles erforderlich. Diese wird durch die Neigung
der Transportrinne und die gewählte Wassertiefe y_k an ihrem Fußpunkt
bestimmt (Abb. 3.42.).

Je geringer die Neigung der Transportrinne ist, um so geringer kann
auch die Rinnentiefe sein, um ein Schiff von vorgegebener Länge und
Abladetiefe transportieren zu können.

Geht man davon aus, daß eine Flottwassertiefe von t_f = 0,50 m am Bug
des Schiffes während der Bergfahrt als ausreichend angesehen werden

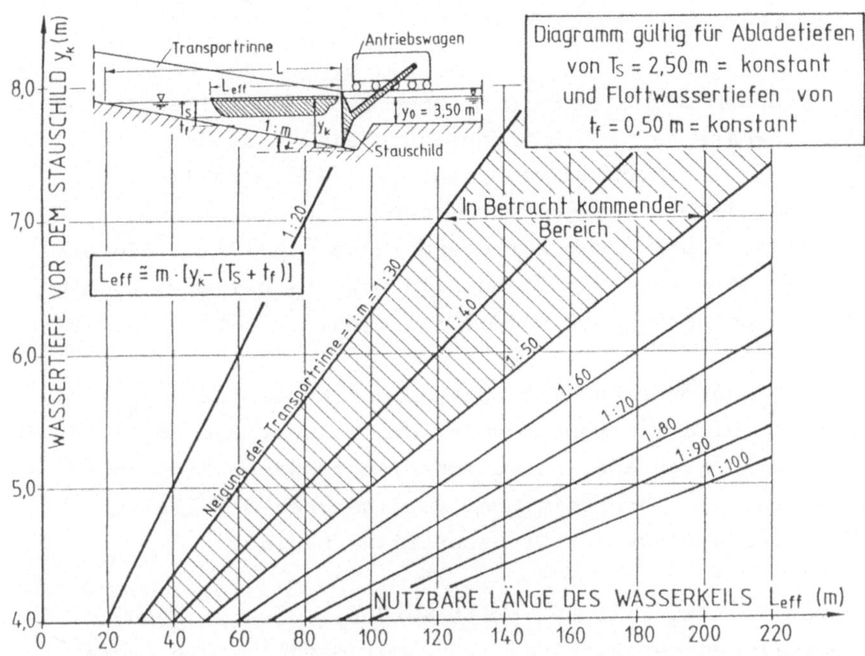

Abbildung 3.42. Nutzbare Länge des Wasserkeils

kann, so ergibt sich die nutzbare Länge L_{eff} des Wasserkeils (Abb. 3.42.) zu:

$$L_{eff} \cong m \left[y_k - (T_S + t_f) \right] ,$$
(3-52)

wobei

T_S = Tiefgang des Schiffes (m),

m = cot α = Neigung der Transportrinne,

y_k = Wassertiefe am Stauschild (m),

t_f = Flottwassertiefe am Bug des Schiffes (m).

Für die Gesamtlänge L des Wasserkeils ergibt sich (Abb. 3.42.):

$$L = m (T_S + t_f) + L_{eff} .$$
(5-53)

In Abb. 3.42. wurde die sich ergebende Abhängigkeit $L_{eff} = f(y_k)$ für verschiedene Rinnenneigungen 1:m dargestellt. Dabei wurde die Abladetiefe des Schiffes mit $T_S = 2,50$ m und die am Bug des Schiffes vorhandene Flottwassertiefe mit $t_f = 0,50$ m angenommen. Die Darstellung

zeigt, daß für den Transport eines Schiffes mit vorgegebener Länge
und Abladetiefe mit abnehmender Neigung der Transportrinne auch die
erforderliche Rinnentiefe abnimmt.

Für das Europatyp-Schiff mit L_S = 85,0 m Länge und 2,50 m Tiefgang ergibt sich beispielsweise je nach Rinnenneigung eine erforderliche
Wassertiefe y_k vor dem Stauschild von etwa 4,7 m (Neigung 1:50) bis
etwa 5,90 m (Neigung 1:30), während für einen Schubverband (zwei
Leichter und ein Schubboot) mit einer Gesamtlänge von 172,0 m die erforderlichen Wassertiefen vor dem Stauschild bereits bei etwa 6,40 m
(Neigung 1:50) bzw. bei etwa 8,80 m (1:30) liegen.

Da die Kosten der Transportrinne mit zunehmender Wassertiefe y_k relativ stark ansteigen, wird man bemüht sein, die Wassertiefe möglichst
gering zu halten. Dies kann aber nur durch eine schwache Rinnenneigung erreicht werden, die ihrerseits bei vorgegebener Gefällestufe
eine entsprechend große Länge der Transportrinne bedingt.

Es muß deshalb von Fall zu Fall überprüft werden, wo unter Berücksichtigung der örtlichen Verhältnisse (Höhe der Gefällestufe, vorhandene Geländeneigung, Größe der Schiffseinheiten und Verkehrsdichte
auf der Kanalstrecke) ein wirtschaftlich vertretbares Optimum der verschiedenen Einflußgrößen liegt.

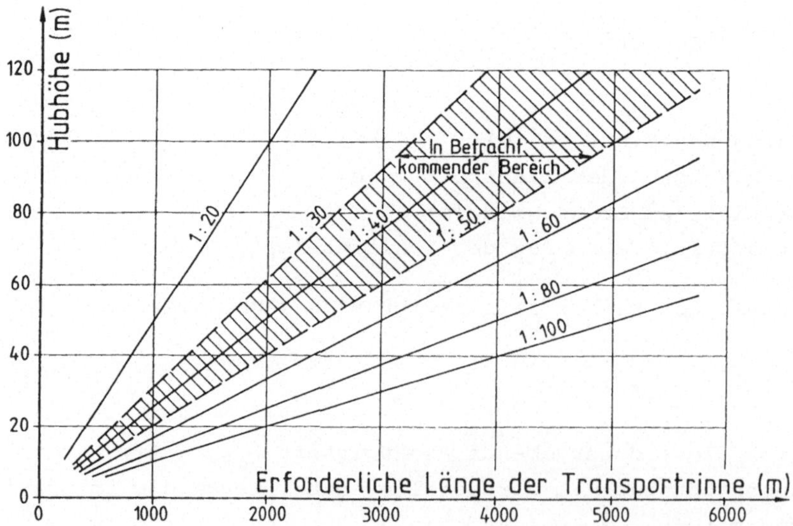

Abbildung 3.43. Erforderliche Länge der Transportrinne

Nach den Untersuchungen von AUBERT kommen für die Transportrinne insbesondere Neigungen von 1:30 bis 1:50 in Betracht /65/. Bei größeren
Niveau-Unterschieden zwischen zwei zu überbrückenden Kanalhaltungen
ergeben sich dabei allerdings entsprechend große Längen von bis zu
mehreren Kilometern für die Transportrinne (Abb. 3.43.).

3.3.4 Erreichbare Hubgeschwindigkeiten

Der Transportgeschwindigkeit der Antriebswagen sind wegen der *Rutschgefahr der Räder* auf den seitlichen Fahrbahnen gewisse Grenzen gesetzt, wenn man von der Möglichkeit eines Antriebes über Zahnstangen
absieht. Als mittlere Fahrtgeschwindigkeiten für die Antriebswagen
kommen, je nach Neigung der Transportrinne, Werte zwischen 1,5 m/s und
2,5 m/s in Betracht. Die Transportgeschwindigkeit der Schiffe erreicht
damit etwa die Größenordnung ihrer zulässigen Fahrtgeschwindigkeit auf
den anschließenden Kanalstrecken.

Bei einer entsprechend groß gewählten Nutzlänge und Tiefe des Wasserkeils können größere Transporteinheiten (Schubverbände) unter Umständen transportiert werden, ohne daß eine Entkopplung des Verbandes
und seine Aufteilung in kleinere Einheiten, die eine zusätzliche
Schlepperhilfe benötigen, erfolgen muß. Dies würde sich auf den Verkehrsfluß in der Kanalstrecke positiv auswirken und die Leistungsfähigkeit der Anlage entsprechend erhöhen.

Die erreichbaren mittleren Hubgeschwindigkeiten der Schiffe während
des Transportvorganges liegen bei den in Betracht kommenden Neigungen
der Transportrinne und Geschwindigkeiten der Antriebswagen im Mittel
zwischen 1,8 und 5,0 m/min (Abb. 3.44.).

Sie sind demnach durchaus vergleichbar mit denen moderner Schleusenanlagen. Dabei ist jedoch zu beachten, daß Wasserkeil-Hebewerke auch
für größere Hubhöhen (H > 40 m), die für Schleusen nicht mehr in Betracht kommen, gebaut werden können. Dabei wird jedoch wegen der relativ geringen Neigung der Transportrinne, eine entsprechend große
Entwicklungslänge für die Gesamtanlage benötigt.

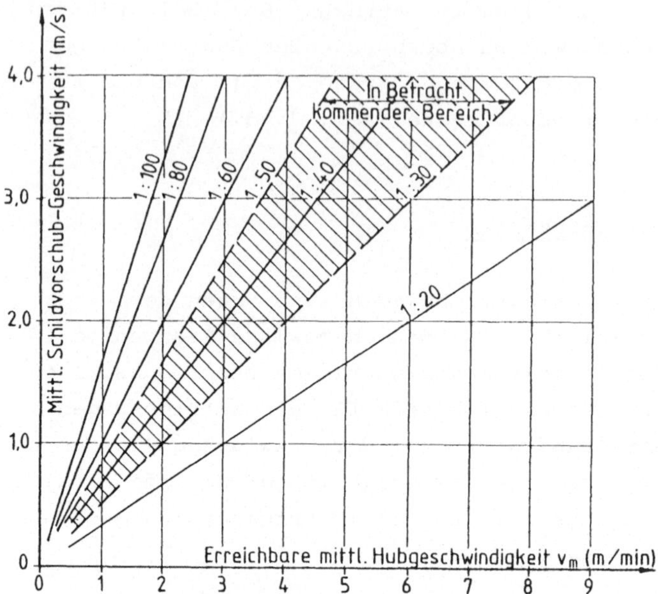

Abbildung 3.44. Erreichbare Hubgeschwindigkeit bei Wasserkeil-Hebewerken

3.3.5 Schiffsbewegungen und Wasserspiegelschwankungen im Wasserkeil

Wegen der Massenträgheit des im Wasserkeil schwimmend transportierten
Schiffes kommt es bei der *Bergfahrt* zu Beginn des Transportvorganges
zu einer Eigenbewegung des Schiffes entgegengesetzt zur Fahrtrichtung.
Es ist deshalb erforderlich, das Stauschild gegen Schiffsstoß durch
einen Querbalken zu schützen. Gegen ihn kann sich das Schiff bei der
Bergfahrt abstützen, wobei die Belastung des Stoßbalkens durch einen
geringen Vorschub der Schiffsschrauben (d.h. das Schiff wird mit laufenden Motoren transportiert) entsprechend verringert werden kann /53/.

Bei der *Talfahrt* besteht zu Beginn des Anfahrvorganges die Gefahr,
daß das Schiff durch seine Eigenbewegung mit den Schiffsschrauben auf
die geneigte Sohle des Transportkanals stößt. Da eine seitliche Vertäuung des Schiffes an den Kanalwandungen nicht in Betracht kommt und
es allenfalls an den Transportwagen bzw. am Portalschubwagen (Abb.3.41.)
festgemacht werden kann, hilft man sich hier ebenfalls durch eine Betätigung der Schiffsschrauben.

Die am Wasserkeil-Hebewerk von Montech im Naturmaßstab ausgeführten
Versuche ergaben, daß bei den Anfahr- und Bremsvorgängen zu Beginn und
am Ende des Transportvorganges maximale Beschleunigungen bzw. Verzöge-
rungen von bis zu 0,06 m/s² noch als zulässig angesehen werden können
/65/.

Darüber hinaus wurden auch Not-Fahrtunterbrechungen am Montech-Hebewerk getestet, wie sie bei plötzlichem Stromausfall während des Transportvorganges denkbar sind. Hierbei wurde lediglich ein leichtes Über-
schwappen des Wassers über das Stauschild beobachtet.

Theoretische Untersuchungen von CHABERT /51/ ergaben, daß es bei konstanter Beschleunigung oder Verzögerung (a = $\pm$ const.) des Antriebswagens während des Transportvorganges zu erheblichen Wasserspiegelschwankungen am Stauschild kommen kann, durch die wechselnde Wasserdrücke auf das Stauschild ausgeübt werden. Darüber hinaus kann unter
bestimmten Randbedingungen die Wassermasse im Keil zu Schwingungen angeregt werden.

Geht man z.B. von einer konstanten Beschleunigung bzw. Verzögerung des
Antriebswagens in der Anfahr- bzw. Anhaltephase von a = $\pm$ 0,04 m/s² aus,
so stellt sich bei einer angenommenen Rinnenneigung von 1:40 nach Gleichung (3-5) ein Wasserspiegelgefälle von etwa $\pm$ 0,0041 im Wasserkeil
ein. Die sich hieraus ergebenden Wasserspiegelauslenkungen am Schild
lassen sich überschlägig nach Gleichung (3-6) bestimmen. Bei einer angenommenen Länge des Wasserkeils von L = 210 m (nutzbare Länge
L_{eff} = 90 m, s. Gleichung (3-52)) betragen sie z.B. $\Delta y = \pm$ 0,43 m, für
L_{eff} = 180 m (Gesamtlänge L = 300 m) immerhin $\Delta y = \pm$ 0,61 m.

Diese Werte zeigen, daß die Bewegungsvorgänge einerseits wechselnde
Wasserdrücke am Stauschild verursachen, andererseits aber auch die
Flottwassertiefe am Schiffsbug bei der Bergfahrt beeinträchtigen kön-
nen. Für die im Wasserkeil transportierten Schiffe besteht dabei die
Gefahr einer Grundberührung mit der Gerinnesohle. Darüber hinaus müs-
sen die durch die wechselnden Wasserspiegelneigungen verursachten
Schiffsbewegungen von den am Transportwagen festgelegten Haltetrossen
in Bremsarbeit umgesetzt werden.

Nach den Untersuchungen von CHABERT empfiehlt es sich deshalb, beim
Anfahr- bzw. Anhaltevorgang mit einer linearen Zunahme (bzw. Abnahme)
der Beschleunigung bis zu einem zulässigen Maximalwert zu fahren, die-

sen Wert über eine gewisse Zeit beizubehalten (lineare Geschwindigkeitszunahme), um dann mit einer linearen Beschleunigungsabnahme
schließlich die angestrebte konstante Fahrtgeschwindigkeit des Antriebswagens zu erreichen. In der Verzögerungsphase (Anhaltevorgang)
wird analog verfahren (Abb. 3.45.).

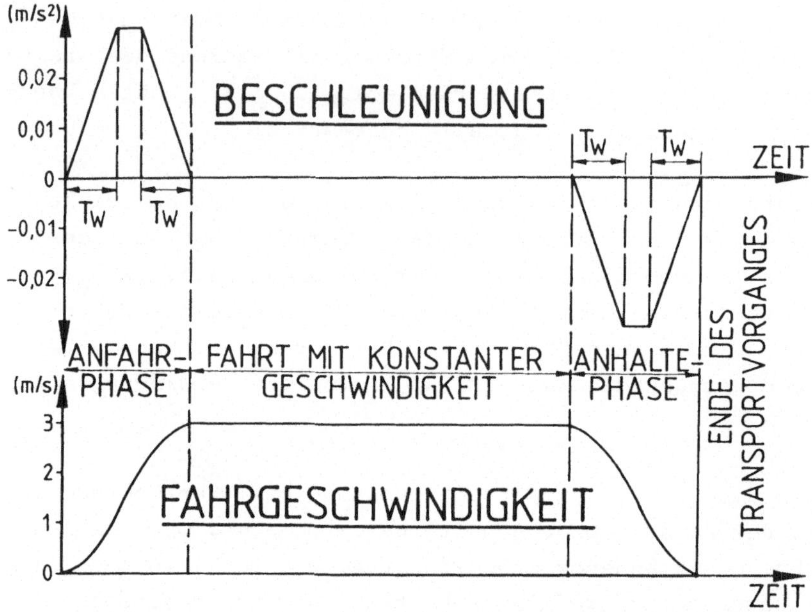

Abbildung 3.45. Empfohlener Bewegungsablauf während des Transport-
                vorganges /51/

Die Zeit bis zum Erreichen einer konstanten Beschleunigung sollte
möglichst gleich der Eigenperiode T_w der Schwingung der Wasserkeilmasse gewählt werden, um eine Schwingungsanregung der Wassermasse im
Keil und damit stärkere Bewegungen des transportierten Schiffes zu
vermeiden. Das gleiche gilt für die Abnahme der Beschleunigung auf
Null.

Die Eigenperiode der Schwingung des Wasserkeils (ohne Schiff) ergibt
sich für die Grundschwingung zu /51/:

$$T_w = \frac{4\pi}{3,822} \sqrt{\frac{L}{g/m}} = 3,28 \sqrt{\frac{L}{g/m}} \, , \qquad (3-54)$$

wobei

     L   = Wasserspiegellänge des Wasserkeils (m),
     g   = Erdbeschleunigung (m/s²),
     1/m = Sohlenneigung der Transportrinne (Abb. 3.42.).

Die Eigenperiode der Wasserkeilmasse *mit* Schiff ist wegen der zusätzlichen Dämpfungseinflüsse um etwa 10 bis 15 % größer als ohne Schiff,
wobei die Art der Schiffsbelegung nur einen untergeordneten Einfluß
hat.

3.3.6 Dichtung des Stauschildes

Eine besondere Schwierigkeit ergibt sich beim Wasserkeil-Hebewerk
durch die erforderliche *Dichtung des Stauschildes* während des Transportvorganges. Um die Verschleißerscheinungen zu reduzieren, hat man
beim Montech-Hebewerk hier anstelle der sonst im Stahlwasserbau üblichen Dichtungen mit Erfolg Dichtungsrollen aus Neopren-Kautschuk (Fa.
Dupont) eingesetzt /53/.

3.3.7 Schwall- und Sunkerscheinungen in den Kanalhaltungen

Beim Anfahren des Stauschildes bei der Berg- bzw. Talfahrt können in
den anschließenden Kanalhaltungen erhebliche Sunkerscheinungen dann
auftreten, wenn sie nicht vor Beginn des Transportvorganges durch ein
Tor abgeschlossen werden.

In der *oberen* Haltung ist ein Verschlußorgan ohnehin erforderlich
(Abb. 3.40.), das vor Beginn jeder Talfahrt geschlossen werden muß.
Zur Vermeidung von Schwallerscheinungen in der oberen Kanalhaltung
sollte es am Ende einer Bergfahrt.erst dann geöffnet werden, wenn der
Wasserspiegelausgleich zwischen dem Wasserkeil- und Kanalwasserspie-
gel erreicht ist.

In der *unteren* Haltung ist ein Absperrorgan am Fuße der Transportrinne im Prinzip nicht erforderlich. Es sollte aber zweckmäßigerweise
zur Vermeidung stärkerer Schwall- und Sunkerscheinungen in der unteren Haltung, die insbesondere bei Beginn der Bergfahrt auftreten können, dennoch angeordnet werden.

3.3.8 Vor- und Nachteile eines Wasserkeil-Hebewerkes

Das Wasserkeil-Hebewerk weist gegenüber allen anderen Arten von Hebewerken und Schrägaufzügen ein besonders günstiges Verhältnis von Nutzlast zu Gesamtlast auf. Wegen des nicht erforderlichen Troges für den

Schiffstransport können hier Werte von $\Phi \leq 2,0$ erreicht werden (vergleiche Abb. 1.1.).

Ein Hauptvorteil des Wasserkeil-Abstiegsbauwerkes liegt - nicht zuletzt aus dem vorgenannten Grunde - in seinen *niedrigen Erstellungskosten* gegenüber Schleusen und anderen Hebewerken mit entsprechend großer Hubhöhe. Kostenvergleiche von AUBERT /67/ aus dem Jahre 1977 mit Schleusen (ohne Sparbecken) ergaben, daß insbesondere bei größeren Hubhöhen die Erstellungskosten für ein Wasserkeil-Hebewerk erheblich unter den für eine Schleuse aufzuwendenden Kosten lagen (Abb. 3.46.).

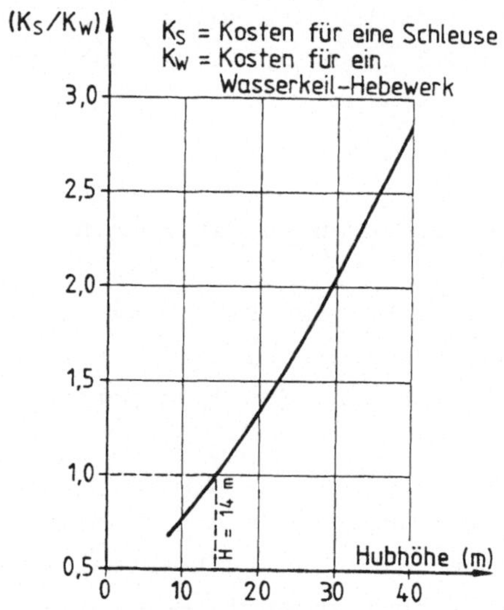

Abbildung 3.46. Kostenvergleich für die Erstellung von Schleusen und Wasserkeil-Hebewerken /67/

Wie die Auftragung der Abbildung 3.46. zeigt, ergeben sich für Hubhöhen $H < 14$ m für den Bau und Betrieb einer Schleuse günstigere Verhältnisse, während z.B. bei Hubhöhen von $H = 30$ m die Erstellungskosten für ein Wasserkeil-Hebewerk nur noch bei etwa 50 % der für eine gleich hohe Schleuse aufzuwendenden Kosten liegen.

Ein weiterer Kostenvergleich wurde von AUBERT /67/ für Schleusentreppen und Wasserkeil-Hebewerke aufgestellt, wobei die Gesamtkosten (Baukosten, Kapitaldienst und Kosten je Gütertonne) je m Hubhöhe für größere Gefällestufen berechnet wurden (Abb. 3.47.).

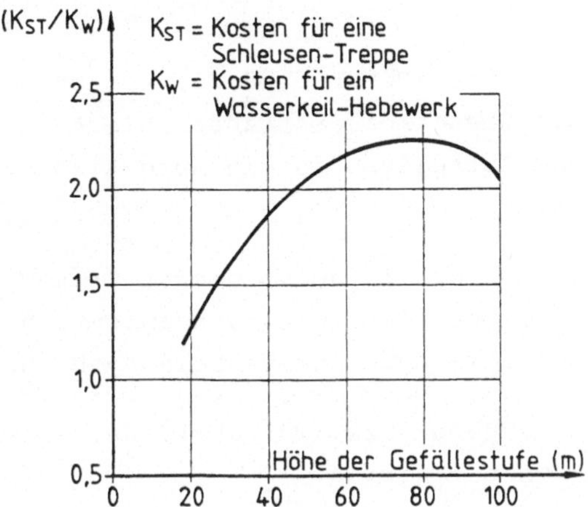

Abbildung 3.47. Vergleich der Kosten für eine Schleusentreppe und ein
Wasserkeil-Hebewerk /67/

Bei der Vergleichsrechnung wurden für die einzelnen Schleusen, die zur
Überbrückung eines vorgegebenen Niveau-Unterschiedes erforderlich
sind, Hubhöhen zwischen 10 und 20 m zugrunde gelegt. Die Auftragung
zeigt, daß unter Berücksichtigung der Baukosten, des jährlichen Ka-
pitaldienstes und der Schleusungszeit, die zur Überwindung der Gefällestufe in beiden Fällen erforderlich ist, die für ein Wasserkeil-
Hebewerk aufzuwendenden Gesamtkosten für Gefällestufen >50 m weniger
als 50 % der Kosten betragen, die für eine gleich hohe Schleusentreppe erforderlich wären /67/.

Die Vorteile, die der Bau und Betrieb eines Wasserkeil-Hebewerkes gegenüber anderen Arten von Schiffs-Hebewerken besitzt, lassen sich wie
folgt zusammenfassen:

1) Für den Transport der Schiffe ist ein Trog nicht erforderlich. Dadurch ergibt sich ein sehr günstiges Verhältnis von Nutzlast zur
   Gesamtlast.

2) Die Kosten für den Bau eines Wasserkeil-Hebewerkes liegen im allgemeinen erheblich unter den für Schleusen (oder Schleusentreppen)
   und andere Arten von Hebewerken gleicher Hubhöhe aufzuwendenden
   Kosten.

3) Die Fahrt des zu transportierenden Schiffes wird praktisch nicht
   unterbrochen, da es im Wasserkeil-Hebewerk mit einer Geschwindig-

keit weitertransportiert wird, die seiner Fahrtgeschwindigkeit in
den Kanalhaltungen entspricht.

4) Größere Schiffseinheiten (Schubverbände) können bei entsprechender
   Länge und Tiefe des Wasserkeiles transportiert werden, ohne daß eine Entkopplung und Aufteilung in kleinere Einheiten erforderlich
   wird.

5) Bei Beginn und am Ende des Fördervorganges treten in den anschließenden Kanalhaltungen bei Anordnung von entsprechenden Sperrtoren
   praktisch keine Schwall- und Sunkerscheinungen auf.

6) Der Wasserverlust je Berg- bzw. Talfahrt ist, abgesehen von Spalt-
   wasserverlusten, denkbar gering.

Den vorgenannten Vorteilen stehen jedoch einige nicht unwesentliche
Nachteile gegenüber, die sich im Vergleich zu anderen Abstiegsbauwerken ergeben:

1) Bei größeren Gefällestufen (H > 40 m) ist für die Transportrinne
   des Wasserkeil-Hebewerkes eine relativ große Entwicklungslänge von
   unter Umständen mehreren Kilometern erforderlich.

2) Für die Transportrinne kommen nur relativ geringe Neigungen (1:30
   bis 1:50) in Betracht, da sonst die nutzbare Länge des Wasserkeils
   für den Schiffstransport zu gering wird.

3) Die Kosten für die Transportrinne und das Stauschild steigen mit
   zunehmender Rinnentiefe rasch an.

4) Für die Dichtung am Stauschild ergeben sich erhebliche Schwierigkeiten, die auch ständige Verschleißerscheinungen nicht ausschlie-
   ßen.

5) Eine Vertäuung der Schiffe im Wasserkeil ist während des Transportvorganges nur am Transportwagen möglich.

Diese vorgenannten Nachteile sind als Grund dafür anzusehen, daß mit
Ausnahme der beiden in Frankreich erstellten Wasserkeil-Hebewerke von
Montech (1973; H = 14,3 m) und Fonserannes (1983; H = 13,6 m) bislang
keine weiteren Anlagen dieser Bauart ernsthaft in Betracht gezogen
wurden.

3.3.9 Das Wasserkeil-Hebewerk von Montech/Frankreich

Das am Garonne-Seitenkanal bei Montech/Südfrankreich gelegene, 1973
in Betrieb genommene Wasserkeil-Hebewerk war das erste Hebewerk dieser Art. Es wurde zunächst am Modell im Maßstab 1:50 untersucht, an
einer Pilotanlage (Maßstab 1:10) in Vénissieux (Nähe Lyon/Rhône) überprüft und erst dann Anfang der siebziger Jahre gebaut.

Der im Süden Frankreichs gelegene, 193 km lange Garonne-Schiffahrts-
kanal verbindet Toulouse mit Castets (südöstlich Bordeaux). Im Rahmen
eines Modernisierungsprogramms im Abschnitt Toulouse-Agen bot es sich
an, fünf ältere Schleusen auf einer nur etwa 2,2 km langen Kanalstrecke mit einer Gesamthubhöhe von 14,3 m durch ein Wasserkeil-Hebewerk zu ersetzen /64,68,69/.

Das Hebewerk ist konzipiert für selbstfahrende Schiffe bis zu 350 t
Tragfähigkeit mit Schiffslängen von 38,5 m, Schiffsbreiten von 5,50 m
und Abladetiefen bis zu 2,20 m /53/. Die Neigung der Transportrinne
beträgt 1:33, ihre Länge 443 m bei einer Rinnenbreite von 6,0 m. Die
Rinnenwände sind 4,35 m hoch, die Wassertiefe vor dem Schild beträgt
3,75 m /69,70/.

Die Gesamtlänge der Wasserkeiloberfläche beträgt etwa 125,0 m, seine
nutzbare Länge ergibt sich nach Gleichung (3-52) zu etwa 40 m ($t_f = 0{,}35$m).
Abbildung 3.48. zeigt eine Aufnahme der 1973 in Betrieb genommenen Anlage.

Die obere Kanalhaltung ist durch ein nach unten umlegbares Klapptor
abgeschlossen (Abb. 3.49.), die untere Haltung ohne zusätzliches Verschlußorgan.

An das obere Ende der Transportrinne schließt eine 27,0 m lange *Dämpfungsstrecke* mit fischgrätenartig angeordneten Sohlschwellen und einem seitlichen Überlaufbecken an (Abb. 3.50.). Beide Maßnahmen sollen
dazu dienen, Schwallwellen in der letzten Phase des Transportvorganges bei der Bergfahrt zu dämpfen und ihre übermäßige Reflexion am
oberstromigen Verschlußorgan zu vermeiden /63,64/.

Das hydraulisch bewegte Stauschild wird durch zwei über einen Querriegel starr miteinander verbundene Antriebswagen (diesel-elektrische

Abbildung 3.48.   Luftaufnahme des Wasserkeil-Hebewerkes von Montech/
                  Südfrankreich

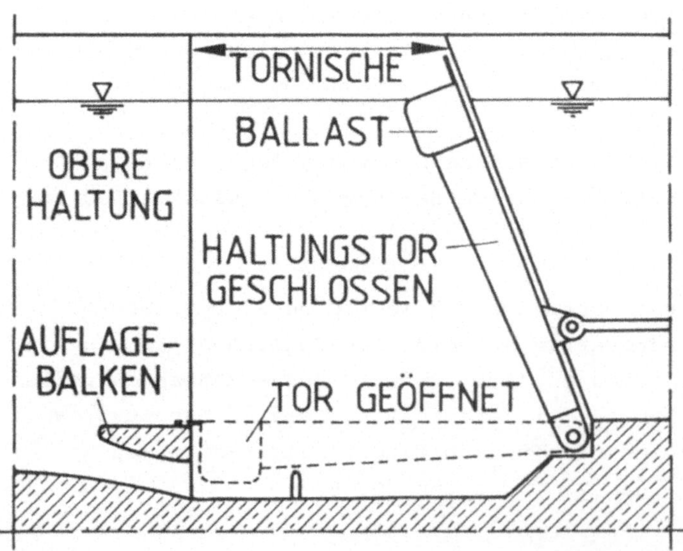

Abbildung 3.49. Oberes Haltungstor beim Wasserkeil-Hebewerk Montech
               /63/

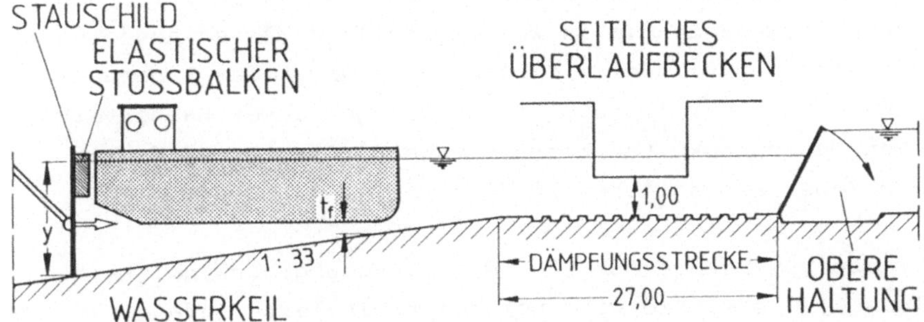

Abbildung 3.50. Dämpfungsstrecke am oberen Ende der Transportrinne
/63/

Lokomotiven) von je 735 kW Leistung bewegt (Abb. 3.51.). Jeder Antriebswagen läuft auf insgesamt acht gummibereiften Rädern auf seitlich angeordneten Betonfahrbahnen. Am Querriegel sind zwei Haltetrossen zum Festlegen der Schiffe befestigt.

Während des Transportvorganges stützen sich die Schiffe gegen einen
am Stauschild angebrachten, elastischen Stoßbalken ab, der gleichzeitig als Schutz für das Stauschild dient. Der Stoßbalken ist so bemessen, daß er die kinetische Energie eines mit einer Geschwindigkeit
von 0,40 m/s bewegten 350 tdw-Schiffes aufnehmen kann. Am Stoßbalken
sind außerdem zwei Poller zum Festlegen der Schiffe angeordnet /64/.

Abbildung 3.51. Transportrinne mit Antriebswagen des Wasserkeil-Hebewerkes von Montech/Südfrankreich (H = 14,3 m)

Als Dichtung am Stauschild wurden Neopren-Dichtungsrollen aus synthetischem Kautschuk verwendet, die in wassergefüllten Kästen angeordnet sind. Über hydraulische Zylinder wird der Anpreßdruck der Dichtungsrollen an den Wandungen der Transportrinne geregelt. Der Wasserverlust infolge von Undichtigkeiten beträgt etwa 85 ℓ/s. Er wird über einen Bypass-Schieber ausgeglichen /53/.

Während des Transportvorganges beträgt die Vorschubgeschwindigkeit des Stauschildes 1,40 m/s. Sie wird bei einer mittleren Anfangsbeschleunigung von etwa 0,01 m/s² in zwei Minuten erreicht /64/. Die mittlere Hubgeschwindigkeit der transportierten Schiffe beträgt damit etwa 2,85 m/min /69/.

Bei *Notbremsungen* infolge Stromausfall während der *Bergfahrt* kommt es zu einem relativ plötzlichen Stillstand des Antriebswagens. Dadurch wird die Wassermasse im Wasserkeil zur Schwingung angeregt. Die Wasserspiegelabsenkungen am auslaufenden Ende des Wasserkeils erreichen dabei Werte von bis zu 0,50 m. Dies bedeutet, daß bei voll abgeladenen Schiffen eine leichte Grundberührung mit der Rinnensohle nicht auszuschließen ist.

Bei der *Talfahrt* erfolgt die Notbremsung über pneumatische Bremsen innerhalb von fünf Sekunden. Die dabei am Stauschild auftretenden Wasserspiegelauslenkungen erreichen 0,40 m, während an der Spitze des Wasserkeils Absenkungen von bis zu 0,26 m auftreten, die als ungefährlich für die transportierten Schiffe angesehen werden können /64/.

3.3.10 Das Wasserkeil-Hebewerk von Fonserannes/Frankreich

Im Zuge der Modernisierung und des Ausbaus des Canal du Midi wurde in Südfrankreich im Jahre 1982 mit dem Bau eines zweiten Wasserkeil-Hebewerkes bei Fonserannes an der Kanalstrecke zwischen Argens und Béziers begonnen. Es ersetzt in einer parallel angelegten Kanalstrecke eine Kette von sieben Schleusen mit einer Höhendifferenz von insgesamt 13,60 m.

Die aus dem 17. Jahrhundert stammenden Schleusen bleiben in der alten Kanalstrecke als Baudenkmäler erhalten. Sie sollen zur Entlastung des Hebewerkes, insbesondere für den Sportbootverkehr, herangezogen werden.

Im ersten Entwurf war nach entsprechenden Vorstudien zunächst eine
Sparschleuse vorgesehen. Die endgültige Entscheidung wurde dann jedoch zugunsten eines Wasserkeil-Hebewerkes getroffen. Die Inbetriebnahme war für 1983 vorgesehen.

Der Entwurf für das neue Hebewerk stützte sich auf die an der Anlage
von Montech gewonnenen Erfahrungen. So konnte im Gegensatz zu diesem
eine steilere Rinnenneigung von 1:20 gewählt werden. Außerdem wurde
am Unterhaupt ein zusätzliches Verschlußorgan (Klapptor) vorgesehen,
durch das die untere Kanalhaltung gegen die zu Beginn der Bergfahrt
und am Ende der Talfahrt unvermeidlichen Schwall- und Sunkerscheinungen abgeschirmt wird.

Am Oberhaupt des Hebewerkes sind zwei im Abstand von etwa 15,0 m hintereinander angeordnete Klapptore angeordnet. Durch sie wird eine bessere Anpassung des Transportvorganges an die unterschiedlichen Schiffseinheiten (Frachtschiffe bis 350 t Tragfähigkeit und Sportboote verschiedener Größe) erreicht. Die Sportboote benötigen aufgrund ihres
geringeren Tiefganges ein geringeres Wasservolumen im Wasserkeil, so
daß in diesem Falle, um den Energieverbrauch zu reduzieren, mit einer
geringeren Wassertiefe im Keil gefahren werden kann, als sie für den
Transport von Frachtschiffen erforderlich ist.

Die Verteilung dieser unterschiedlichen Wasservolumina am Oberhaupt
des Hebewerkes am Ende der Bergfahrt bis zum Wasserspiegelausgleich
mit der oberen Haltung macht die Anordnung der vorgenannten zwei Haltungstore erforderlich.

Die Transportrinne wurde, ähnlich wie bei der Montech-Anlage, als U-
Profil (Breite = 6,0 m, Wandhöhe = 4,9 m) ausgeführt. Die Gesamtlänge
der Rinne beträgt 314 m, der Fahrweg des Antriebswagens 272 m.

Der Vorschub des Stauschildes erfolgt über zwei Antriebswagen (Antriebsleistung = 110 kW), die über eine portalartige Brücke miteinander verbunden sind, und mit je neun pneumatischen Rädern auf den seitlichen Betonfahrbahnen (Stärke = 0,75 m) laufen.

Die mittlere Fahrtgeschwindigkeit der Antriebswagen beträgt 0,65 m/s
beim Transport von Frachtschiffen. Beim Transport von Sportbooten kann
sie jedoch auf 1,20 m/s gesteigert werden.

Die maximale Beschleunigung und Verzögerung der Antriebswagen erreicht
beim normalen Anfahr- bzw. Anhaltevorgang Werte von ± 0,05 m/s². Bei
Notbremsungen beträgt die Verzögerung a = 0,20 m/s² bei der Bergfahrt,
während sie bei der Talfahrt 0,05 m/s² erreicht /64/.

Die während 13 Betriebsstunden pro Tag erreichbare Förderleistung des
Hebewerkes beträgt 14 Frachtschiffe (350 t Tragfähigkeit) und 200 Sportboote.

3.3.11 Weitere Anlagen in der Planung

Die Verwendung von Wasserkeil-Hebewerken wurde seit 1970 für verschiedene Gefällestufen an Schiffahrtskanälen und an Staustufen schiffba-
rer Flüsse vorgeschlagen. So z.B. in Ägypten am Assuan-Damm, in Mozam-
bique am Cabora-Bassa-Damm sowie am Kainji-Damm in Nigeria /65/. Darüber hinaus wäre die Anwendung eines Wasserkeil-Hebewerkes nach Ansicht von AUBERT auch zur Überbrückung großer Hubhöhen an Flußsyste-
men in der Volksrepublik China, in der UdSSR und in Indien in Betracht
gekommen /65/.

Bei einigen dieser vorgenannten Projekte wurden Vergleichsentwürfe zu
anderen Arten von Abstiegsbauwerken (Schleusen, Schrägaufzüge und
senkrechte Hebewerke) aufgestellt. In allen Fällen wurde jedoch bislang gegen das Wasserkeil-Hebewerk zugunsten einer der konventionell
erprobten Alternativlösungen entschieden.

Auch beim Entwurf des am Elbe-Seitenkanal bei Lüneburg/Scharnebek erforderlichen Abstiegsbauwerkes (Hubhöhe = 38 m) wurde u.a. ein Wasserkeil-Hebewerk untersucht. Als Neigung für die Transportrinne war
dabei 1:50 vorgesehen, um den Transport von Schubverbänden ohne Ent-
koppeln zu ermöglichen. Die Länge der Transportrinne ergab sich damit
zu etwa 2100 m, die erforderliche Rinnenbreite zu 12,0 m. Um eine Abladetiefe von bis zu 2,50 m zu ermöglichen, mußte eine Wassertiefe am
Stauschild von y_k = 6,60 m vorgesehen werden. Damit ergab sich eine
nutzbare Länge des Wasserkeils von etwa 180 m (Abb. 3.42.).

Ein Kostenvergleich und ein Vergleich der Leistungsfähigkeit der ver-
schiedenen untersuchten Alternativlösungen ergab, daß ein Wasserkeil-
Hebewerk mit einer nutzbaren Länge von 180 m zwar im Hinblick auf die
Baukosten die günstigste Lösung darstellt (s. Tab. 2.2.), jedoch in

seiner Leistungsfähigkeit von einem Gegengewichts-Hebewerk mit zwei
Trögen von je 100 m Länge (Breite = 12 m) erheblich übertroffen wird.
Die Entscheidung wurde deshalb im Jahre 1969 zugunsten eines Gegen-
gewichts-Hebewerkes getroffen /22/.

4 Sonderformen von Schiffshebewerken

4.1 Allgemeines

Zu den Sonderformen der Schiffshebewerke gehören alle diejenigen Bauwerksarten für den Transport von Schiffen über Gefällestufen, die sich
von den in der Praxis ausgeführten und bewährten Konstruktionen *in ihrem Grundprinzip unterscheiden*. Einige dieser Sondervorschläge wurden
als Entwurfsvarianten im Rahmen von Wettbewerben und Ausschreibungen
bis zur baureifen Konstruktion durchgearbeitet.

Allen diesen Entwürfen ist jedoch gemeinsam, daß sie, aus zum Teil unterschiedlichen Gründen, *nie zur Ausführung gelangten*, so daß ihnen
heute teilweise nur eine historische Bedeutung zukommt. Zur Vervoll-
ständigung der Betrachtungen über Schiffshebewerke sollen einige dieser Sonderformen jedoch hier Erwähnung finden und im folgenden kurz
behandelt werden.

Zu den Sonderformen der Schiffshebewerke gehören u.a.:

    a) Waagebalken-Hebewerke
    b) Trommel-Hebewerke
    c) Druckluft-Hebewerke
    d) Tauchschleusen

Obwohl die letztgenannte Art fälschlicherweise oft auch als Sonderform einer Schiffsschleuse angesehen wird, gehört sie ihrem Prinzip
nach (Transport der Schiffe in Trögen) wohl eindeutig zu den Sonderformen von Schiffshebewerken.

4.2 Waagebalken-Hebewerke

Das Prinzip des Waagebalken-Hebewerkes beruht auf einem mittig gelagerten Waagebalken, an dessen einem Ende sich ein gelenkig aufgehäng-
ter Trog befindet, während das andere Ende zum Gewichtsausgleich mit
einem Gegengewicht (oder zweiten Trog) beschwert ist (Abb. 2.1.D).
Die Gesamtlast aus Trog, Gegengewicht und Waagebalken muß demnach von
einem Mittellager aufgenommen werden.

Aus der Vielzahl der insbesondere für den Bau des Schiffshebewerkes
Niederfinow (Inbetriebnahme 1934) zu Beginn dieses Jahrhunderts eingereichten Entwürfe /10/ seien hier nur einige genannt (Abb. 1.9.):

  a) das Hebewerk mit Waagebalken
     (Entwurf von BEUCHELT & Co aus dem Jahre 1906),
  b) das Hebewerk mit Schwinghebel auf Schwimmern
     (Entwurf von HANIEL und LUEG aus dem Jahre 1906),
  c) das Zwillingshebewerk mit Druckwasserbremsen
     (Entwurf von BEUCHELT & Co aus dem Jahre 1912),
  d) das Hebewerk mit Waagebalken, Zahnstangen und Wälzlagern
     (Entwurf von BEUCHELT & Co aus dem Jahre 1922).

Beim Entwurf der Fa. BEUCHELT & Co für ein Schiffshebewerk *mit Waagebalken* aus dem Jahre 1906 (Abb. 1.9.) ist der 68 m lange Trog gelenkig an insgesamt sechs Waagebalken aufgehängt, an deren anderen Enden
sich die Gegengewichte zum Gewichtsausgleich befinden.

Die Bewegung des Troges erfolgt über Druckwasserpressen und Zahnkranz-
getriebe an den Lagern /1,19/. Während des Bewegungsvorganges sorgen
drei Bremsschaufeln von je 72 m² Fläche, die sich in wassergefüllten
Kammern bewegen, für eine ausgeglichene Bewegung des Troges. Gleichzeitig dämpfen sie im Falle eines Trogleerlaufens die Aufwärtsbewegung des Troges. Dieser wird während des Transportvorganges durch vier
seitliche Führungsstäbe in waagerechter Lage gehalten /1/.

Der Nachteil dieser Konstruktion beruht auf der Konzentration aller
Lasten auf die vorgesehenen sechs Mittellager. Schwierigkeiten wurden
darüber hinaus auch in der Führung und Sicherung des Troges gesehen.

Bei dem Waagebalken-Hebewerk *mit Schwinghebel auf Schwimmern* (Abb.
1.9.) ist der 68 m lange Trog starr mit acht 122 m langen Fachwerk-

trägern verbunden, die sich auf Schwimmzylindern (Durchmesser = 30 m) mit seitlichen Wasserbehältern abstützen.

Durch das Einpumpen (bzw. Auspumpen) von Wasser in die seitlichen Behälter wird das Schwimmerlager in Drehbewegung versetzt und damit der mit dem Waagebalken verbundene Trog gehoben bzw. abgesenkt. Die Führung des Troges erfolgt dabei an seitlichen Führungsgerüsten.

Der Vorteil dieses Entwurfes gegenüber anderen Waagebalken-Hebewerken ist in dem Wegfall hochbelasteter Lager zu sehen /1/. Der Gedanke wurde deshalb auch in späteren Entwürfen der Fa. MAN von CARSTANJEN aufgegriffen und weiterentwickelt /3/.

Beim Entwurf der Fa. BEUCHELT aus dem Jahre 1912 für ein *Zwillingshebewerk mit Druckwasserbremsen* (Abb. 1.9.) sind die beiden 68 m langen Tröge an den Enden von vier Waagebalken gelenkig aufgehängt, wobei diese sich in der Mitte auf Stahlzapfen von 0,70 m Durchmesser abstützen.

Die Bewegung der Waagebalken erfolgt über Antriebsritzel. Beiderseits des mittig angeordneten Unterbaues sind wassergefüllte Bremskammern vorhanden, in denen sich starr mit lotrechten Bremsstäben verbundene, horizontale Platten bewegen (Abb. 1.9.). Durch sie werden die Trogbewegungen gedämpft. An den Trogenden erfolgt eine Führung der Tröge und Sicherung der Troglage über Führungsstäbe.

Die Nachteile dieser Konstruktion liegen neben den Kosten in der hohen Belastung der Lager, in den großen, dem Winddruck ausgesetzten schwingenden Massen sowie auch in der mangelhaften Sicherung im Falle eines Trogleerlaufens /1,19/.

Der Entwurf der Fa. BEUCHELT aus dem Jahre 1922 für das Schiffshebewerk Niederfinow (Troglänge = 85 m) sieht ein Waagebalken-Hebewerk *mit Zahnstangen und Wälzlagern* vor (Abb. 1.9.). Hier wird der Trog über die beidseitig angeordneten Waagebalken, die jeweils mit Gegengewichten versehen sind, im Gleichgewicht gehalten. Antrieb, Führung und Sicherung des Troges erfolgt über seitlich angeordnete Schraubenspindeln bzw. Zahnstangen.

Die Schwierigkeit bei dieser Anordnung bestand darin, die kreisförmigen Bewegungen der Waagebalken mit den senkrechten Trogführungen in

Einklang zu bringen. Dies sollte mit Hilfe von Wälzlagern erreicht werden /1/.

4.3 Trommel-Hebewerke

Die Konzeption, Schiffe in einer drehbaren Trommel zu transportieren, fußt auf einem Gedanken UMLAUFs, der als Grundlage für einen Entwurf der Fa. MAN aus dem Jahre 1906 für das Schiffshebewerk Niederfinow diente (Abb. 4.1.).

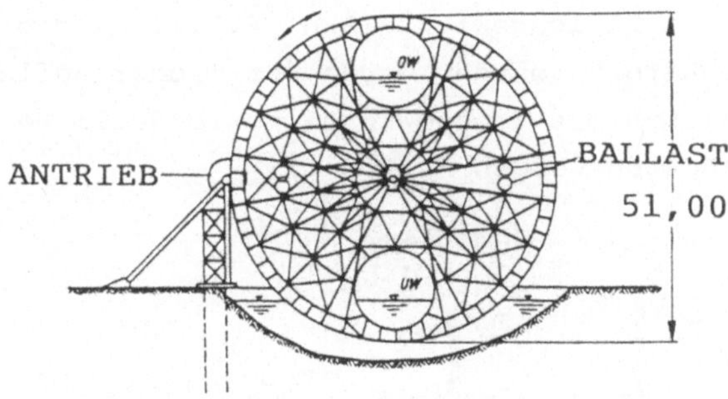

Abbildung 4.1. Hebewerk mit drehbarer Trommel
              (Entwurf der Fa. MAN aus dem Jahre 1906, Troglänge = 70 m)

Die an ihren Stirnseiten durch Tore abgeschlossenen Tröge sind als "Schiffsröhren" von 70 m Länge in die als Fachwerkkonstruktion ausgebildete Trommel eingebaut. Die nutzbare Wasserspiegelbreite in jedem der beiden Tröge beträgt 12 m. Durch Vor- und Zurückdrehen der Trommel um jeweils 180° wird das in der geschlossenen Trogröhre schwimmende Schiff von einer Haltung zur anderen transportiert.

Der Antrieb der Trommel erfolgt über seitliche Ritzel, die in Zahnkränze an den Stirnseiten der Trommel eingreifen. Das Gesamtsystem befindet sich im Gleichgewicht, so daß für die Bewegung der Trommel nur Reibungs- und Massenkräfte überwunden werden müssen.

Nachteile dieser Bauart liegen in der Unsicherheit des Antriebes, der Windbelastung der Konstruktion und in der Abhängigkeit von möglichst gleichen Haltungswasserständen /1/.

4.4 Druckluft-Hebewerke

Die Idee eines Druckluft-Hebewerkes wurde in Anlehnung an das Prinzip
einer Zwillingsschleuse zunächst in Österreich von SCHANZER (1907)
entwickelt und später von GROH (1939) und TILLINGER (1949) wieder aufgegriffen /20,21/.

Das Prinzip eines Druckluft-Hebewerkes ist ähnlich wie das eines
Druckwasser-Hebewerkes, nur daß beim ersten Luft anstelle von Wasser
in den Druckbehältern verwendet wird. In zwei luftdicht abgeschlossenen, mit Druckluft gefüllten Behältern bewegen sich die beiden wassergefüllten Tröge im gegenläufigen Takt auf und ab, wobei die Luft-
zufuhr zwischen den Behältern über Verbindungsleitungen und Schieber
geregelt wird. Beide Tröge befinden sich auf halber Hubhöhe bei geöffnetem Schieber im Gleichgewicht (Abb. 4.2.). Da die Tröge sich in
schachtartigen Behältern von der Größe der Troggrundfläche bewegen,
kann der zum Ausgleich des Troggewichtes erforderliche Luftüberdruck
relativ gering gehalten werden (< 2 bar).

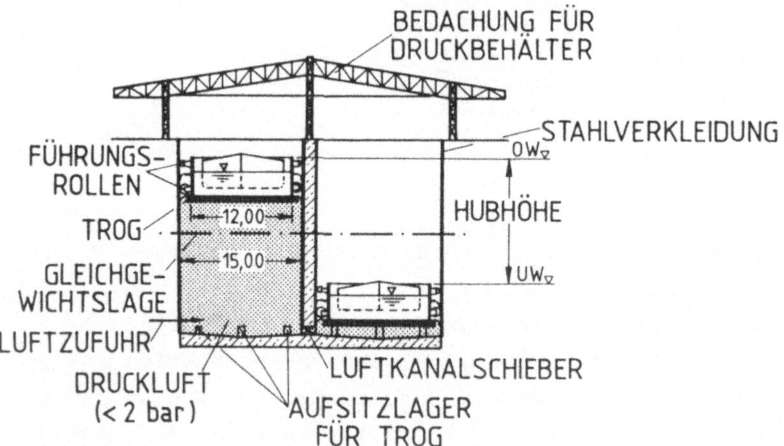

Abbildung 4.2. Prinzip eines Druckluft-Hebewerkes

Durch Übernahme von Ballastwasser in einen der Tröge kann die Bewegung der Tröge nach Öffnen der Verbindungsschieber eingeleitet werden.
Eine weitere Möglichkeit besteht in der Aufhängung der Tröge an end-
losen Gliederketten, über die der Antrieb sowie auch die Führung und
Sicherung der Tröge erfolgen kann /21/.

Die große Schwierigkeit bei den Druckluft-Hebewerken liegt in der erforderlichen Dichtung zwischen den Trog- und Behälterwandungen. Diese

muß über den ganzen Trogumfang gewährleistet sein. Eine derartige Dichtung läßt sich jedoch praktisch nur mit Stahlauflagen an den Behälter-
wänden und einer am Trog angebrachten federnden Dichtung, die durch
den Innendruck im Behälter an die Dichtungsflächen angepreßt wird, erreichen (Abb. 4.3.).

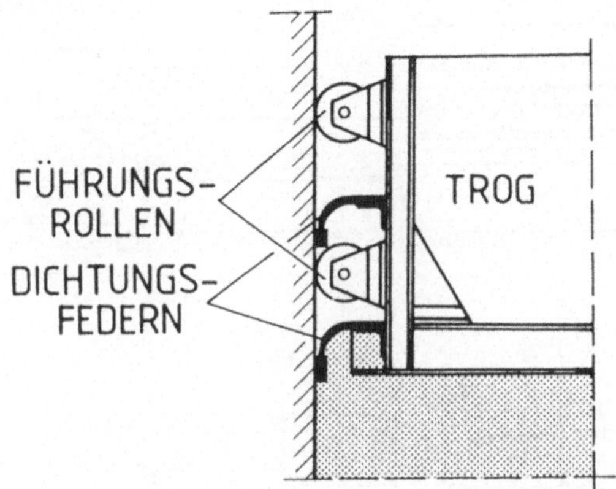

Abbildung 4.3. Prinzip der Trogführung und -dichtung an den Behälter-
wänden /20/

Eine Parallelführung der auf dem Luftpolster in den Druckbehältern
"schwimmenden" Tröge ist während des Transportvorganges durch seitliche Führungsrollen jedoch nur schwer zu erreichen. Darüber hinaus ist
im Katastrophenfall (Leerlaufen des Troges) eine sofortige Unterbre-
chung der Trogbewegungen durch Schließen der Verbindungsschieber wegen der Zusammendrückbarkeit der Luft nicht möglich. Dies stellt neben den Dichtungsschwierigkeiten einen besonderen Nachteil der Druckluft-Hebewerke gegenüber den Druckwasser-Hebewerken dar.

4.5 Tauchschleusen

Das Prinzip der Tauchschleuse fußt auf einer Idee von ROTHMUND, nach
der im Querschnitt rechteckige oder zylindrische Druckkörper schwimmend als "Trogröhren" im gegenläufigen Takt in zwei nebeneinander
angeordneten Schwimmschächten auf- und abwärts bewegt werden /72/.

Im allgemeinen sind die Tröge dabei so angeordnet, daß sie im Oberwasser schwimmen und bei der Talfahrt unter Wasser tauchen, um den

Anschluß an die untere Haltung zu gewinnen (Abb. 4.4.). Es ist aber
auch der umgekehrte Fall denkbar /72/.

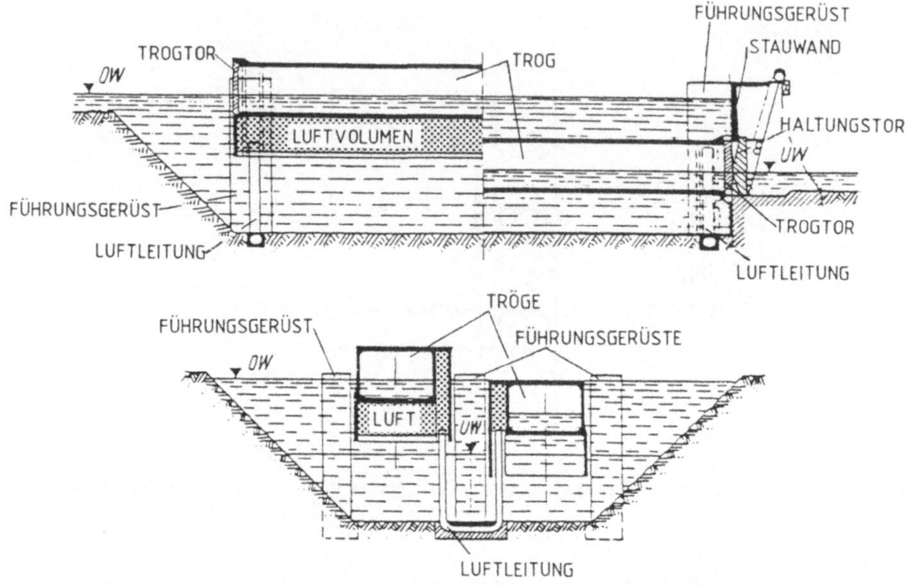

Abbildung 4.4. Prinzip der Tauchschleuse mit rechteckigem Trog im
          Oberwasser schwimmend (Bauart ROTHMUND) /72/

Die erforderliche Tiefe der Schwimmbecken oder -schächte ist durch
die Hubhöhe der Anlage vorgegeben. Bei geringeren Hubhöhen können die
Schwimmbecken mit geböschten Seiten (Abb. 4.4.), bei größeren Hubhöhen und felsigem Untergrund als senkrechte Schächte (Abb. 4.5.) ausgebildet werden.

In der oberen Schwimmstellung ragen die Tröge mit ihrer oberen Hälfte
über den Oberwasserstand heraus. Unter jedem Schiffstrog sind nach unten offene Luftglocken angeordnet, die über Leitungen miteinander verbunden sind. Beim Eintauchen eines Troges wird infolge des mit der
Tiefe zunehmenden Wasserdruckes ein gewisses Luftvolumen über die Verbindungsleitungen in die Luftglocke des zweiten Troges abgeführt. Dieses Luftvolumen ist so bemessen, daß es gerade das zunehmende Tauchvo-
lumen (Auftriebszunahme) des abwärts bewegten Troges ausgleicht.
Gleichzeitig ersetzt die in die Taucherglocke des austauchenden Troges
überfließende Luft gerade seine Auftriebsabnahme während des Auftauch-
vorganges.

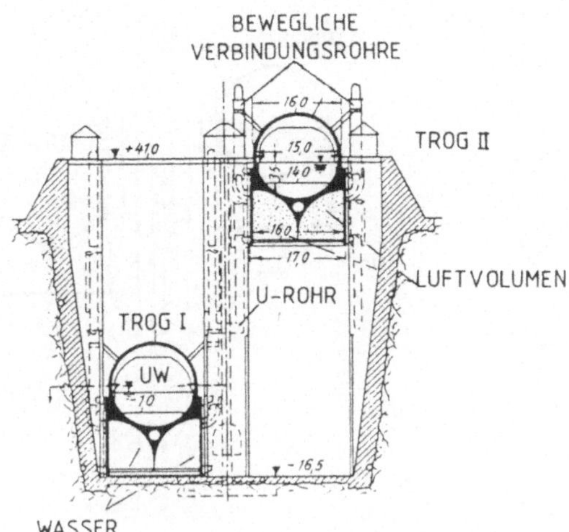

Abbildung 4.5. Entwurf für eine Tauchschleuse mit zylindrischen Trog-
körpern (Hubhöhe = 40 m) /72/

Damit bleibt die Wasserverdrängung beider Tröge stets gleich groß,
d.h. sie befinden sich ohne Zugabe von Ballastwasser in einer stabi-
len Gleichgewichtsschwimmlage.

Bei geringeren Hubhöhen ist die Anordnung von fest in der Beckenzwi-
schenwand installierten, U-förmigen Luftleitungen möglich (Abb.4.4.).
Bei größeren Hubhöhen wird der Luftaustausch zwischen den Taucherglocken der beiden Tröge durch ein System von beweglichen und festen
U-Rohren erreicht /72/.

In diesem Falle wird an den vier Trogecken an jede Luftglockenhälfte
ein senkrechtes Standrohr mit einer den Luftabschluß bewirkenden Was-
sertasse angeschlossen (Abb. 4.6.). In der Trennwand zwischen den
Trögen sind jeweils an den Trogenden fest installierte U-Rohre eingebaut, auf denen sich umgekehrte, der Höhe nach verschiebbare U-Rohre
(Verbindungsrohre) befinden. Ihre dem Trog zugewandten freien Schen-
kel werden beim Auftauchen des Troges in die an ihm vorhandenen senkrechten Standrohre eingeführt und damit die Verbindung der inneren
Luftzylinderhälften beider Tröge hergestellt (Abb. 4.6.). In gleicher
Weise werden die äußeren Luftglockenhälften miteinander verbunden,
wobei allerdings die Luftleitungen über die gesamte Schachtbreite geführt werden müssen.

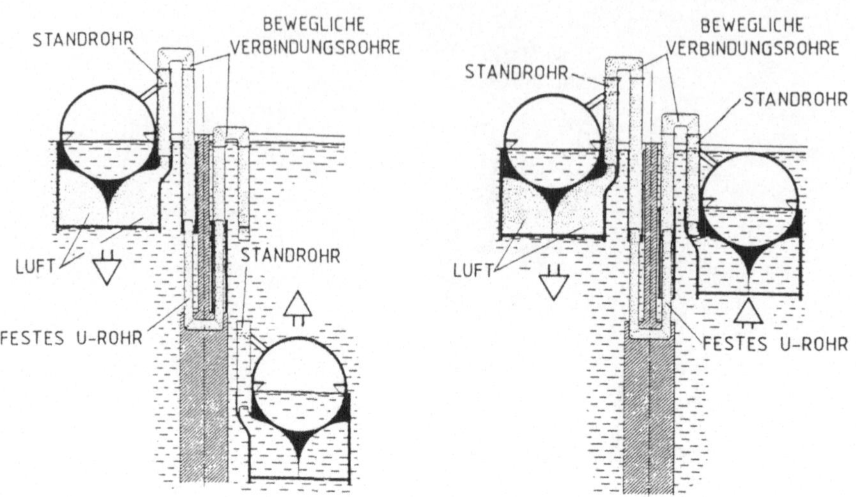

Abbildung 4.6. Anordnung der Luftleitungen bei Tauchschleusen größe-
           rer Hubhöhe /72/

Sobald der Trog vollständig untergetaucht ist, lösen sich die Standrohre wieder von den Verbindungsrohren, und die Luftkammern füllen
sich mit Wasser. Dieses Wasser wird beim Auftauchvorgang dann durch
die vom zweiten Trog übergeleitete Luft wieder in dem Maße verdrängt,
wie die Wasserverdrängung des Troges abnimmt.

Die Führung und Stillsetzung der Tröge wird durch vier an den Trogecken angeordnete Windwerke, die durch Gelenkzahnstangen mit den Trögen verbunden sind, erreicht /72/. Der Antrieb der Tröge erfolgt durch
Übernahme von Ballastwasser in den abwärts fahrenden Trog.

Als Haltungstore am Oberhaupt kommen Klapp- und Senktore, als Verschlußorgane der unteren Haltung schwimmende Drehtore in Betracht /72/.
Am Unterhaupt ist ein Dichtungsrahmen zwischen Trog und unterem Haltungsabschluß erforderlich, durch den der Schleusungsschacht gegen
das Unterwasser abgesperrt wird.

Die mit einer Tauchschleuse erreichbare mittlere Hub- und Senkgeschwindigkeit der Tröge wird von ROTHMUND mit etwa 7,0 m/min angegeben /72/.

Der Vorteil der ROTHMUNDschen Tauchschleuse liegt darin, daß abgesehen vom Ballastwasser beim Transportvorgang praktisch kein Wasserver-

lust entsteht. Ein Nachteil dieser Bauart gegenüber anderen Abstiegsbauwerken ist jedoch in der betrieblichen Abhängigkeit der beiden Tröge voneinander (Zwillingsbetrieb) zu sehen. Entscheidend dafür, daß
die ROTHMUNDsche Idee bislang keine Anwendung in der Praxis fand, sind
aber wohl Probleme der Sicherheit (Dichtung der Trogkörper, Möglichkeit des Festsetzens eines Troges bei der Tauchfahrt) und Wartung
(Reparaturen an einem Tauchkörper erfordern ein Leerpumpen des Schwimm-
schachtes).

4.6 Moderne Schiffshebewerke mit Trockenförderung

In der Volksrepublik China wurden in den Jahren 1964 und 1973 zwei
Schiffshebewerke mit *Trockenförderung* in Betrieb genommen, die zur
Überwindung von Gefällestufen an Flußstauanlagen in der Provinz Hubei
dienen. Sie sind in ihrer Konzeption ungewöhnlich und sollen im folgenden kurz beschrieben werden (Abb. 4.7.).

Das im Hinblick auf seine Hubhöhe und Förderleistung größere Dan-
chiangkou-Hebewerk liegt am Hanjiang-Fluß etwa 650 km entfernt von
Wuhan (Abb. 4.7.). Es besteht aus einer Hebeanlage mit Trockenförderung, mit deren Hilfe Schiffe mit bis zu 150 t Tragfähigkeit über den
Danchiangkou-Staudamm (installierte Leistung etwa 900 MW) gefördert
werden können und einem Schrägaufzug. Beide Hebewerke sind durch ein
Zwischenbecken miteinander verbunden (Abb. 4.8.). Die insgesamt zu
überwindende Höhendifferenz zwischen dem Oberwasserspiegel im Stausee
und dem Unterwasser im Staudamm beträgt bis zu 66,5 m.

Die Wasserspiegelabsenkungen im Stausee können bis zu 25,0 m betragen, während der Flußwasserspiegel im UW-Bereich des Staudammes um
etwa 5,8 m schwanken kann. Im Zwischenbecken wird die Wasserspiegel-
lage annähernd konstant gehalten.

Bei dem im Bereich des Staudammes angeordneten Hebewerk ist eine Wasserspiegeldifferenz zwischen Beckenwasserspiegel und Zwischenbecken
von bis zu 33,5 m zu überwinden (Abb. 4.9.). Der Transport der Schiffe erfolgt dabei in Trockenförderung auf einer trogartigen Hebebühne
(Länge = 33,2 m), die mit Hilfe von vier Seilwinden senkrecht gehoben bzw. abgesenkt wird.

Abbildung 4.7. Lage der Schiffshebewerke in der Volksrepublik China

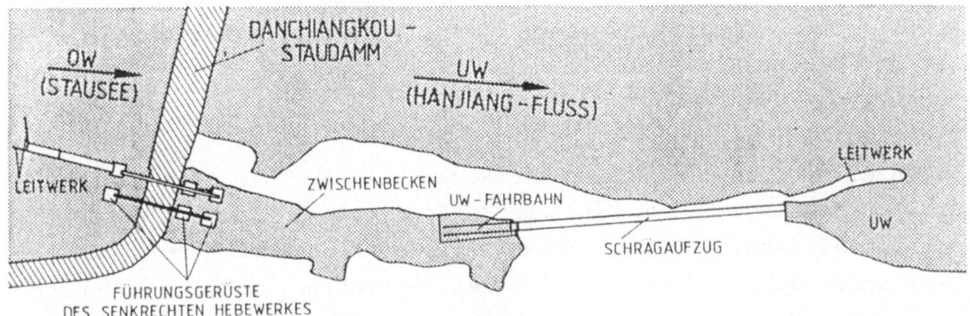

Abbildung 4.8. Grundriß der Schiffshebewerke am Danchiangkou-Staudamm,
VR China /73/

Die Hebebühne ist mit einer Gummiauflage und quergespannten Seilen
versehen, um ein sattes Aufsitzen der mit durchweg flachen Böden aus-
gestatteten Schiffe auf der Hebebühne zu gewährleisten.

Die Seilwinden sind auf verfahrbare Antriebswagen montiert, die auf
den Schienen von zwei parallelen, über die Staumauer geführten Fahrbahnen laufen. Ihr Lastabtrag erfolgt über Betonpfeiler beiderseits
der Staumauer, die gleichzeitig als Führungsgerüste dienen (Abb.4.9.).

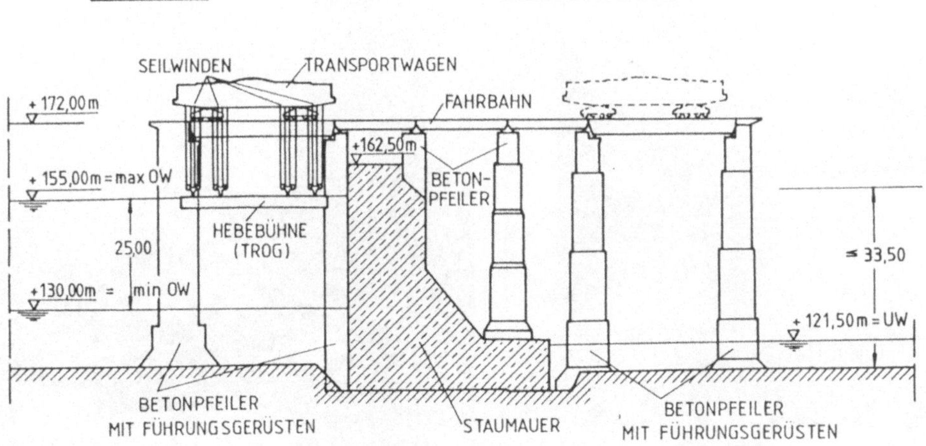

Abbildung 4.9. Seitenansicht des Schiffshebewerkes am Danchiangkou-
Staudamm /73/

Bei der *Talfahrt* fährt das Schiff im Oberwasser der Stauanlage über
die zwischen den Führungsgerüsten um etwa 2,0 m unter den Beckenwas-

serspiegel abgesenkte Hebebühne. Diese wird langsam angehoben, bis
das Schiff auf der Gummiauflage aufsitzt. Die Schiffe werden seitlich an der Hebebühne vertäut und durch quergespannte Seile in ihrer
Lage gehalten.

Daraufhin erfolgt der Transport der Hebebühne *über* die Staumauer. Zunächst wird dabei die Hebebühne mit Hilfe der Seilwinden je nach Bek-
kenwasserstand (Abb. 4.9.) um etwa 10 bis 35 m angehoben und dann auf
den Fahrbahnen quer zur Staumauer soweit verfahren, bis ein Absenken
im Bereich des Zwischenbeckens möglich ist (Abb. 4.7.). Die Hebebühne
wird dabei um etwa 2,0 m unter den Wasserspiegel des Zwischenbeckens
abgesenkt, so daß die gesamte Absenktiefe im UW-Bereich der Staumauer
etwa 43,5 m beträgt (Abb. 4.9.).

Die mittlere Hub- und Senkgeschwindigkeit der Hebebühne während des
Transportvorganges beträgt 11,2 m/min. Abbildung 4.10. zeigt die Hebebühne bei der Trockenförderung im OW-Bereich der Staumauer, Abbildung 4.11. den Absenkvorgang in das Zwischenbecken.

Abbildung 4.10.
Blick auf die Transportbühne mit
Seilwinden und Antriebswagen.

Abbildung 4.11.
Absenkvorgang der Hebebühne im UW-
Bereich der Staumauer. Im Hinter-
grund das Oberhaupt des Schrägaufzuges.

Vom Zwischenbecken aus erfolgt der weitere Transport der Schiffe in
den UW-Bereich des Staudammes über eine längsgeneigte Ebene (Neigung
1:7) in einem wassergefüllten Trog (Länge = 24,0 m, Breite = 10,7 m).
Dabei muß, je nach Flußwasserstand, eine Hubhöhe von bis zu 33,0 m
überwunden werden.

Zur Aufnahme der Schiffe taucht der Trogwagen in das Zwischenbecken
ein und wird dann über eine Höhenschwelle am Oberhaupt des Schrägaufzuges auf die längsgeneigte Ebene übergeleitet. Am unteren Ende des
Schrägaufzuges taucht der Trogwagen soweit in das Unterwasser ein,
bis sich Trog- und Unterwasserspiegel auf gleicher Höhe befinden und
damit nach Öffnen des Trogtores die Ausfahrt der Schiffe erfolgen kann.

Bei der *Bergfahrt* wird entsprechend in umgekehrter Reihenfolge und
Richtung verfahren.

Abbildung 4.12. zeigt eine Gesamtansicht des Danchiangkou-Staudammes
mit der Zufahrt zum senkrecht fördernden Hebewerk an der Staumauer.

Abbildung 4.12. Gesamtansicht der Danchiangkou-Stauanlage am Hanjiang-
              Fluß, VR China, mit Schiffshebewerk im Vordergrund /73/

Ein zweites Hebewerk ähnlicher Bauart, ebenfalls mit Trockenförderung,
wurde bereits im Jahre 1964 in der Volksrepublik China an der am Lushui-
Fluß (Nebenfluß des Yangtse) gelegenen gleichnamigen Flußstaustufe (ca.
3,5 km entfernt von Pugi) in Betrieb genommen. Hier ist die im Bereich der
Staumauer zu überwindende Höhendifferenz jedoch nur relativ gering.
Außerdem ist das Schiffshebewerk nur für den Transport von kleineren
Schiffen bis zu 50 t Tragfähigkeit bemessen.

5 Leistungsfähigkeit von Schiffshebewerken

Die Schleusungskapazität eines Schiffshebewerkes ergibt sich, ähnlich
wie bei der Schiffsschleuse, aus der größtmöglichen Anzahl von Schiffen oder Ladungs-Tonnen, die pro Zeiteinheit bei ununterbrochenem Betrieb und voller Trogbelegung erreicht werden kann.

Die erreichbare Belegung des Troges hängt dabei von der Zusammensetzung der Transporteinheiten (Selbstfahrer verschiedener Ladungskapa-
zität, Schubverbände, Sportboote usw.) auf der Kanalstrecke sowie von
der Ausgeglichenheit der Verkehrsintensität in beiden Verkehrsrichtungen (Berg- und Talfahrt) ab.

Die *theoretisch erreichbare Schleusungskapazität* C_S (in Schiffen pro
Stunde) ergibt sich bei voller Belegung des Troges für einen Schleusungsvorgang in beiden Transportrichtungen (Berg- und Talfahrt) zu /74/:

$$C_S = \frac{2\,N_{max}}{T_c} \times 60 \, , \qquad\qquad (5-1)$$

wobei

$\quad N_{max}$ = Anzahl der Schiffe bei voller Belegung des Troges (Mittel-
wert für die betreffende Kanalstrecke),

$\quad T_c$ = erforderliche Zeit für den Schleusungsvorgang (Berg- und
Talfahrt) (min).

Die *theoretisch erreichbare Tonnagekapazität* C_T (in Ladungstonnen pro
Stunde) ergibt sich für das Hebewerk bei Zugrundelegen einer mittleren Ladekapazität G_m pro Schiff zu /74/:

$$C_T = \frac{2\,N_{max}\,G_m}{T_c} \times 60 = C_S\,G_m. \qquad\qquad (5-2)$$

Die mittlere Ladekapazität ergibt sich dabei aus den prozentualen An-
teilen der verschiedenen Schiffsklassen am gemischten Verkehr und den
für sie gültigen Ladekapazitäten /74/:

$$G_m = \sum_{i=1}^{i=n} P_i \, G_i \, , \qquad\qquad (5-3)$$

wobei

P_i = prozentualer Anteil der Schiffe einer bestimmten Ladungs-
klasse i (%),

G_i = mittlere Ladekapazität der Schiffe der Klasse i (tdw).

Im praktischen Betrieb wird die theoretische Schleusungs- bzw. Tonnagekapazität eines Hebewerkes jedoch nie erreicht, da sie für jeden Transportportvorgang eine volle Trogbelegung und außerdem eine vollständig ausgeglichene Verkehrsintensität in beiden Richtungen voraussetzt. Man unterscheidet deshalb zwischen der *theoretischen* (C_T) und *praktischen* (C_P) Tonnagekapazität einer Schleuse bzw. eines Hebewerkes.

Langjährige Untersuchungen in den USA an Binnenwasserstraßen und Schleusen ergaben ein durchschnittliches Verhältnis von C_P/C_T = O,25 /75,76/. Wie bereits dargelegt, hängt dieser Wert aber sehr wesentlich von den Verkehrsverhältnissen auf der Kanalstrecke und von der Zusammensetzung der Transporteinheiten bei gemischtem Verkehr ab. Da bei Hebewerken die Trogabmessungen in stärkerem Maße als bei Schleusen auf die Größe der die Kanalstrecke befahrenden Transporteinheiten abgestimmt sind, dürfte hier der Belegungsgrad des Troges im allgemeinen höher als bei Schleusenkammern sein. Für die *praktische Tonnagekapazität* ergibt sich demnach bei Hebewerken $C_P > 0,25 \, C_T$, wobei allerdings die Ausgewogenheit des Verkehrsflusses in beiden Transportrichtungen auch noch eine nicht unwesentliche Rolle spielt.

Die erforderliche Zeit T_c für einen Schleusungsvorgang in beiden Richtungen (Berg- und Talfahrt) läßt sich für Schiffshebewerke wie folgt bestimmen:

$$T_c = 2 \, (T_e + T_a + T_{ges}) \qquad\qquad (5-4)$$

wobei

T_e = Zeit für das Einfahren der Schiffe in den Trog sowie für
das Schließen des Trog- und Haltungstores,

T_a = Zeit für das Ausfahren der Schiffe aus dem Trog sowie für
das Öffnen des Trog- und Haltungstores,

T_{ges} = Zeit für den Transportvorgang (Berg- bzw. Talfahrt)

Ein einfacher Schleusungsvorgang (Berg- oder Talfahrt) setzt sich bei
den Schiffshebewerken - mit Ausnahme der Wasserkeil-Hebewerke - aus
den folgenden Einzeloperationen zusammen:

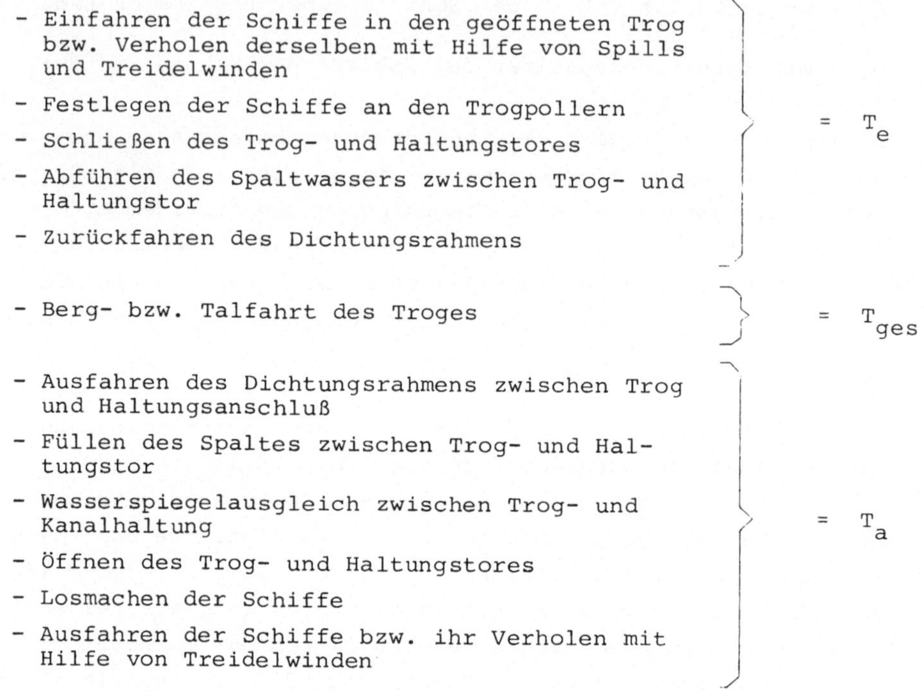

- Einfahren der Schiffe in den geöffneten Trog
  bzw. Verholen derselben mit Hilfe von Spills
  und Treidelwinden
- Festlegen der Schiffe an den Trogpollern
- Schließen des Trog- und Haltungstores
- Abführen des Spaltwassers zwischen Trog- und
  Haltungstor
- Zurückfahren des Dichtungsrahmens

$= T_e$

- Berg- bzw. Talfahrt des Troges

$= T_{ges}$

- Ausfahren des Dichtungsrahmens zwischen Trog
  und Haltungsanschluß
- Füllen des Spaltes zwischen Trog- und Hal-
  tungstor
- Wasserspiegelausgleich zwischen Trog- und
  Kanalhaltung
- Öffnen des Trog- und Haltungstores
- Losmachen der Schiffe
- Ausfahren der Schiffe bzw. ihr Verholen mit
  Hilfe von Treidelwinden

$= T_a$

Die Zeit T_{ges} für den eigentlichen Transportvorgang setzt sich aus drei
Phasen zusammen:

$$T_{ges} = t_b + t_k + t_v,\tag{5-5}$$

wobei

t_b = erforderliche Zeit für die ·Beschleunigung des Troges auf eine konstante Transportgeschwindigkeit v_k,

t_k = Transportphase mit konstanter Geschwindigkeit v_k,

t_v = erforderliche Zeit für die Bremsphase (Verzögerung der Trog-
geschwindigkeit auf Null).

Die mittlere Hub- bzw. Senkgeschwindigkeit v_m des Troges während eines
Transportvorganges ergibt sich für eine vorgegebene Hubhöhe H zu:

$$v_m = \frac{H}{T_{ges}} \ . \tag{5-6}$$

Da die erforderliche Antriebsleistung für die Bewegung des Troges in
starkem Maße von der zu erzielenden Anfahrbeschleunigung abhängt und
außerdem der Trog möglichst schwingungs- und stoßfrei bewegt werden
soll, müssen für die Anfahrbeschleunigung und Bremsverzögerung gewisse Grenzwerte eingehalten werden /77/. Diese liegen bei Hebewerken
modernerer Bauart zwischen 0,01 und 0,02 m/s². Eine mögliche Erhöhung
dieser Werte bringt keinen nennenswerten Fahrtzeitgewinn für den Transportvorgang, verringert aber die betriebliche Sicherheit bei gleich-
zeitiger Erhöhung der Antriebskosten.

Bei der Mehrzahl der in Betrieb befindlichen Hebewerke liegt der Zeit-
anteil für die Beschleunigung und Verzögerung $(t_b + t_v)$ der Trogbewegung bei etwa 20 bis 25 % der Gesamtzeit T_{ges} für den Transportvorgang
(Gl. (5-5)). Bei größeren Hubhöhen und Trogbeschleunigungen ergeben
sich jedoch entsprechend geringere Zeitanteile für die Beschleuni-
gungs- und Bremsphase.

Auswertungen an im Betrieb befindlichen Schiffshebewerken modernerer
Bauart ergeben die in Tabelle 5.1 zusammengestellten Kennwerte.

Wie die Auswertungen zeigen, liegt der Zeitbedarf für das Ein- und
Ausfahren der Schiffe, einschließlich der Torbewegungen, zwischen 5,5
und 8,5 min, im Mittel bei etwa 6,0 min. Diese Werte gelten für Selbstfahrer. Bei gemischtem Verkehr kann der Zeitbedarf für das Ein- und
Ausfahren der Schiffe das 1,5- bis 2,0-fache der in Tabelle 5.1 angegebenen Werte erreichen.

Bei den *senkrecht* fördernden Hebewerken liegt die für die Beschleunigung bzw. Verzögerung des Troges erforderliche Zeit zwischen 10 und
25 s (Tab. 5.1.), während sie bei Hebewerken mit Längs- und Querförderung entsprechend länger ist.

Bei der *Längsförderung* ergibt sich die erforderliche Zeit für die Be-
schleunigungs- und Abbremsphase aus der Eigenschwingperiode T_0 der
Wassermasse im Trog (Gl. (3-7)). Als Richtwert kann hier angesetzt
werden (Abb. 3.7.):

$$t_b = t_v = 2 T_0 + t_{bk}, \qquad\qquad\qquad (5-7)$$

wobei t_{bk} = Zeit mit konstanter Beschleunigung ist (im allgemeinen
> 1,0 min).

Tabelle 5.1. Kennwerte moderner Schiffshebewerke

In Betrieb seit:	Hebewerk	Bahn-neigung	T_{ges}	mittlere Hub-geschwin-digkeit v_m	Hub-höhe H	Beschleu-nigung bzw.Ver-zögerung a	maximale Geschwin-digkeit des Troges v_k	Erforderliche Zeit für					
								Be-schleuni-gung t_b	Ver-zögerung t_v	Fahrt mit v_k=const. t_k	Ein-fahrt T_e	Aus-fahrt T_a	Einfache Schleu-sung 1/2 T_c
-	-	-	(min)	(m/min)	(m)	(m/s²)	(m/s)	(sec)	(sec)	(sec)	(min)	(min)	(min)
I. SENKRECHTE FÖRDERUNG:													
1934	Niederfinow	-	5,0	7,2	36,0	±0,007	0,15	20,0	20,0	260,0	7,4	7,4	20,0
1938	Rothensee	-	2,4	7,8	18,7	±0,01	0,15	15,0	15,0	114,0	8,5	8,5	20,0
1962	Henrichenburg-Waltrop	-	1,8	7,8	13,8	±0,01	0,15	15,0	15,0	78,0	7,6	7,6	17,0
1975	Lüneburg	-	3,0	12,6	38,0	±0,013	0,23	16,0	25,0	149,0	6,0	6,0	15,0
1987	Strépy-Thien	-	7,0	10,4	73,15	±0,02	0,20	10,0	10,0	400,0	6,5	6,5	20,0
II. FÖRDERUNG AUF GENEIGTEN BAHNEN:													
1967	Ronquières	1:20	22,0	3,1	67,5	±0,01	1,20 *	154,0	154,0	1012,0	5,5	5,5	33,0
1966	Arzviller	1:2,44	4,0	11,1	44,5	±0,02	0,60 *	30,0	30,0	180,0	8,0	8,0	20,0
1973	Montech	1:33	5,0	2,85	14,3	±0,01	1,40 *	120,0	120,0	60,0	<5,0	<5,0	<15,0
1983	Fonserannes	1:20	6,8	2,0	13,6	±0,05	0,65 *	15,0	15,0	378,0	<5,0	<5,0	<17,0

*) Transportgeschwindigkeit auf der geneigten Ebene

Für die *Querförderung* gilt analog (Abb. 3.34.):

$$t_b = t_v = 2\,T_{OQ} + t_{bk},\qquad\qquad (5\text{-}8)$$

wobei T_{OQ} nach Gleichung (3-44) zu berechnen ist.

Die Hubgeschwindigkeit v_k des Troges bei *geneigten Ebenen* (Längs- bzw. Querförderung) ist von der Bahnneigung 1:m und von der Fahrtgeschwindigkeit v_s des Trogwagens abhängig. Dabei gilt für geringe Bahnneigungen $(m < 4)$:

$$v_k \sim \frac{v_s}{m}\,.\qquad\qquad (5\text{-}9)$$

Bei den *Wasserkeil-Hebewerken* ist die erforderliche Zeit für das Ein- und Ausfahren der Schiffe entsprechend kürzer als bei den übrigen Schiffshebewerken (Tab. 5.1.). Hier kommt nur die Zeit für das Heben bzw. Absenken des Stauschildes in Betracht, während die Zeiten für das Füllen und Entleeren des Torspaltes und das Verfahren der Dichtungsrahmen entfallen.

Aufgrund der im Betrieb von neueren Schiffshebewerken gesammelten Erfahrungen und theoretischer Überlegungen können für die Bestimmung der Leistungsfähigkeit von Schiffshebewerken modernerer Bauart die in Tabelle 5.2. zusammengestellten Richtwerte angegeben werden.

Tabelle 5.2. Richtwerte für die Bestimmung der Leistungsfähigkeit moderner Schiffshebewerke

Art des Schiffs-Hebewerkes	Mittlere Hubgeschwindigkeit des Troges v_m	Erforderliche Zeiten für:			
		Beschleunigungsphase t_b	Verzögerungsphase t_v	Einfahrt der Schiffe T_e	Ausfahrt der Schiffe T_a
Gegengewichts-Hebewerk	$\leq 13{,}0$ m/min	≤ 15 s	≤ 15 s	6,0 min	6,0 min
Schwimmer-Hebewerke	$\leq 8{,}0$ m/min	≤ 15 s	≤ 15 s	6,0 min	6,0 min
Hebewerk mit Querförderung	$\leq 12{,}0$ m/min	≤ 30 s	≤ 30 s	8,0 min	8,0 min
Hebewerk mit Längsförderung	$\leq 4{,}0$ m/min	≥ 120 s	≥ 120 s	6,0 min	6,0 min
Wasserkeil-Hebewerk	$\leq 3{,}0$ m/min	≤ 15 s	≤ 15 s	$\leq 5{,}0$ min	$\leq 5{,}0$ min

Es ist denkbar, daß die Hub- und Senkgeschwindigkeiten des Troges während des Transportvorganges durch Verbesserungen der Trogführungen und
Antriebe noch in gewissen Grenzen gesteigert werden können, jedoch
tragen derartige Maßnahmen nur unwesentlich zu einer Leistungssteige-
rung der Gesamtanlage bei. Sie sind in jedem Falle nur auf Kosten der
Betriebssicherheit während des Transportvorganges zu erreichen.

Wichtiger wäre es, den Verkehrsablauf auf den Kanalstrecken durch ge-
eignete Maßnahmen zu steuern, um die Warteschlangen der Schiffe in den
Vorhäfen zu verkürzen und damit größere Rückstaulängen zu vermeiden /78/.

Der Verkehr auf den Binnenwasserstraßen ist dadurch gekennzeichnet,
daß nur ein sehr geringer Teil der Schiffe nach Fahrplan fährt. Für
die überwiegende Anzahl der Fahrzeuge läßt sich der Verkehrsablauf als
Poisson-Prozeß darstellen. Dies bedeutet, daß sich die Wahrscheinlich-
keit für die Ankunft einer bestimmten Anzahl von Schiffen in konstanten Zeitintervallen durch die Poisson-Verteilung (Zufallsverteilung)
und die Verteilung aufeinander folgender Zeitabstände (Zeitlückenver-
teilung) durch eine Exponentialverteilung beschreiben lassen /79/.

Wartezeiten und Rückstaulängen lassen sich mit Hilfe der Theorie der
Warteschlangen oder durch Simulationsrechnungen bestimmen, wobei die
prognostizierten Rückstaulängen als Grundlage für die Dimensionierung
der Vorhäfen dienen /80,81/.

Um die Wartezeiten der Schiffe in den Vorhäfen zu verkürzen, müßte der
Schleusungsbetrieb benachbarter Abstiegsbauwerke so aufeinander abgestimmt werden, daß sich ein möglichst flüssiger Verkehrsablauf ergibt.
Dies läuft auf eine *Programmierung* des Verkehrs auf einer Binnenwas-
serstraße hinaus /82/.

Hier sind in Zukunft sicherlich noch Verbesserungen möglich, die zu
einer Steigerung der praktischen Leistungsfähigkeit C_p der Schleusen
und Hebewerke führen können. Diese Verbesserungen erstrecken sich bei
den Schiffshebewerken jedoch nur auf die erzielbare Trogbelegung und
zeitlich bessere Auslastung des Hebewerkes. Sie beeinflussen nur in-
sofern den eigentlichen Schleusungsvorgang, als die Einfahrtzeiten der
Schiffe in den Trog durch direktes Einfahren (ohne Wartezeit im Vorhafen) etwas verkürzt werden können. Im übrigen können die in Tabelle
5.2. angegebenen Werte auch in Zukunft für den Entwurf und die Planung moderner Schiffshebewerke als gültige Richtwerte angesehen werden.

6 Literaturverzeichnis

1. Simons, H.: Über die Gestaltung von Schiffshebewerken. Mitt. d. Franzius-Inst., TH Hannover, Heft 11 (1957), 1/177

2. Maarfeld, H.: Schiffshebewerke. Studienarbeit, Franzius-Inst., Univ. Hannover (Juli 1983)

3. Carstanjen, M.: Die Schiffshebewerke der MAN. Bauingenieur, 4 (1923), 527 u. 615

4. Zentralverein für die Deutsche Binnenschiffahrt: Bericht über die Ausschußsitzung vom 24.1.1925. Z. f. Binnenschiffahrt, 31 (1925)

5. Haasler, W.: Entwicklung des Wehr- und Schleusenbaues in China. Bauingenieur, 20 (1939), 595

6. Gerdau, B.: Schiffshebewerke. Z. d. Vereins Deutscher Ingenieure, 40 (1896), 57 u. 165

7. Hagen, G.: Handbuch der Wasserbaukunst. Bd.3, T.2, Königsberg (1852)

8. Mc Garey, D.G.: Canal locks and other lifting devices in inland navigations. Dock and Harbour Authority, London (1938), 274 u. 302

9. Pfeifer, P.: Hydraulische Hebungen und Trogschleusen mit senkrechtem Hub. Berlin (1891)

10. Ellerbeck, L.: Entwurfsarbeiten für das Schiffshebewerk bei Niederfinow. Bautechnik, 5 (1927), 319

11. Barbet, L.: Überwindung großer Höhen. Bericht zum IX. Intern. Schiffahrtskongreß, Düsseldorf (1902)

12. Konz, O.: Neckar-Donau-Kanal: Plochingen-Ulm. Stuttgart (1954)

13. Brennecke, L.: Der Wasserbau. 5. Aufl., Leipzig, Berlin (1914)

14. Ernst, A.: Die Schiffshebewerke bei Les Fontinettes und La Louvière. Z. d. VDI, 34 (1890), 280

15. Jebens, F.: Das Schiffshebewerk mit Schraubenführung. Z.f.Binnenschiffahrt, 3 (1896), 106

16. Jebens, F.: Über hydraulische Schiffshebewerke. Glassers Ann.Gewerbe u. Bauwesen, 56 (1905), 30

17. Robbins, J.F.: Mechanical lifts, past and present. Mechanical Engineering, 41 (1919), 507

18. Sperling, W.: Über den Betrieb der Schiffshebewerke des Zentral-
     Kanals in Belgien. Bautechnik, 3 (1925), 501/505

19. Dehnert, H.: Schleusen und Hebewerke. Berlin, Springer (1954)

20. Groh, E.: Die aerostatische Waage als Schiffshebemaschine. Was-
     serkraft und Wasserwirtschaft, 34 (1939), 273

21. Tillinger, T.: Mittel zur Überwindung großer Gefälle. Bericht zum
     VII. Intern. Schiffahrtskongroß, Lissabon (1949)

22. Illiger, J.: Der Elbe-Seitenkanal und seine Abstiegsbauwerke. Jahr-
     buch d. Hafenbautechn. Ges., 32. Bd., Berlin, Springer (1972),
     38/52

23. Büttner, B.: Die Abstiegsbauwerke des Elbe-Seitenkanals. Hansa,
     108, Nr. 23 (1971), 2305/2314

24. Wagner, R.: Die Stahlkonstruktion des Schiffshebewerkes Lüneburg.
     Stahlbau, 45, Heft 7 u. 8 (1976), 193/201

25. Stauder, H.; Lasar, S.: Planung und Modelluntersuchung einer
     Schleuse von 38 m Hubhöhe. Z. f. Binnenschiffahrt, Heft 1 (1969),
     25/29

26. Schröter, H.J.: Neubau eines Schiffshebewerkes bei Lüneburg. Stahl-
     bau, Heft 4 (1972), 123/125

27. Wasser- und Schiffahrtsdirektion Hamburg: Schiffshebewerk Lüneburg
     in Scharnebeck. Neubauabteilung für den Bau des Elbe-Seitenkanals,
     Neubauamt Abstiegsbauwerke (1976)

28. Faltin, J.; Steinbrücker, W.: Die Stahlbetonarbeiten am Schiffshe-
     bewerk Lüneburg. Beton- und Stahlbetonbau, 68, Heft 5 (1973),
     117/128

29. Gärtner, K.: Konstruktion und Bau des Schiffshebewerkes Lüneburg.
     Hansa, 109, Nr. 23 (1972), 2183/2187

30. Le franchissement de la chute de Strépy-Thieu. Brüssel: Ministère
     des Travaux publics (1983)

31. Rücker, O.: Der Weser-Elbe-Kanal und das Schiffshebewerk Rothen-
     see. Ges. z. Verbreitung wissenschaftlicher Kenntnisse, Magdeburg
     (1965)

32. Wickert, G.: Schwimmer als Gewichtsausgleich für Schiffshebewer-
     ke. Bauingenieur, 34, Heft 9 (1959), 342

33. Faure, B.: Schwimmerhebewerke - Bauart Faure. Bautechnik,
     27 (1950), 329 und 30 (1953), 73

34. Holthoff, F.J.: Die Überwindung großer Hubhöhen in der Binnen-
     schiffahrt durch Schwimmerhebewerke. Mitt. d. Inst. f. Wasserbau,
     Univ. Stuttgart, Heft 28 (1973)

35. Ollert, G.; Rottmayer, H.: Ein neues Schwimmer-Schiffshebewerk.
     Zentralblatt der Bauverwaltung, 44 (1924), 233

36. Boettcher, K.: Neues Schiffshebewerk. Bautechnik, 16 (1938), 489

37. Boettcher, K.: Schiffshebewerk mit flachem, waagerechtem Schwimm-
     körper. Bautechnik, 19 (1941), 356

38. Roloff, H.J.: Die Tiefbau- und Stahlbau-Arbeiten für das Schiffs-
     hebewerk Henrichenburg in Waltrop. VDI-Z., 103, Nr. 31 (1961)

39. Illiger, J.: Das Schiffshebewerk Henrichenburg in Waltrop. Han-
     sa, 100, Heft 9 (1963), 907/914

40. Schulz, H.: Bauliche Durchbildung der Schwimmer des Schiffshebe-
     werkes Henrichenburg. Schweißen und Schneiden, 13, Heft 9 (1963),
     396

41. Illiger, J. und Braun, H.-G.: Schiffshebewerk Henrichenburg in
     Waltrop, Tiefbau, 4, Heft 10 (1962), 671/691

42. Schiffshebewerk Henrichenburg in Waltrop. Festschrift zur Inbe-
     triebsetzung des Hebewerkes. Herausgegeben von den an der Aus-
     führung beteiligten Stahl- u. Maschinenbaufirmen (1962)

43. Franzius, O.: Der Verkehrswasserbau. Springer, Berlin (1927)

44. Partenscky, H.W.: Der Einfluß der Schleusenfüllungen auf den Was-
     serstand und die Schiffahrt in einer Kanalhaltung. Arbeit aus
     dem Theodor-Rehbock-Flußbaulab., TH Karlsruhe (1957)

45. Partenscky, H.W.: Lock fillings and their effect on navigation.
     Proc. VIIIth IAHR-Congr., paper no. 4-B-1, Montreal (1959)

46. Holecek, V.; Cabelka, J.: Zaruba-Pfeffermann, L.: Mittel zur
     Überwindung großer Gefälle. Bericht z. XVII. PIANC-Kongreß, Lis-
     sabon (1949)

47. Engelhard, F.: Kanal- und Schleusenbau. Berlin (1921)

48. Wibratte, M.: Note sur le replacement de la partie supérieure
     des grandes presses de l'ascenseur des Fontinettes. Annales des
     Ponts et Chaussées, 81, 1. Teil (1911), 52

49. Senkewitsch, J.: Schiffe auf schiefer Ebene. VDI-Nachr., 18,
     Nr. 7 (1964), 3

50. De Ries, J.: Etude sur le mouvement de l'eau et les forces
     d'amarrage des bateaux dans un sas mobile. Annales des Travaux
     Publics de Belgique (1962), 211/242, 379/407 u. 451/507

51. Chabert, J.: Etude de mouvement de l'eau et des éfforts
     d'amarrage des bateaux dans une pente d'eau. Annales des Ponts
     et Chaussées, 138 (1968), 67/90

52. Marchal, M. und Tiphine, M.: Le plan incliné d'Arzviller. Revue
     de la navigation intérieure et rhénane, Heft 16 (1964), 666/679

53. Aubert, J., und Seifert, H.: Der Ersatz von Schleusen durch das
     Wasserkeil-Abstiegsbauwerk. Z. f. Binnenschiffahrt u. Wasserstra-
     ßen, Nr. 11 (1973), 511/519

54. Bretschneider, H.: Schiffshebeanlagen mit schiefer Ebene. Wasser-
     wirtschaft, 55, Heft 12 (1965), 381/385

55. Semanov, N.A. und Vorkushevsky, V.I.: Krasnoyarsk Ship Elevator.
     Proc. Intern. Navigation Congress, Subject 2, Report S.I-2,
     Stockholm (1965), 12/15

56. Willems, G; Valcke, E.: Rooryck, R.; Seyvert, J.: Le plan incliné
     de Ronquières. Proc. Intern. Navigation Congress, Subject 2,
     Rapport S.I-2, Stockholm (1965)

57. Papault, R.: Le plan incliné de Ronquières sur le canal de
     Bruxelles à Charleroi. Le Génie Civil, 141 (1964), 2/8

58. Ministère des Travaux Publics, Belgique: Le plan incliné de
     Ronquières. Bruxelles: Administration de voies hydrauliques (1967)

59. Bodnev, M.: Ein neues Schiffshebewerk am Jenissej. Schiff und Ha-
     fen, 19, Heft 10 (1967), 732/734

60. Lattermann: Das Schiffshebewerk Krasnojarsk. Wasserwirtschaft/
     Wassertechnik, 17, Heft 11 (1967), 388/389

61. Dietrichs, E.: Ersatz einer Schleusentreppe durch eine quergeneig-
     te Ebene. Wasserwirtschaft/Wassertechnik, 15, Heft 2 (1965), 70/72

62. Bretschneider, H.: Das quergeneigte Schiffshebewerk bei Arzvil-
     ler. Wasserwirtschaft, Heft 7 (1969)

63. Aubert, J.L.; et al.: La pente d'eau de Montech. La navigation
     du Rhin, Strasbourg (1973)

64. Chaussin, P.; Cancelloni, M.: La pente d'eau de Montech. Revue de
     la navigation fluviale européenne, 5 (1973), 297/305

65. Aubert, J.L.: Navigating High Dams. International Commission of
     Large Dams, Proc. of 13th Intern. Congress, New-Delhi (1979)

66. Neues Schiffshebewerk. Schiff und Hafen, 25, Heft 11 (1973), 1096

67. Aubert, J.L.: Le prix des pentes d'eau. Revue de la navigation
     fluviale européenne, 5 (1973), 291/296

68. Klapper, Ch.F.: Navigating the heights. Dock and Harbour Authori-
     ty, 1 (1973), 363/365

69. Scheuch, G.: Die Wasserrutsche von Montech/Garonne. Tiefbau, 16,
     Heft 5 (1974), 447/450

70. Scott, D.: Waterslope, a hill that boats can climb. Popular
     science, 12 (1974), 64/65

71. Bouttier, A.: La pente d'eau de Fonserannes sera opérationelle
     au cours de l'été 1983. Revue de la navigation fluviale européenne,
     7 (1982), 405/409

72. Rothmund, L.: Die Schleuse ohne Wasserverbrauch. Bautechnik, 28,
     Heft 7 (1951), 136/139 u. 157/160

73. Danchiangkou Water Control Project. Broschüre der VR China (1974)

74. Kooman, C. und De Bruijn, P.A.: Lock capacity and traffic resist-
     ance of locks. Rijkswaterstaat Communications, Nr. 22, The Hague
     (1975)

75. Bottoms, E.E.: Practical tonnage capacity of canalized waterways. ASCE, Journal of waterways and harbour division, WW1 (1966), 33/45

76. Rouvé, G. und Wagner, K.: Schleusensysteme. VDI-Z., 119, Nr. 1/2 (1977), 72/78

77. Dietrichs, E.: Die Hubgeschwindigkeit von Schiffshebewerken. Wasserwirtschaft/Wassertechnik, 17, Heft 5 (1967), 167/171

78. Leutzbach, W.: Verkehrstechnik der Binnenwasserstraßen. Z. f. Binnenschiffahrt und Wasserstraßen, Nr. 11 (1975), 420/422

79. Leutzbach, W. und Koehler, R.: Binnenwasserstraßenverkehr als Zufallsverteilung. Inst. f. Verkehrswesen, Univ. Karlsruhe, Bericht Nr. 1 (1964)

80. Lenz, K.H.: Ein Beitrag zur Anwendung der Theorie der Warteschlangen im Verkehrswesen. Forschungsarbeiten aus dem Straßenwesen, 66, Kirschbaum-Verlag, Bad Godesberg (1966)

81. Leutzbach, W. und Lenz, K.H.: Wartezeiten an Schleusen. Inst. f. Verkehrswesen, Univ. Karlsruhe, Bericht Nr. 8 (1966)

82. Leutzbach, W.: Programmierung des Verkehrsablaufs auf Binnenwasserstraßen. Z. f. Binnenschiffahrt, Heft 8 (1969)

7 Verwendete Symbole und Abkürzungen

A_s	=	metallischer Querschnitt des Zugseiles	(cm²)
A_T	=	metallischer Querschnitt der Haltetrosse	(cm²)
a	=	Beschleunigung (bzw. Verzögerung)	(m/s²)
$a_x,\ a_y$	=	Komponenten der Beschleunigung (bzw. Verzögerung) in x- bzw. y-Richtung	(m/s²)
B	=	Trogbreite (bzw. Breite der Schleusenkammer)	(m)
C_P	=	praktisch erreichbare Tonnagekapazität (Ladungstonnen pro Stunde)	(-)
C_S	=	theoretisch erreichbare Schleusungskapazität (Schiffe pro Stunde)	(-)
C_T	=	theoretisch erreichbare Tonnagekapazität (Ladungstonnen pro Stunde)	(-)
c	=	Federkonstante der Haltetrosse	(t/cm) bzw.(N/m)
E	=	Elastizitätsmodul der Haltetrossen	(t/cm²) bzw (N/mm²)
E_s	=	Elastizitätsmodul der Zugseile	(t/cm²) bzw.(N/mm²)
$F_x,\ F_y$	=	Kraftkomponenten in x- bzw. y-Richtung	(t) bzw.(kN)
F_{ges}	=	Resultierende Gesamtkraft	(t) bzw.(kN)
$F_H,\ F_V$	=	Horizontal- bzw. Vertikalkraft	(t) bzw.(kN)
f	=	Durchhang der Trosse	(m)
G_i	=	mittlere Ladekapazität der Schiffe einer bestimmten Klasse i	(t) bzw.(kN)
G_m	=	mittlere Ladekapazität pro Schiff	(t) bzw.(kN)
G_S	=	Bruttoschiffsgewicht (Eigengewicht + Ladung)	(t) bzw.(kN)
G_T	=	Gewicht des Trogwagens (einschließlich Wasserfüllung)	(t) bzw.(kN)
g	=	Erdbeschleunigung = 9,81 m/s²	(m/s²)
H	=	Hubhöhe (Hebewerk oder Schleuse)	(m)

J_w	=	Wasserspiegelneigung	(^{o}/oo)
K_S	=	Gesamtkosten für eine Schleuse	(-)
K_{ST}	=	Gesamtkosten für eine Schleusentreppe	(-)
K_W	=	Gesamtkosten für ein Wasserkeilhebewerk	(-)
kW	=	Kilowatt	(-)
L	=	Troglänge oder Gesamtlänge des Wasserkeils (bzw. Länge der Schleusenkammer)	(m)
L_{eff}	=	nutzbare Länge des Wasserkeils	(m)
L_S	=	Länge des Schiffes	(m)
ℓ	=	Sehnenlänge der Trosse	(m)
ℓ_S	=	Länge des Zugseiles	(m)
$\Delta\ell$	=	Weg des Schiffes infolge Straffung der Haltetrosse	(m)
ℓ/s	=	Liter pro Sekunde (Pumpenförderleistung)	(-)
ℓ.W.	=	lichte Weite	(m)
1:m	=	Neigung der Trogfahrbahn	(-)
min	=	Minute	(-)
m_S	=	G_S/g = Masse des Schiffes	(ts^2/m) bzw. (kg)
m_T	=	G_T/g = Masse des Trogwagens (einschl. Wasserfüllung)	(ts^2/m) bzw. (kg)
m_W	=	Masse des Wassers im Trog	(ts^2/m) bzw. (kg)
N	=	Anzahl der Transportvorgänge	(-)
NN	=	Normal-Null	(-)
NNW	=	niedrigstes Niedrigwasser	(-)
N_{max}	=	Anzahl der Schiffe bei voller Belegung des Troges	(-)
OW, UW	=	Oberwasser bzw. Unterwasser (Spiegelhöhe)	(mNN)
p	=	Druck	(t/m^2) bzw. (N/m^2)
p_b	=	hydrostatischer Druck infolge Beschleunigung	(t/m^2) bzw. (N/m^2)
p_s	=	hydrostatischer Druck	(t/m^2) bzw. (N/m^2)
dp/dy	=	Druckgradient in y-Richtung	
p_i	=	prozentualer Anteil der Schiffe einer bestimmten Klasse i	(%)

q	=	Gewicht der Trosse pro lfm	(t/m) bzw. (kN/m)
R	=	Radius	(m)
S_0	=	Vorspannkraft in der Haltetrosse	(t) bzw. (kN)
S_1, S_2	=	Kräfte in den Haltetrossen	(t) bzw. (kN)
S_{max}	=	maximale Trossenkraft im Augenblick der größten Dehnung	(t) bzw. (kN)
S_H	=	Horizontalkomponente der Trossenkraft	(t) bzw. (kN)
s	=	Trossenlänge	(m)
Δs	=	Verlängerung der Trosse infolge Dehnung	(m)
T_a	=	erforderliche Zeit für das Ausfahren der Schiffe aus dem Trog (einschl Öffnen des Trog- und Haltungstores)	(min)
T_c	=	erforderliche Zeit für den Schleusungsvorgang (Berg- *und* Talfahrt)	(min)
T_e	=	erforderliche Zeit für das Einfahren der Schiffe in den Trog (einschl. Schließen des Trog- und Haltungstores)	(min)
T_G	=	Gesamtzeit zur Überwindung einer Gefällestufe (Berg- *oder* Talfahrt)	(min)
T_K	=	Zeitbedarf für die Durchfahrt der Haltung zwischen zwei Schleusen	(min)
T_M	=	Zeitbedarf für das Ein- und Ausfahren der Schiffe	(min)
T_O	=	Eigenschwingperiode der ungedämpften Grundschwingung der Wassermasse in Troglängsrichtung	(s)
T_S	=	Tiefgang des Schiffes (Abladetiefe)	(m)
T_T	=	Eigenschwingperiode des Systems Trogwagen - Zugseile	(s)
T_t	=	Eigenschwingperiode des Systems Schiff - Haltetrosse	(s)
T_{OQ}	=	Eigenschwingperiode der ungedämpften Grundschwingung der Wassermasse in Trogquerrichtung	(s)
T_{ges}	=	erforderliche Zeit für den Transportvorgang (Berg- bzw. Talfahrt)	(min)
T_W	=	Eigenschwingperiode der ungedämpften Grundschwingung der Wassermasse im Wasserkeil	(s)
t_b	=	erforderliche Zeit für die Beschleunigung des Troges auf eine konstante Transportgeschwindigkeit	(min)

t_f	=	Flottwassertiefe	(m)
t_k	=	Transportphase mit konstanter Geschwindigkeit des Troges	(min)
t_v	=	erforderliche Zeit für die Verzögerung der Troggeschwindigkeit auf Null	(min)
t_{bk}	=	Zeit mit konstanter Beschleunigung bzw. Verzögerung	(min)
tdw	=	tons deadweight (Ladetonnen eines Schiffes)	(-)
V, V_0, V_1	=	Volumen	(m^3)
$\bar{v}$	=	Relativgeschwindigkeit zwischen Schiff und Trog	(m/s)
$\bar{v}_e$	=	Endgeschwindigkeit des Schiffes bei Straffung der Haltetrossen	(m/s)
v_m	=	mittlere Hub- bzw. Senkgeschwindigkeit des Troges	(m/min)
v_k	=	Vertikalkomponente der Geschwindigkeit des Troges auf geneigter Fahrbahn	(m/s)
v_s	=	Fahrtgeschwindigkeit des Troges auf geneigter Fahrbahn	(m/s)
W_S	=	Schiffswiderstand bei der Fahrt durch das Wasser	(t) bzw. (kN)
x	=	Verschiebung des Troges gegenüber einem festen Koordinatensystem	(m)
x_S	=	Verschiebung des Schiffes relativ zum Trog	(m)
$\bar{x}$	=	Relativverschiebung zwischen Trog und Schiff	(m)
$\dot{x}, \ddot{x}$	=	erste bzw. zweite Ableitung des Weges nach der Zeit	(-)
y	=	Wassertiefe im Trog	(m)
y_0	=	Ausgangswassertiefe	(m)
Δy	=	Wasserspiegelauslenkung	(m)
y_k	=	Wassertiefe in der Transportrinne	(m)
α	=	Neigungswinkel der Trogfahrbahn	(-)
γ	=	spezifisches Gewicht des Wassers	(g/cm^3) bzw. (N/m^3)
ε	=	$\Delta s/s$ = Dehnung der Trosse	(m)
ρ	=	γ/g = Dichte des Wassers	$(g\,s^2/cm^4)$ bzw. (kg/m^3)

θ = Neigungswinkel des Wasserspiegels $(-)$

ϕ = Verhältniswert $= \dfrac{\text{Nutzlast}}{\text{bewegte Gesamtlast}}$ $(-)$

$\omega_O = 2\pi/T_O$ = Grundeigenfrequenz der Wassermasse im Trog bei Schwingungen in Troglängsrichtung (s^{-1})

$\omega_{OQ} = 2\pi/T_{OQ}$ = Grundeigenfrequenz der Wassermasse im Trog bei Schwingungen in Trogquerrichtung (s^{-1})

$\omega_T = 2\pi/T_T$ = Eigenkreisfrequenz des Systems Trogwagen - Zugseile (s^{-1})

$\omega_t = 2\pi/T_t$ = Eigenkreisfrequenz des Systems Schiff - Haltetrosse (s^{-1})

$\varnothing$ = Durchmesser (m)

8 Mass-Systeme und Umrechnungsfaktoren

Im vorstehenden Text werden sowohl die Einheiten des Technischen Maßsystems mit den mechanischen Basisgrößen Länge in m, Zeit in s und
Kraft in kg* oder t als auch die seit Juli 1970 gesetzlich vorgeschrie-
benen *SI-Einheiten* mit den Basisgrößen Länge in m, Zeit in s und Masse in kg verwendet. Die Einheiten des Internationalen Einheitensystems
(SI-Einheiten) wurden dabei im Text jeweils in Klammern angegeben.

Für die Tragfähigkeit der Schiffe (Ladungsgewicht) wurden entsprechend
der in der Schiffahrt auch heute noch üblichen Angaben nur die Maßein-
heiten (t) bzw. (tdw) des technischen Maßsystems benutzt.

Soweit auf Abbildungen nicht besonders vermerkt, werden alle Längen in
m angegeben.

Die nachstehend aufgeführten Einheiten wurden verwendet:

Physikalische Größe	Technische Einheit	SI-Einheit	Umrechnung
Kraft	t	kN	$1\ t \cong 9{,}81\ kN$
Gewicht	t	kN	$1\ t \cong 9{,}81\ kN$
Auftrieb	t	kN	$1\ t \cong 9{,}81\ kN$
Energie	tm	kN m	$1\ tm \cong 9{,}81\ kN\ m$
Leistung	PS	kW	$1\ PS \cong 0{,}736\ kW$
Druck	$kg*/cm^2$ (at)	bar	$1\ kg*/cm^2 \cong 0{,}981\ bar$
Dichte	$g*s^2/cm^4$	kg/m^3	$1\ g\ s^2/cm^4 \cong 9{,}81 \times 10^3 kg/m^3$
Wichte	$g*/cm^3$	N/m^3	$1\ g*/cm^3 \cong 9{,}81 \times 10^3 N/m^3$
Elastizitätsmodul	t/cm^2	kN/mm^2	$1\ t/cm^2 \cong 0{,}0981\ kN/mm^2$
Geschwindigkeit	m/s	m/s	–
Beschleunigung	m/s^2	m/s^2	–

* g bzw. kg wird in der technischen Literatur noch häufig als Einheit
  der Kraft benutzt und entspricht dem später verwendeten pond (p)
  $(1\ kg = 10^3\ g)$.

9 Sachverzeichnis

Angaben zum Autor

3. April 1926	geboren in Stettin/Pommern
1947	Facharbeiterprüfung als Maurer
1948 - 1953	Studium des Bauingenieurwesens, TH Karlsruhe
1953 - 1958	Wissenschaftlicher Assistent am Theodor-Rehbock-Flußbau-Laboratorium, TH Karlsruhe
Juni 1957	Promotion zum Dr.-Ing., TH Karlsruhe
1958 - 1959	Fulbright-Stipendiat am Hydrodynamics Laboratory, M.I.T., Cambridge/USA
1959 - 1961	Oberingenieur am Theodor-Rehbock-Flußbau-Laboratorium, TH Karlsruhe
1961 - 1965	Professeur agrégé (Associate Professor) für angewandte Hydraulik an der Laval Universität in Québec/Kanada
Oktober 1964	Promotion zum Dr.phys. an der Universität Toulouse, Frankreich
1965 - 1971	Professeur titulaire (Full Professor) für Hydromechanik und Küsteningenieurwesen an der École Polytechnique der Universität von Montreal/Kanada
Mai 1971	Berufung als Ordinarius für Verkehrswasserbau und Küsteningenieurwesen an die Technische Universität Hannover
	Ernennung zum Direktor des Franzius-Instituts für Wasserbau und Küsteningenieurwesen, TU Hannover,
	Spezialgebiete in Lehre und Forschung: Verkehrswasserbau und Küsteningenieurwesen
	Über 100 wissenschaftliche Veröffentlichungen
	Umfangreiche Ingenieur- und Beratertätigkeit im In- und Ausland
	Mitglied zahlreicher wissenschaftlicher Gesellschaften
	Ehrungen und Preise verschiedener ausländischer Universitäten und Akademien.